现代建筑工程管理与施工技术应用

张　朋　魏时文　刘长龙　著

IC 吉林科学技术出版社

图书在版编目（CIP）数据

现代建筑工程管理与施工技术应用 / 张朋，魏时文，刘长龙著. -- 长春：吉林科学技术出版社，2023.3
ISBN 978-7-5744-0316-1

Ⅰ. ①现… Ⅱ. ①张… ②魏… ③刘… Ⅲ. ①建筑工程－工程管理－研究②建筑工程－工程施工－研究 Ⅳ. ①TU7

中国国家版本馆 CIP 数据核字 (2023) 第 066129 号

现代建筑工程管理与施工技术应用

著	张　朋　魏时文　刘长龙
出 版 人	宛　霞
责任编辑	高千卉
封面设计	南昌德昭文化传媒有限公司
制　　版	南昌德昭文化传媒有限公司
幅面尺寸	185mm×260mm
开　　本	16
字　　数	347 千字
印　　张	16.25
印　　数	1-1500 册
版　　次	2023 年 3 月第 1 版
印　　次	2024 年 1 月第 1 次印刷

出　　版	吉林科学技术出版社
发　　行	吉林科学技术出版社
地　　址	长春市南关区福祉大路 5788 号出版大厦 A 座
邮　　编	130118
发行部电话/传真	0431—81629529　　81629530　　81629531
	81629532　　81629533　　81629534
储运部电话	0431-86059116
编辑部电话	0431-81629510
印　　刷	廊坊市印艺阁数字科技有限公司

书　　号	ISBN 978-7-5744-0316-1
定　　价	90.00 元

《现代建筑工程管理与施工技术应用》
编审会

前　言

　　我国经济的快速发展推动了城市建筑的持续创新，随着新型城市化与城镇化的出现，现代建筑工程理念也在发生着质的转变，建筑设计思路更加开阔，设计理念更加创新，设计方向更加多元化。

　　就现代项目管理而言，虽然工程项目管理的引进、推广和应用在我国已经接近30年了，但业内对工程项目管理的内涵认识得还不够深刻，对工程项目管理的作用还没有引起足够的重视，建造师作为工程项目管理的专业人士应该提升自身在该方面的专业素质。目前工程管理的核心任务是为工程建设增值，这种增值表现在很多方面，除了传统的工程建设安全、工程质量、投资、进度这些基本目标，还对环保、节能、最终用户的使用功能、工程运营成本、维护等方面做出了更高的要求。所以工程管理的任务是多样化的，这就决定了工程管理的复杂性和充满挑战性。新的要求推动工程管理必须有新的发展。

　　施工人员是施工过程的主体，工程质量要受全部参加工程项目施工的工程人员的共同劳动限制，其人工费支出约占建筑产品成本的20%左右。因此，应从人员费用支出方面入手，注重促进建筑质量和人工效率的综合作用。在确保质量的前提下，强化施工人员的质量成本管理培训，增强他们的质量意识，并采取相应的奖惩机制，激励、鞭策员工提高工作效率，在施工过程中严格执行质量标准和操作规程，保质保量地完成施工任务。随着经济的发达，我国建筑施工市场竞争激烈，施工企业想要在激烈的竞争中脱颖而出，就必须控制施工成本，增加企业利润；另外，随着世界全球化经济，国内施工企业更是面临国际施工企业的竞争。因此，施工企业必须加强成本管理，进行建筑施工项目成本控制方式的探索、实践和创新，使成本控制贯穿于施工的整个过程和施工方案的各个方面，加强预算管理，切实提高工程项目的经济效益，形成企业发展的良性循环。

　　在各行业弱肉强食的时代背景之下，一刻的松懈就有可能被遗弃在历史长河中。建筑行业在竞争如此激烈的时代背景下，要想立足，并有自己的一席之地，就应该以创新技术为主导手段，只有不断的创新才能够适应经济的快速运转，只有不断的创新才能在竞争激烈的行业中占取优势。

　　鉴于上述笔者结合多年教学和实践经验，在广泛征求广大工程建设专业技术人员意见的基础上，依据国家最新施工规范、工艺标准、质量验收标准等内容倾力精心编著本书。本书内容新颖，知识系统完整，理论紧密联系实际，尤其注重内容的操作性、通用性和实用性，尽力做到科学性、先进性与实用性的统一。本书可供建设施工人员、设计人员、质检人员、安全人员、项目经理、造价师、监理工程师等阅读参考，既可以用作认证机构和审核员作为专业审核指导或者工作手册，又可以作为大专院校工民建设、城镇建设、建筑经济、房地产以及工程管理等专业的教材或自学参考。

在本书编写过程中，参考和借鉴了相关的书籍和资料，得到不少施工单位建设管理部门和认证机构的大力支持，许多热心的朋友也给予了很大帮助，在此表示衷心的感谢。由于时间仓促，加之编写者水平有限，难免有一些疏漏和不足之处，希望广大读者给予批评指正，对此编者不胜感激。

目　录

第一章 建筑产业现代化概论

第一节 建筑产业现代化的概念与基本特征

一、建筑产业现代化的概念

作为刚刚跨进大学校门并且选择了建筑工程技术等相关专业或者"建筑产业现代化"方向的同学来说，特别关心的问题是："建筑产业现代化"方向包括哪些内容？"建筑产业现代化"方向的学生要学习哪些基础知识？掌握哪些基本技能？具备怎样的职业能力？怎样才能学好用好？"建筑产业现代化"方向的发展前景如何等？回答这些问题便是本教材的主要任务与落脚点之一。

首先了解建筑业和建筑产业现代化两个概念。

建筑业是指专门从事土木工程、房屋建设和设备安装以及工程勘察设计工作的生产部门，建筑产品表现为各种工厂、矿井、铁路、桥梁、港口、道路、管线、房屋以及公共设施等建筑物和构筑物。它们是国民经济各产业部门进行物质生产和提供服务的手段，是国家经济发展、人民生活提高和社会进步的重要物质基础。纵观人类发展历史，特别是社会分工的发展历史，建筑业演变的进程是从原始建筑业到传统建筑业，再进展到现代建筑业，这是历史发展与社会进步轨迹的必然规律。

建筑产业现代化指以绿色发展为理念，以现代科学技术进步为支撑，以工业化生产方式为手段，以工程项目管理创新为核心，以世界先进水平为目标，广泛运用信息技术、节能环保技术，将建筑产品生产全过程联结为完整的一体化产业链系统。这个过程包括融投资、规划设计、开发建设、施工生产、管理服务以及新材料、新设备的更新换代等环节，以达到提高工程质量、安全生产水平、社会与经济效益，全面实现为用户提供满足需求的低碳绿色建筑产品。

所以,建筑产业现代化是一个动态的过程,是随着时代进步与科技发展而不断发展的。从国家政策与发展要求来看,以及从2013年开始国家发布的一系列的文件、开展的一系列展览、释放的一系列的信号来看,国家对建筑产业现代化的重视程度已提到重要日程。2014年3月,中共中央、国务院印发的《国家新型城镇化规划(2014—2020年)》中明确提出,要大力发展绿色建材,强力推进建筑工业化;2014年5月,国务院印发的《2014—2015年节能减排低碳发展行动方案》中,明确提出要以住宅为重点,以建筑工业化为核心,加大对建筑部品生产的扶持力度,推进建筑产业现代化;2014年7月,住房和城乡建设部出台的《关于推进建筑业发展和改革的若干意见》中,要在发展目标中明确提出转变建筑业发展方式,推动建筑产业现代化的要求;2014年9月,住房和城乡建设部会议部署了六项重点工作,其中,第四项工作就明确提出要大力推进建筑产业现代化。

同时,由中国建筑标准设计研究院组织编制的《预制混凝土剪力墙外墙板》等9项标准设计为国家建筑标准设计,从2015年3月1日起实施。为贯彻落实住房和城乡建设部《关于进一步推进工程造价管理改革的指导意见》(建标〔2014〕142号),加快推进绿色建筑发展和建筑产业现代化,住房和城乡建设部在2015年年底,就编制绿色建筑和建筑产业现代化计价依据有关工作发布通知,推进建筑产业现代化工程定额的编制工作。2016年2月15日,住房和城乡建设部批准由中国建筑标准设计研究院有限公司等单位编制的《全国民用建筑工程设计技术措施建筑产业现代化专篇——装配式混凝土剪力墙结构住宅设计》等4项标准为国家建筑标准设计,从2016年3月1日起实施。

建筑产业现代化,既符合新时期全面深化改革的总要求,又有利于建筑业在推进新型城镇化、建设美丽中国、实现中华民族伟大复兴的历史进程中,进一步强化和发挥作为国民经济基础产业、民生产业与支柱产业的重要地位,及其带动相关产业链发展的先导和引领作用。全面促进和实现建筑产业现代化既是一个漫长的历史发展过程,又是一个系统工程,需要政府、主管部门、行业协会、广大企业、大专院校共同关注、强力推进,最终才能实现建筑产业现代化。

二、建筑产业现代化的发展动力

1. 促进和实现建筑产业现代化是建筑业发展演变规律的客观要求

传统建筑业形成于从奴隶社会向封建社会演化的过程中。研究表明,在奴隶社会后期,随着社会生产力的发展,建筑业能够提供水利、交通、军事等相关设施的建设,以满足国家统治和社会生产的需要。在封建社会的进化过程中,传统建筑业在设计、材料、估价、营造及管理等方面的水平得到进一步提升,并且造就了一批能工巧匠与建筑神话。

随着资本主义的产生和发展，传统建筑业也有了很大的发展。在现代工业革命的推动下，建筑结构技术、建筑材料技术、建筑施工技术都取得较大突破，使得建造摩天大楼和特大型建筑成为可能。以建筑材料为例，工业革命前一直以木、砖、石为主，工业革命直接引起建筑材料方面的技术变革，通过钢筋、混凝土和玻璃实现的体育场、火车站，带来了崭新的建筑空间形式。同时，伴随着大工业的发展和城市人口的快速聚集，需要兴建大量基础设施和各类房屋建筑，进而促使原来分散的工匠组合成为专业化的建筑承包商。

由原始建筑业向传统建筑业，再向现代建筑业变迁的过程中，呈现出一些规律：在施工生产方面，从手工劳动走向机械化操作；从简单工艺走向复杂工艺；从个人的直接经验走向依靠科学技术；从低产出走向高效率；从粗放型管理走向集约化管理。在企业经营方面，从小规模走向大规模；从单一生产走向多元化经营；从封闭走向全球化开放。

总之，建筑业发展的趋势是由低级形态走向高级形态发展演变的过程，这就说明建筑产业现代化是建筑业演变规律的必然要求。

2. 促进和实现建筑产业现代化是贯彻党的精神，加快转变建筑业发展方式的根本要求

党的十八大提出："要加快完善社会主义市场经济体制与加快转变经济发展方式。"中共十八届三中全会再次强调："紧紧围绕使市场在资源配置中起决定性作用，深化经济体制改革，加快完善现代市场体系，加快转变经济发展方式，加快建设创新型国家。"这为新时期建筑业全面深化改革、转变发展方式、促进和实现产业现代化指明了方向。

二十大报告指出：要实现好、维护好、发展好最广大人民根本利益，紧紧抓住人民最关心最直接最现实的利益问题……着力解决好人民群众急难愁盼问题。

住房是民生问题，是百姓安身立命之所，家庭最大宗消费、最重要的资产；也是发展问题，关系民生福祉、经济社会发展全局。自古至今都是普通百姓最纯朴的民生追求，直接影响获得感、幸福感和安全感，自然也是人民群众急难愁盼的问题之一。

十八大以来，党和国家始终把"实现全体人民住有所居"作为一项重要改革和民生任务全面部署、大力推进。

二十大关于住房制度的提法与十九大一致。尽管 2021 年下半年楼市进入深度调整期，但"房住不炒""不将房地产作为短期刺激经济的手段"的政策基调始终不动摇。二十大再次重申，这显示"房住不炒"作为我国房地产业长期坚持的基本定位不会变。

可以预见，在"房住不炒"的总基调之下，期望一线核心城市全面放松限购不现实；强二线城市可适当优化非核心区域限购；其他城市则可根据实际需要完善限购。

与此同时，目前制约建筑业健康发展的问题和障碍仍然严重存在，一是建筑业生产能力过剩，恶性竞争，严重存在"一低一高"的现象（即产值利润率低、劳动生产率低、产业集中度低、市场交易成本高）；二是建筑业生产方式落后，工程建设过程中资源浪费大、污染物排放多；三是建筑业科技进步贡献率仍处于较低水平，导致建筑企业的科技创新能力、技术装备水平与发达国家还存在着一定差距；四是职业教育严重滞后，操作工人业务水平不足，不能适应现代建筑产品快速发展形势的要求。总而言之，建筑业仍是一个劳动密集型的传统产业，其发展还没有真正转移到依靠集约化管理与技术进步的良性轨道上。

二十大报告指出：要完善分配制度……规范收入分配秩序，规范财富积累机制。表明党和国家鼓励共同奋斗创造美好生活，不支持投机炒房，不鼓励不劳而获。

随着住房的民生属性凸显，房地产市场的量价正向平稳回归。坚持"房住不炒"，让投资需求放弃幻想，有利于保持调控政策的连续性、稳定性和协调性，也有利于稳定预期，最终实现稳地价、稳房价。

另一方面，房地产税是房地产调控长效机制的重要环节。房地产由增量市场转向存量市场，土地出让金必然大幅减少，通过征收房地产税，拓展了地方政府财政收入，减少对土地出让金依赖，进而降低土地价格；通过累进税率和差别化税率，对持有多套住房征收高额房地产税有其合理性，既抑制投资性需求，防止房价过快增长，还是调节社会收入分配的重要手段。

2021年10月23日，全国人大常委会会议授权国务院在部分地区开展房地产税改革试点工作，扩大房地产税收改革试点已经箭在弦上。2022年3月16日，财政部宣布今年不具备扩大房地产税改革试点城市的条件。但房地产税缓收不是不收，只要条件允许，势必加快推进。

按照党的二十大精神，当前及今后的一个时期将是我国新型工业化、信息化、城镇化、农业现代化良性互动、协同发展的战略机遇期，面对新的任务、建筑业使命光荣。为了把建筑业打造成为具有对国民经济较高贡献率的产业、引领时代发展潮流的低碳绿色产业、自觉履行社会责任的民生产业，具有较高产业素质的诚信产业，就须全面促进和加快实现建筑产业现代化。

三、建筑产业现代化的特征与内涵

（一）现代建筑业的特征

现代建筑业与传统建筑业的区别在于：现代建筑业更加强调以知识和技术为投入元素，即应用现代建造技术、现代生产组织系统和现代管理理念，而进行的以现代集成建造为特征、知识密集为特色、高效施工为特点的技术含量高、附加值大、产业链长的产业组织体系。现代建筑业是随着当代信息技术、先进建造技术、先进材料技术和合球供应链系统而产生的。其主要有以下特征：

（1）充分应用和吸收当今世界先进科学技术，施工工艺、装备、材料技术含量高，建筑产品的科技含员、附加值、贡献率较高，并呈现出建筑业与服务业既分工又融合的特点；

（2）利用现代信息技术，集成建筑产品全寿命期业务流程，形成以价值链为基础的分工协作模式；

（3）符合现代社会可持续发展理念，具有行约资源、减少污染排放、利于保护环境的低碳绿色特点；

（4）建立起与现代建造技术相适应、符合社会化大生产要求的生产方式及企业组织形式；

（5）具有满足建筑业可持续发展要求的高素质产业工人队伍；

（6）产业关联度高，对国民经济带动作用大，能迅速成为相关产业发展的重要支撑。

（二）建筑产业现代化的内涵

产业现代化是指通过发展科学技术，采用先进的技术手段与科学的管理方法，使产业自身建立在当代世界科学技术基础上，使产业的生产和技术水平达到国际上的先进水平。

1. 产业现代化的特征

产业现代化是一个发展的过程，也是一个历史的动态概念。随着科学技术的发展和新技术的广泛运用，产业现代化的水平越来越高。

产业现代化从目前产业构成要素而言，主要特征体现在以下几个方面：

（1）产业劳动资料现代化。即产业所使用的主要生产设备和工具具有当代世界先进技术水平，它是产业和产业体系是否现代化的一个重要标志。

（2）产业结构现代化。产业现代化需要有一个与其相适应的现代化产业结构，它是在先进技术和生产力发展基础上建立起来的相互协调发展的结构体系。

（3）产业劳动力现代化。产业现代化要求劳动者的技术水平、管理水平和文化水平都有实质性提高。产业现代化对于劳动力要求不是指个别的、单独的劳动力，而是要求有一个工程技术管理人员及技能工人比重合理的劳动力结构。

（4）产业管理现代化。生产设备和工具的现代化必然要求管理的现代化，否则就不能发挥现代设备和生产技术的作用。产业管理现代化表现在管理思想、管理组织、管理人员和管理方法、手段的现代化。

（5）技术经济指标现代化。一个产业是否现代化，其关键反映在一些主要的技术经济指标上。例如，主要产业的产品质量和数量、劳动生产率、产值利润率、技术装备率、物质消耗水平、资金运用情况以及产业集中度等。

这里需要特别强调的是，产业现代化最关键的是技术与经济的统一。一方面，产业现代化要以先进的科学技术武装产业，促使传统产业从落后技术向先进技术转变；另一方面，要求先进的科学技术一定要带来较好的经济效益。没有先进科学技术，绝不是现代化；没有经济效益，也是没有生命力的现代化。

2. 建筑产业现代化的基本内涵

目前，对建筑产业现代化的研究还处于起步阶段，尚未统一标准，就现阶段而言，建筑产业现代化的基本内涵包括以下内容：

（1）最终产品绿色化。20世纪80年代，人类提出可持续发展理念。党的十五大明确提出了中国现代化建设必须实施可持续发展战略。传统建筑业资源消耗大、建筑能耗大、扬尘污染物排放多、固体废弃物利用率低。党的十八大再次提出了"推进绿色发展、循环发展、低碳发展"和"建设美丽中国"的战略目标。面对来自建筑节能环保方面的更大挑战，2013年我国启动了《绿色建筑行动方案》，在政策层面导向上表明了要大力发展节能、环保、低碳的绿色建筑。党的十八届五中全会强调，实现"十三五"时期发展目标，必须牢固树立并切实贯彻创新、协调、绿色、开放、共享的发展理念。

（2）建筑生产工业化。建筑生产工业化是指用现代工业化的大规模生产方式代替传统的手工业生产方式来建造建筑产品。但不能把建筑生产工业化笼统地叫作建筑工业化，这是因为建筑产品具有单件性与一次性的特点，建筑产品固定，人员流动。而工业产品大多是产品流动，人员固定，而且具有重复生产的特性。人们提倡用工业化生产方式，主要指在建筑产品形成过程中，有大量的建筑构配件可通过工业（工厂化）的生产方式，它能够最大限度地加快建设速度，改善作业环境，提高劳动生产率，降低劳动强度，减少资源消耗，保障工程质量和安全生产，消除污染物排放，以合理的工时及价格来建造适合各种使用要求的建筑。因此，建筑生产工业化主要包括：传统作业方式的工业化改进，如泵送混凝土、新型模板与模架、钢筋集中加工配送、各类新型机械设备等。

（3）建造过程精益化。用精益建造的系统方法，控制建筑产品的生成过程。精益建造理论是以生产管理理论为基础，以精益思想原则为指导（包括精益生产、精益管理、精益设计和精益供应等系列思想），在保证质量、最短的工期、消耗最少资源的条件下，对工程项目管理过程进行重新设计，以向用户移交满足使用要求工程为目标的新型建造模式。

（4）全产业链集成化。借助信息技术手段，用整体综合集成的方法把工程建设的全部过程组织起来，使设计、采购、施工、机械设备和劳动力实现资源配置更加优化组合，采用工程总承包的组织管理模式，于有限的时间内发挥最有效的作用，提高资源的利用效率，创造更大的效用价值。

（5）项目管理国际化。随着经济全球化，工程项目管理必须将国际化与本土化、专业化进行有机融合，将建筑产品生产过程中各个环节通过统一的、科学的组织管理来加以综合协调，以项目利益相关者满意为标志，达到提高投资效益的目的。

（6）管理高管职业化。在西方发达国家、企业的高端管理人员是具有较高社会价值认同度的职业阶层。努力建设一支懂法律、守信用、会管理、善经营、作风硬、技术精的企业高层复合型管理人才队伍，是促进和实现建筑产业现代化的强大动力。

（7）产业工人技能化。随着建筑业科技含量的提高，繁重的体力劳动将逐步减少，复杂的技能型操作工序将大幅度增加，对操作的技术能力也提出了更高的要求。因此，实现建筑产业现代化急需要强化职业技能培训与考核持证，促进有一定专业技能水平的农民工向高素质的新型产业工人转变。

第二节　建筑产业现代化的时代背景与人才

一、建筑产业现代化的时代背景

当前，我国高消耗、高污染、低效率的传统"粗放"建造模式，在住宅和其他房屋建设中仍较为普遍。与此同时，建筑建造技术水平不高、劳动力供给不足、高素质建筑工人短缺，以及社会对于建筑质量要求的不断提高，使得传统的发展模式和建造方式越来越难以为继。从西方发达国家走过的道路来看，随着全社会生产力发展水平的不断提高，建筑建造方式必然要走集成集约、绿色低碳、产业高效的道路。发达国家的产业化建筑比重一般高达60%甚至70%以上。相比之下，我国的建筑产业化处于较低水平，发展正处于转折点，必须通过整个产业的转型升级，让建设领域节约能源资源、促进3能减排、转变发展方式、提升质量效益等发展战略目标得以实现。

从多年的实践经验来看，无论是住宅产业化、建筑工业化，还是今天提出的"建筑产业现代化"，都必须紧紧依靠政府强有力领导和政策扶持。据统计数据显示，当前我国在传统住宅建设中消耗的水资源占总消耗水资源的32%，住宅建设的钢材消耗量占全国钢材消耗量的20%、水泥消耗量占全国总消耗量的17.6%，一平方米房屋的建成，将会释放约0.8吨的二氧化碳，从以上资料可以看出，目前我国住宅的建设，是以资源的高消耗与碳的高排放为基础。在当今"百能减碳"的大环境下，降低住宅建设过程中的各种资源消耗，减少二氧化碳的排放和对环境的污染，逐渐迈向绿色建筑，是建筑业必须取得的创新和突破。而通过建筑产业现代化是有可能打破这些现存的资源浪费和高碳排放现状，将向节能减排目标迈出更近一步。

随着建筑业体制改革：的不断深化和建筑规模的持续扩大，建筑业发展较快，物质技术基础显著增强，但是整体看，传统建筑业劳动生产率提高幅度不大，质量问题较多，建筑产业现代化整体技术进步缓慢。为确保各类建筑最终产品特别是建筑的质量和功能，必须优化产业结构，加快建设速度，改善劳动条件，大幅度提高劳动生产率，使建筑业尽快走上质量效益型道路。在研究和吸取我国几十年来发展建筑工业化的历史经验，以及国外的公益经验和做法的基础上，考虑到我国建筑业技术发展现状、地区差距，以及劳动力资源丰富的特点，大力发展建筑产业现代化已经势在必行。

二、建筑产业现代化的人才需求

要实现国家建筑产业现代化，管理型、技术型及复合型人才的培养与储备是其得以健康持续发展的重要保障和关键要素。据介绍，现代建筑产业已成为建筑业发展的潮流趋势，但产业发展滞后的关键原因之一在于专业技术型人才的短缺，高校作为科班人才的输出地，的确到了需要结合行业前沿和生产实践传授先进的专业技术知识的时候了。根据推算，我国新型现代建筑产业发展需求的专业技术人才已至少紧缺近100万人。

公司在快速扩张发展时，人才保障非常关键。但事实上，企业不太可能招到对口人才，只能择优录取再进行人才再培养。山东万斯达建筑科技股份行限公司董事长张波说："产业转型，人才先行"，这是行业发展的关键，这种局面将对建筑产业现代化的快速发展及高校毕业生就业产生不良影响。其实，我国早在20世纪七八十年代，为学习苏联经验将住宅及车间预制化、装配化，开设过混凝土与水泥制品等相关专业，比如南京工学院（现东南大学）、武汉建材学院（现武汉理工大学）等，主要从预制构件材料、级配、水化性能及外加剂等方面开展教学，不涉及装配式结构及连接等问题。因此，过去类似专业培养的人才和目前建筑现代产业化的人才需求仍存在较大错位。

建筑产业现代化发展的最终目标是形成完整的产业链——投资融资、设计开发、技术革新、运输装配、销售物业等．独木不成林，整个产业链与高校的协作配合也是人才培养的关键，通过协作培植优秀专职、兼职教师队伍，制订培养规划、设计培养路线、把握学习培养机制、调整和优化专业结构、开发精品教材等，来逐步开展产业链上不同人才需求培养。特别是要结合重要工程、重大课题来培养和锻炼师资队伍，通过学术交流、合作研发、联合攻关、提供咨询等形式，走出去、请进来，增强优化教师梯队建设，缓解当前产业高歌猛进，人才成"拦路虎"的局面，也有利于解决短期人才培训和长期人才培养、储备的矛盾。

培养建筑产业现代化复合型人才是一个复杂的系统工程，需要众多要素的协调和配合，要注意面向建筑产业发展的需求，深化产学研合作，构建教学、科研、企业三位一体的教育格局。十年树木，百年树人，面临当前建筑产业现代化人才短缺的窘境，必须遵循人才培养与成长规律，逐步推进、构建合理有效的建筑产业现代化复合型人才培养体系，把握好当前人才短缺与长期人才培养储备的平衡，为促进国家建筑产业现代化的健康、良性发展贡献力量。

第三节　建筑产业现代化的实施途径

一、政府引导与市场主导相结合

从多年的实践看，无论是"建筑工业化"还是"住宅产业化"，以及今天提出的建筑产业现代化，对我国建筑业来说，从技术、投资、管理等层面都不会有太大问题，最关键的还是缺少政府主导和政策支持的长效机制。促进和实现建筑产业现代化，政府需要站在战略发展的高度，把握宏观决策，充分运用"政府引导"和"市场化运作"两只手共同推进。这是因为市场配置资源往往具有一定的盲目性，有时不能很好地解决社会化大生产所要求的社会总供给和社会总需求平衡和产业结构合理化问题。政府的引导性作用就在于通过制定和实施中长期经济发展战略、产业规划、市场准入标准等来解决和平衡有关问题。再就是由于环境局限性、信息不对称、竞争不彻底、自然优势垄断等因素，市场有时也不能有效解决公共产品供给、分配公平等问题，需要政府发挥协调作用。但最关键的还是市场机制有时会损害公平和公共利益，这就要求政府必须为市场制定政策、营造环境，实施市场监管，维护市场秩序，保障公平竞争，保护消费者权益，提高了资源配置效率和公平性。

二、深化改革与措施制定相结合

建筑业要促进和实现产业现代化别无他路，必须按照《中共中央关于全面深化改革若干重大问题的决定》强调的核心内容进行全面深化改革。当前最迫切的任务是面对新形势、新任务，要出重拳破解阻碍建筑业发展的一些热点难点问题，包括市场监管体制改革等，切实为建筑业实现产业现代化创造条件。

（1）首先要从产业结构调整入手，加强产权制度改革。要从规划设计、项目审批、融投资、建材生产、施工承包、工程监理及市场准入等方面，整合资源、科学设置、合理分工，鼓励支持企业间兼并重组与股权多元化，实现跨地区、跨行业和跨国经营。这就要求有关主管部门要积极稳妥地推进《建筑法》和相关企业资质标准的修订，出台《建筑市场管理条例》，使之真正成为发挥政府作用和规范建筑市场的有力抓手。

（2）注重做好建筑产业现代化发展的顶层设计，强调绿色创新发展理念。坚持以人为本、科学规划、创新设计，注重传承中华民族建筑文化，既要吸收国外先进的建设文明成果，又要避免洋垃圾侵蚀。特别是要把发展绿色建筑作为最终产品。绿色建筑是通过绿色建造过程实现的，其包括绿色规划、绿色设计、绿色材料、绿色施工、绿色技术和绿色运维。

（3）大力推进建筑生产方式的深层次变革，强调建筑产品生产的全寿命期集成化。建筑产品的生成涉及多个阶段、多个过程和众多的利益相关方。建筑产业链的集成.在建筑产品生产的组织形式上，需要依托工程总承包管理体制的有效运行。提倡来用现代工业化的生产方式建造建筑产品，彻底改变目前传统的以现场手工作业为主的施工方法。

（4）加强建筑产品生产过程的中间投入。无论是建筑材料、设备还是施工技术，都应当具有节约能源资源、减少废弃物排放、保护自然环境的功能。这就需要全行业关注，各企业重视正本清源，切实促进行业健康持续发展。

（5）运用现代信息技术提升项目管理创新水平。随着信息化的迅猛发展和 B1M技术的出现，信息技术已成为建筑业走向现代化不可缺少的助推力量，特别是建筑企一业信息化和工程项目管理信息化必将成为实现建筑产业现代化的重要途径。

（6）以世界先进水平为标杆，科学制定建筑产业现代化相关标准。要通过国内外、各行业指标体系的纵横向对比，以当代国际上发达国家的先进水平作为参照系，制定并反映在我国建筑业进步与转型升级的各项技术经济指标上。

三、技术创新与工匠精神相结合

现代科学技术进步与管理创新的巨大作用在于推动了建筑结构技术、建筑材料技术、建筑施工技术、建筑管理方法的深度创新。科技进步和管理创新首先是要健全完善行业创新体系，积极推广应用先进适用的技术和现代管理方法，依托"大、精、尖"工程技术与管理创新，解决复杂技术难题，形成先进工艺。近几年来，中国建筑业协会的高度电视促使企业在工程建设中，充分利用标准化管理流程、信息化管理手段、精细化管理方式，加强工法开发，研发技术含量大、应用价值高的新技术。

建筑产业现代化的可持续、健康发展，同样需要工匠精神的推动。工匠精神是指工匠对自己的产品精雕细琢、精益求精的精神理念，其核心是要追求科技创新，技术进步。如果落在个人层面，就是一种认真精神、敬业精神。其核心是：不仅仅把工作当作赚钱养家糊口的工具，而是树立起对职业敬畏、对工作执着、对产品负责的态度，极度注重细节，不断追求完美和极致，给客户无可挑剔的体验。将一丝不苟、精益求精的工匠精神融入每一个环节，做出打动人心的一流产品。所以，工匠精神不仅体现了对产品精心打造、精工制作的理念和追求，更是要不断吸收最前沿的技术，创造出新成果。

四、强化人才培养

开展新型建筑工业化企业和管理部门相关人员的分类培训，培育适应新型建筑工业化的专业技能人员。支持企业与高校合作，增设相关专业课程，加快培养新型建筑工业化急需的高端人才。鼓励骨干企业和科研单位依托重大科研项目和示范应用工程，培养一批领军人才、专业技术人才、经营管理人员和技能人才队伍。各地要积极探索建立新型建筑工业化人才培养引进机制，加强高层次管理、技术人才的培育和储备。

总之，建筑产业现代化是一个涵盖范畴广泛、内涵丰富、多层次、多阶段的历史发展过程，并且随着时代的进步、科技发展变化而不断增添新的内容、展现新的特征。

第四节　建筑产业现代化、新型建筑工业化与装配式建筑

建筑工业化、住宅产业化、建筑产业化等概念对于中国建筑行业从业人士而言并不陌生，国际组织、国内外学者都曾从不同角度给出过自己的定义与理解。中国建筑行业对此也有着几十年的探索和实践，行业权威部门提出的"建筑产业现代化"概念既涵盖了建筑工业化、住宅产业化的内涵与外延，又从更高的行业角度进行诠释。

一、建筑产业现代化

（一）建筑工业化

建筑工业化是随西方工业革命出现的概念，工业革命使造船、汽车生产效率大幅提升。随着欧洲兴起的新建筑运动，实行工厂预制、现场机械装配，逐步形成了建筑工业化最初的理论雏形。二战之后，西方国家在亟需解决大量住房而劳动力严重缺乏的情况下，为推行建筑工业化提供了实践的基础，因其工作效率高而在欧美风靡一时。

1900年，美国创制了一套能生产较大的标准钢筋混凝土空心预制楼板的机器，并用这套机器制造的标准构件组装房屋，实现了建筑工业化。工业化建筑体系是从建造大量的建筑，如学校、住宅、厂房等开始的。1956年5月8日，国务院出台《关于加强和发展建筑工业的决定》，这是我国最早提出走建筑工业化的文件。这个时期建筑工业化主要解决建筑业以手工为主的生产方式不能适应建设需求的问题，手工建设速度完全落后于工业生产需要，鉴于当时的建设重点是工业建筑，在标准柱网下很多构件可以预制生产，同时可以实现机械化吊装，加快建设速度，为此全国建立70多家预制生产厂，专门生产各种预制构件，供建设工地使用。

梁思成先生在1962年9月9日的《人民日报》发表文章，指出"结合中国条件，逐步实现建筑工业化。"并且在"设计标准化，构件预制工厂化，施工机械化"前提下圆满处理建筑物艺术效果的问题，在"千篇一律"中取得"千变万化"，的确不是

现代建筑工程管理与施工技术应用

一个容易答解的课题，需要作出巨大的努力。

1974 年，联合国出版的《政府逐步实现建筑工业化的政策和措施指引》中定义了"建筑工业化"是按照大工业生产方式改造建筑业，使之逐步从手工业生产转向社会化大生产的过程。它的基本途径是建筑标准化、构配件生产工厂化、施工机械化和组织管理科学化，并逐步采用现代科学技术的新成果，以提高劳动生产率，加快建设速度，降低工程成本，提高工程质量。

2020 年 7 月 3 日，住房和城乡建设部联合国家发展和改革委员会、科学技术部、工业和信息化部、人力资源和社会保障部、交通运输部、水利部等十三个部门联合印发《关于推动智能建造与建筑工业化协同发展的指导意见》。意见提出：要围绕建筑业高质量发展总体目标，以大力发展建筑工业化为载体，以数字化、智能化升级为动力，形成涵盖科研、设计、生产加工、施工装配、运营等全产业链融合一体的智能建造产业体系。

2020 年 08 月 28 日，住房和城乡建设部、教育部、科技部、工业和信息化部等九部门联合印发《关于加快新型建筑工业化发展的若干意见》。意见提出：一、要大力培养新型建筑工业化专业人才，壮大设计、生产、施工、管理等方面人才队伍，加强新型建筑工业化专业技术人员继续教育，鼓励企业建立首席信息官（CIO）制度；二、培育技能型产业工人。深化建筑用工制度改革，完善建筑业从业人员技能水平评价体系，促进学历证书与职业技能等级证书融通衔接。打通建筑工人职业化发展道路，弘扬工匠精神，加强职业技能培训，大力培育产业工人队伍；全面贯彻新发展理念，推动城乡建设绿色发展和高质量发展，以新型建筑工业化带动建筑业全面转型升级，打造了具有国际竞争力的"中国建造"品牌。

为深入贯彻国务院办公厅《关于促进建筑业持续健康发展的意见（国办发〔2017〕19 号》文件精神，响应住房和城乡建设部等多部门联合印发的《关于加快新型建筑工业化发展的若干意见》，提高建筑工业化应用领域专业技术人员的专业知识与技术水平能力，培养符合新型建筑工业化领域发展趋势、满足企业用人需求的优质人才，中国建筑科学研究院认证中心决定联合北京中培国育人才测评技术中心共同开展建筑工业化应用工程师（建筑信息模型（BIM）应用技术、装配式建筑设计、装配式建筑施工、预制构件制造、工业化装修）专业技术人员培训及等级考试工作。

（二）住宅产业化

住宅是居民的基本生活资料，"衣食住行"为人类生存的四大基本需求，所以住宅问题是重大的社会问题。同时在各类建筑形式中，住宅建筑结构相对简单，功能统一，内部分隔有规律，易于形成标准化设计、批量化的构件生产与机械化施工，因此，住宅建筑最宜、最易实现工业化建设。

对于住宅产业化的概念，建设部住宅产业化促进中心副主任童悦仲是这样介绍的：住宅产业化是于 1968 年由日本人提出来的。"20 世纪 90 年代初，开始和日本有关机构合作。我曾问他们的专家，到底什么叫住宅产业化？你能不能用最简练的语言来描述一下？他就讲，很简单，二句话：第一，资金和技术的高度集中；第二，大规模生产；第三，社会化供应。"

住宅产业化本来只是强调住宅领域的产业化，但是不应局限于住宅建设领域的产业化，而应包括住宅在内，也包含其他一切用途物业的产业化。故原词 Housing Industria lization "住宅产业化"，似乎不尽准确，有收窄其含义之嫌。事实上，"住宅产业化"中的"住宅"，应理解为一切建筑产品。因此，在我国部分省市出台的政策文件中仍沿用住宅产业化等相类似的概念。

所谓住宅产业化，实际上包括两个方面的含义：一是住宅科技成果的产业化；二是住宅生产方式的产业化。科技成果的产业化是指应该把住宅领域里的一些最新的科学成果尽快转化为生产力，使之产生经济效益和社会效益。这与我国科技体制改革有关，而科技体制改革仍旧在深化过程中。

而人们通常所说的住宅产业化，更多的是指住宅建造方式的产业化。在此方面，日本已达到了很高的水平，例如，日本积水化学工业株式会社设在埼玉县的一座住宅工厂，是用工业流水线的方式生产房子，他们把住宅分拆成一个个盒子式的构件，在生产线上，制造完成一栋住宅所需要的全部构件，只需花费四十多分钟，然后运到施工现场，在一天之内组装完毕。

（三）建筑产业现代化

2013 年 11 月 17 日下午，全国政协在北京召开第二次双周协商座谈会，围绕"建筑产业化"进行协商座谈。全国政协主席俞正声主持会议。俞正声说，建筑业是国民经济的重要物质生产部门，与整个国家经济的发展，人民生活的改善有着密切的关系。通过协商座谈会，大家对推进建筑产业化在节能节水、降低污染、提高效率等方面的重要性达成了共识。要按照转变经济增长方，调整优化产业结构的要求，制订和完善推进建筑产业化的相关政策法规，积极抓好落实。这是我国建筑产业化发展历程中第一次真正落实到政策层面的推动举措。

建筑产业化是指运用现代化管理模式，通过标准化的建筑设计以及模数化、工厂化的部品生产，实现建筑构部件的通用化和现场施工的装配化、机械化。发展建筑产业化是建筑生产方式从粗放型生产向集约型生产的根本转变，是建筑产业现代化的必然途径和发展方向。

建筑产业现代化是一个动态的过程，是随着时代进步和科技发展而不断发展的，不断融入新的内涵与特征。

二、新型建筑工业化

"建筑工业化"是即有效地发挥工厂生产的优势，建立从建筑科研、设计、构件部品生产、施工安装等全过程生产实施管理的系统；而"建筑产业化"则是指整个建筑产业链的产业化。因此，两者的区别是：建筑产业化是整个建筑产业链的产业化；建筑工业化是指生产方式的工业化。两者的联系是：建筑工业化是建筑产业化的基础和前提，只有工业化达到一定的程度，才能实现建筑产业现代化。

新型建筑工业化是以信息化带动的工业化。新型建筑工业化的"新型"主要是新在信息化，体现在信息化与建筑工业化的深度融合。进入新的发展阶段，以信息化带动的工业化在技术上是一种革命性的跨越式发展，从建设行业的未来发展来看，信息技术将成为建筑工业化的重要工具和手段。

新型建筑工业化是整个行业先进的生产方式。新型建筑工业化的最终产品是房屋建筑。它不仅涉及主体结构，而且涉及围护结构、装饰装修和设施设备。它不仅涉及科研设计，而且也涉及部品及构配件生产、施工建造和开发管理的全过程的各个环节。它是整个行业运用现代的科学技术和工业化生产方式全面改造传统的、粗放的生产方式的全过程。在房屋建造全过程的规划设计、部品生产、施工建造、开发管理等环节形成完整的产业链，并逐步实现建筑生产方式的工业化、集约化和社会化。

新型建筑工业化是与城镇化良性互动、同步发展的工业化。当前，我国工业化与城镇化进程加快，工业化率和城镇化率分别达到 40% 和 51%，正处于现代化港设的关键时期。在城镇化快速发展过程中，我们不能只看到大规模建设对经济的拉动作用，而忽视城镇化对农民工转型带来的机遇，更不能割裂城镇化和新型建筑工业化的联系。

新型建筑工业化则是以施工总承包单位为实施主体，围绕主体结构建造过程进行优化配置资源，改变传统施工方式，采用机械化、工厂化、装配化的精细建造方式，节能环保，减少施工现场劳动力，提高建筑质量，实现建筑施工的质量好、工期短、成本低、安全事故少及环境保护的目标。

建筑业是我国国民经济的重要支柱产业，近几年来，我国建筑业持续快速发展，产业规模不断扩大，建造能力不断增强。2020 年，全国建筑业总产值 26.4 万亿元，同比增长 6.2%；全国建筑业房屋建筑施工面积 149.5 亿平方米，同比增长 3.7%，有力支撑了国民经济持续健康发展。为加快推进建筑工业化、数字化、智能化升级，进一步提升建筑业发展质量和效益，发展新型建筑工业化将是我国城乡建设领域绿色发展、低碳循环发展的重要举措。它既是稳增长、促改革、调结构的重要手段，又是打造经济发展"双引擎"的内在要求。在新型建筑工业化的推进和发展中，专业技术工人是支撑中国建造、中国创造、中国智造的重要基础，而建筑工业化应用工程师以其特有的技术针对性和融合性，未来将是活跃在我国建筑领域的首要需求型专业技术人员和新时代大国工匠。

三、装配式建筑

2016 年 2 月 6 日，国务院印发的《关于进一步加强城市规划建设管理工作的若干意见》中提出，发展新型建造方式，加大政策支持力度，力争用 10 年左右时间，使装配式建筑占新建建筑的比例达到 30%。随着相关政策标准的不断完善，作为建筑产业现代化重要载体的装配式建筑将进入新的发展时期。

在国家大力提倡节能减排的政策下，我国建筑业正向着建筑产业现代化发展转型，李克强总理在 2016 年《政府工作报告》中强调，积极推广绿色建筑和建材，大力发展钢结构和装配式建筑，提高建筑工程标准与质量。

装配式建筑是指把传统建造方式中的大量现场作业工作转移到工厂进行，在工厂加工制作好建筑用构件和配件（如楼板、墙板、楼梯、阳台等），运输到建筑施工现场，通过可靠的连接方式在现场装配安装而成的建筑。

装配式建筑主要包括预制装配式混凝土结构、钢结构、现代木结构建筑等，因为采用标准化设计、工厂化生产、装配化施工、信息化管理、智能化应用，是现代工业化生产方式的代表。

早期的装配式建筑外形比较呆板，千篇一律。后来人们在设计上做了改进，增加了灵活性和多样性，使装配式建筑不仅能够成批建造，并且样式丰富。美国有一种活动住宅，是比较先进的装配式建筑，每个住宅单元就像是一辆大型的拖车，只要用特殊的汽车把它拉到现场，再由起重机吊装到地板垫块上和预埋好的水道、电源、电话系统相接，就能使用。活动住宅内部有暖气、浴室、厨房、餐厅、卧室等设施。活动住宅既能独成一个单元，也能互相连接起来。

装配式建筑规划自 2015 年以来密集出台，2015 年末发布《工业化建筑评价标准》，决定 2016 年全国全面推广装配式建筑，并且取得突破性进展；2015 年 11 月 14 日住建部出台《建筑产业现代化发展纲要》计划到 2020 年装配式建筑占新建建筑的比例 20% 以上，到 2025 年装配式建筑占新建筑的比例 50% 以上；2016 年 2 月 22 日国务院出台《关于大力发展装配式建筑的指导意见》要求要因地制宜发展装配式混凝土结构、钢结构和现代木结构等装配式建筑，力争用 10 年左右的时间，使装配式建筑占新建建筑面积的比例达到 30%；2016 年 3 月 5 日政府工作报告提出要大力发展钢结构和装配式建筑，提高建筑工程标准和质量；2016 年 7 月 5 日住建部出台《住房城乡建设部 2016 年科学技术项目计划装配式建筑科技示范项目名单》并公布了 2016 年科学技术项目建设装配式建筑科技示范项目名单；2016 年 9 月 14 日国务院召开国务院常务会议，提出要大力发展装配式建筑推动产业结构调整升级；2016 年 9 月 27 日国务院出台《国务院办公厅关于大力发展装配式建筑的指导意见》，对大力发展装配式建筑与钢结构重点区域、未来装配式建筑占比新建筑目标、重点发展城市进行了明确。

2020 年 08 月 28 日，住房和城乡建设部、教育部、科技部、工业和信息化部等九部门联合印发《关于加快新型建筑工业化发展的若干意见》。意见提出：要大力发展钢结构建筑、推广装配式混凝土建筑，培养新型建筑工业化专业人才，壮大设计、生产、施工、管理等方面人才队伍，加强新型建筑工业化专业技术人员继续教育；培育技能型产业工人，深化建筑用工制度改革，完善建筑业从业人员技能水平评价体系，促进学历证书与职业技能等级证书融通衔接。打通建筑工人职业化发展道路，弘扬工匠精神，加强职业技能培训，大力培育产业工人队伍；全面贯彻新发展理念，推动城乡建设绿色发展和高质量发展，以新型建筑工业化带动建筑业全面转型升级，打造了具有国际竞争力的"中国建造"品牌。

为了深入贯彻国务院办公厅《关于促进建筑业持续健康发展的意见（国办发〔2017〕19号》文件精神，响应住房和城乡建设部等多部门联合印发的《关于加快新型建筑工业化发展的若干意见》，提高建筑工业化应用领域专业技术人员的专业知识与技术水平能力，培养符合新型建筑工业化领域发展趋势、满足企业用人需求的优质人才，中国建筑科学研究院认证中心决定联合北京中培国育人才测评技术中心共同开展建筑工业化应用工程师（装配式建筑设计、装配式建筑施工）专业技术人员培训及等级考试工作。

因此，装配式建筑仅仅是推进建筑产业现代化的一个特征表现。或者说，仅仅是工业化生产方式的一种生产手段、一个有效的技术方法和路径，不是建筑产业现代化的最终目的和全部。

发展装配式建筑是实施推进"创新驱动发展、经济转型升级"的重要举措，也是切实转变城市建设模式，建设资源自约型、环境友好型城市的现实需要。发展装配式建筑是推进新型建筑工业化的一个重要载体和抓手。要实现国家和各地方政府目前既定的建筑在能减排目标，达到更高的"能减排水平，实现全寿命过程的低碳排放综合技术指标，发展装配式建筑产业为一个有效途径。

第二章　建筑工程项目资源与成本管理

第一节　建筑工程项目资源管理概述

一、项目资源管理

（一）项目资源概念

项目资源即对项目实施中使用的人力资源、材料、机械设备、技术、资金和基础设施等的总称。资源是人们创造出产品（即形成生产力）所需要的各种要素，也被称为生产要素。

项目资源管理的目的是在保证施工质量和工期的前提下，通过合理配置与调控，充分利用有限资源，节约使用资源，降低工程成本。

（二）项目资源管理概念

项目资源管理是对项目所需的各种资源进行的计划、组织、指挥、协调和控制等系统活动。项目资源管理的复杂性主要表现为如下几项：

（1）工程实施所需资源的种类多、需求量大。

（2）建设过程对资源的消耗极不均衡。

（3）资源供应受外界影响很大，具有一定的复杂性和不确定性，且资源经常需要在多个项目间进行调配。

（4）资源对项目成本的影响最大。加强项目管理，必须对投入项目的资源进行市场调查与研究，做到合理配置，并且在生产中强化管理，以尽量少的消耗获得产出，达到节约劳动和减少支出的目的。

（三）项目资源管理的主要原则

在项目施工过程中，对资源的管理应该着重坚持以下四项原则。

1. 编制管理计划的原则

编制项目资源管理计划的目的，是对效法投入量、投入时间与投入步骤，做出一个合理的安排，以满足施工项目实施的需要，对施工过程中所涉及的资源，都必须按照施工准备计划、施工进度总计划和主要分项进度计划，根据工程的工作量，编制出详尽的需用计划表。

2. 资源供应的原则

按照编制的各种资源计划，进行优化组合，并实施到项目中去，保证项目施工的需要。

3. 节约使用的原则

这是资源管理中最为重要的一环，它的根本意义在于节约活劳动及物化劳动，根据每种资源的特性，制订出科学的措施，进行动态配置和组合，不断地纠正偏差，以尽可能少的资源，满足项目的使用。

4. 使用核算的原则

进行资源投入、使用与产生的核算，是资源管理的一个重要环节，完成了这个程序，便可以使管理者心中有数。通过对资源使用效果的分析，一方面是对管理效果的总结，另一方面又为管理提供储备与反馈信息，以指导以后的管理工作。

（四）项目资源管理的过程和程序

1. 项目资源管理的过程

项目资源管理的全过程应包括资源的计划、配置、控制与处置。

2. 项目资源管理应遵循下列程序

（1）按合同或根据施工生产要求,编制资源配置计划,确定投入资源的数量与时间。

（2）根据资源配置计划，做好各种资源的供应工作。

（3）根据各种资源的特性,采取科学的措施,进行有效组合,合理投入,动态管理。

（4）对资源的投入和使用情况进行定期分析,找出问题,总结经验持续改进。

3. 项目资源管理应注意以下几个方面：

（1）要将资源优化配置，适时、适量、按比例配置资源投入生产，满足需求。

（2）投入项目的各种资源在施工项目中搭配适当、协调，能够充分发挥作用，更加有效地形成生产力。

（3）在整个项目运行过程中，对资源进行动态管理，以适应项目建设需要，并合理规避风险。项目实施是一个变化的过程，对资源的需求也在不断发生变化，须适时调整，有效地计划组织各种资源，合理流动，在动态中求得平衡。

（4）在项目实施中，应建立节约机制，有利于节约使用资源。

（五）资源配置与资源均衡

在资源配置时，必须考虑如何进行资源配置及资源分配是否均衡。在项目资源十分有限的情况下，合理的资源配置和实现资源均衡是提高项目资源配置管理能力的有效途径。

1. 资源配置

资源配置是将项目资源根据项目活动及进度需求，把资源分配到项目的各项活动中去，以保证项目按计划执行。有限资源的合理分配也被称为约束型资源的均衡。在编制约束型资源计划时，必须考虑其他项目对于可共享类资源的竞争需求。在进行型号项目资源分配时，必须考虑所需资源的范围、种类、数量及特点。

资源配置方法属于系统工程技术的范畴。项目资源的配置结果，不但应保证项目各子任务得到合适的资源，也要力求达到项目资源使用均衡。此外，还应保证让项目的所有活动都可及时获得所需资源，使项目的资源能够被充分利用，力求使项目的资源消耗总量最少。

2. 资源均衡

资源均衡是一种特殊的资源配置问题，是对资源配置结果进行优化的有效手段。资源均衡的目的是努力将项目资源消耗控制在可接受的范围内。在进行资源均衡时，必须考虑资源的类型及其效用，以确保资源均衡有效性。

二、项目资源管理计划

项目资源是工程项目实施的基本要素，项目资源管理计划是对工程项目资源管理的规划或安排，一般涉及决定选用什么样的资源，把多少资源用于项目的每一项工作的执行过程中（即资源的分配）以及将项目实施所需要的资源按争取的时间、正确地数量供应到正确地地点，并尽可能地降低资源成本的消耗，如采购费用、仓库保管费用等。

（一）项目资源管理计划的基本要求

（1）资源管理计划应包括建立资源管理制度，编制资源使用计划、供应计划和处置计划，规定控制程序和责任体系。

（2）资源管理计划应与依据资源供应、现场条件和项目管理实施规划编制。

（3）资源管理计划必须纳入进度管理中。由于资源作为网络的限制条件，在安排逻辑关系和各工程活动时就要考虑到资源的限制和资源的供应过程对工期的影响。通常在工期计划前，人们已假设可用资源的投入量。因此，如果网络编制时不顾及资源供应条件的限制，则网络计划是不可执行的。

（4）资源管理计划必须纳入项目成本管理中，以作为降低成本的重要措施。

（5）在制订实施方案以及技术管理和质量控制中必须包括资源管理的内容。

（二）项目资源管理计划的内容

1. 资源管理制度

资源管理制度包括人力资源管理制度、材料管理制度、技术管理制度、资金管理制度。

2. 资源使用计划

资源使用计划包括人力资源使用计划、技术计划、资金使用计划。

3. 资源供应计划

资源供应计划包括人力资源供应计划、资金供应计划。

4. 资源处置计划

资源处置计划包括人力资源处置计划、技术处置计划、资金处置计划。

（三）项目资源管理计划编制的依据

1. 项目目标分析

通过对项目目标的分析，把项目的总体目标分解为各个具体子目标，以便于了解项目所需资源的总体情况。

2. 工作分解结构

工作分解结构确定了完成项目目标所必须进行的各项具体活动，根据工作分解结构的结果可以估算出完成各项活动所需资源的数量、质量和具体要求等信息。

3. 项目进度计划

项目进度计划提供了项目的各项活动何时需要相应的资源以及占用这些资源的时间，据此，可以合理地配置项目所需的资源。

4. 制约因素

在进行资源计划时，应当充分考虑各类制约因素，如项目的组织结构、资源供应条件等。

5. 历史资料

资源计划可以借鉴类似项目的成功经验，以便于项目资源计划的顺利完成，既可节约时间又可降低风险。

（四）项目资源管理计划编制的过程

项目资源管理计划是施工组织设计的一项重要内容，应该纳入工程项目的整体计划和组织系统中。通常，项目资源计划应包括如下过程。

1. 确定资源的种类、质量和用量

根据工程技术设计和施工方案，初步确定资源的种类、质量和需用量，然后再逐步汇总，最终得到整个项目各种资源的总用量表。

2. 调查市场上资源的供应情况

在确定资源的种类、质量和用量后，即可着手调查市场上这些资源的供应情况。其调查内容主要包括各种资源的单价，据此进而确定各种资源所需的费用；调查如何得到这些资源，从何处得到这些资源，这些资源供应商的供应能力怎样、供应的质量如何、供应的稳定性及其可能的变化；对于各种资源供应状况进行对比分析等等。

3. 资源的使用情况

主要是确定各种资源使用的约束条件，包括总量限制、单位时间用量限制、供应条件和过程的限制等。对于某些外国进 1：3 的材料或设备，在使用时还应考虑资源的安全性、可用性、对周围环境的影响、国家的法规和政策以及国际关系等因素。

在安排网络时，不仅要在网络分析和优化时加以考虑，在具体安排时更需注意，这些约束性条件多是由项目的环境条件，或企业的资源总量和资源的分配政策决定的。

4. 确定资源使用计划

通常是在进度计划的基础上确定资源的使用计划的，即确定资源投入量一时间关系直方图（表），确定各资源的使用时间和地点。在做此计划时，可假设它在活动时间上平均分配，从而得到单位时间的投入量（强度）。进度计划的制订和资源计划的制订，往往需要结合在一起共同考虑。

5. 确定具体资源供应方案

在编制的资源计划中，应明确各种资源的供应方案、供应环节及具体时间安排等，如人力资源的招雇、培训、调遣、解聘计划，材料的采购、运输、仓储、生产、加工计划等。如把这些供应活动组成供应网络，应和工期网络计划相互对应，协调一致。

6. 确定后勤保障体系

在资源计划中，应根据资源使用计划确定项目的后勤保障体系，比如确定施工现场的水电管网的位置及其布置情况，确定材料仓储位置、项目办公室、职工宿舍、工棚、运输汽车的数量及平面布置等。这些虽不能直接作用于生产，但对项目的施工具有不可忽视的作用，在资源计划中必须予以考虑。

第二节 建筑工程项目资源管理内容

一、生产要素管理

（一）生产要素概念

生产要素是指形成生产力的各种要素，主要包括人、机器、材料、资金与管理。对建筑工程来说，生产要素是指生产力作用于工程项目的有关要素，也可以说是投入到工程要素中的诸多要素。因为建筑产品的一次性、固定性、建设周期长、技术含量高等特殊的特性，可以将建筑工程项目生产要素归纳为：人、材料、机械设备、技术等方面。

（二）建筑工程项目生产要素管理概述

生产要素管理就是对诸要素的配置和使用所进行的管理，其根本目的是为节约劳动成本。

1. 建筑工程项目生产要素管理的意义

（1）进行生产要素优化配置，即适时、适量、比例恰当、位置适宜地配备或投入生产要素，以满足施工需要。

（2）进行生产要素的优化组合，即投入工程项目的各种生产要素在施工过程中搭配适当，协调地在项目中发挥作用，有效地形成生产力，适时、合格地完成建筑工程。

（3）在工程项目运转过程中，对生产要素进行动态管理。项目的实施过程是一个不断变化的过程，对生产要素的需求在不断变化，平衡是相对的，不平衡是绝对的。因此生产要素的配置和组合也就需要不断调整，这就需要动态管理。动态管理目的和前提是优化配置与组合，动态管理是优化配置和组合的手段与保证。动态管理的基本内容就是按照项目的内在规律，有效地计划、组织、协调、控制各生产要素，使之在项目中合理流动，在动态中寻求平衡。

（4）在工程项目运行当中，合理地、节约地使用资源，以取得节约资源（资金、材料、设备、劳动力）的目的。

2. 建筑工程项目生产要素管理的内容

生产要素管理的主要内容包括生产要素的优化配置、生产要素的优化组合、生产要素的动态管理三个方面。

（1）生产要素的优化配置。生产要素的优化配置，就是按照优化的原则安排生产要素，按照项目所必需的生产要素配置要求，科学而合理地投入人力、物力、财力，使之在一定资源条件下实现最佳的社会效益与经济效益。

具体来说，对建筑工程项目生产要素的优化配置主要包括对人力资源（即劳动力）的优化配置、对材料的优化配置、对资金的优化配置和对技术的优化配置等几个方面。

（2）生产要素的优化组合。生产要素的优化组合是生产力发展的标志，随着科学技术的进步，现代管理方法和手段的运用，生产要素优化组合将对提高施工企业管理集约化程度起推动作用。

此内容一是指生产要素的自身优化，即各种要素的素质提高的过程。二是优化基础上的结合，各要素有机结合发挥各自优势。

（3）生产要素的动态管理。生产要素的动态管理是指依据项目本身的动态过程而产生的项目施工组织方式。项目动态管理以施工项目为基点来优化和管理企业的人、财、物，以动态的组织形式和一系列动态的控制方法来实现企业生产诸要素按项目要求的最佳组合。

（三）生产要素管理的方法和工具

1. 生产要素优化配置方法

不同的生产要素，其优化配置方法各不相同，可根据生产要素特点确定。常用的方法有网络优化方法、优选方法、界限使用时间法、单位工程量成本法、等值成本法及技术经济比较法。

2. 生产要素动态管理方法

动态管理的常用方法有动态平衡法、日常调度、核算、生产要素管理评价、现场管理与监督、存储理论和价值工程等。

二、人力资源管理

（一）建筑工程项目人力资源管理概述

1. 人力资源管理含义

人力资源管理这一概念主要是指通过掌握的科学管理办法，来对一定范围内的人力资源进行必要的培训，进行科学的组织，以便达到人力资源与物力资源充分利用。在人力资源管理工作中，较为重要的一点就是对工作人员的思想情况、心理特征以及实际行为进行有效的引导，以便充分激发工作人员的工作积极性，让工作人员能够在自己的工作岗位上发光发热，适应企业的发展脚步。

2. 人力资源管理在建筑工程项目管理中的重要性

人力资源管理工作作为企业管理工作中的重要组成部分，其工作质量会对企业的长远发展产生极为重要的影响。然而对于建筑企业来说也是如此，这是由于在建筑工程项目管理中充分发挥人力资源管理工作的效用，就能够帮助企业累计人才，并将人才转化为企业的核心竞争力，通过优化配置人力资源来推动建筑企业的可持续发展。

（二）建筑工程项目人力资源管理问题

1. 管理者观念的落后

随着社会的不断发展，各行各业在寻求可持续发展的道路上都应与时俱进的更新管理观念，特别是对于建筑行业来说，就目前而言，大部分建筑企业在人力资源管理工作中所应用的管理观念都较为落后，不但不能够对企业中的人力资源进行合理配置与培训，不能为企业培养出精兵强将，同时还会因管理观念落后而对人力资源管理工作重要性的发挥严重阻碍，会对企业工作人员岗位培训与调动等产生不良影响。再加上，部分人力资源的管理工作人员缺乏对信息技术的正确认识，不能利用现代化的眼光来对人力资源管理工作理念进行变革，不利于建筑企业的长远发展。

2. 人力资源管理体系的不完善

当前我国部分建筑企业都缺乏对人力资源管理工作的重视，没有建立应有的人力资源管理体系，使得人力资源管理工作的开展无法得到制度保障。在这种不完善的管理体系指导下的人力资源管理工作质量也就不能得到有效保证。还有的建筑企业建立了人力资源管理体系，但是却无法及时对其进行更新与优化，使其不能满足当前人力资源管理工作的需求，也就无法为企业发展提供坚实的人力基础。因此，人力资源管理体系的不健全也是影响建筑企业人力资源管理工作质量的重点。

3. 缺乏完善的激励机制

当前我国建筑企业人力资源管理工作大多还缺乏完善的激励机制，而导致这一问题出现的原因主要在于部分人力资源管理工作人员忽视了奖金对工作人员的激励作用，不会利用奖金来充分调动工作人员的积极性与工作热情，也就无法在建筑企业内部创造一个良好的竞争环境，不利于实现企业的长远发展。与此同时其还包括晋升机制的不完善。

我国大部分建筑企业在对工作人员进行岗位晋升时都不重视对其工作绩效的考察，或是对其工作绩效情况进行了考察，但是并没有起到应有的作用，进而在一定程度上影响了工作人员的积极性，也就无法保证工作人员能够全身心地投入到岗位工作中，这对于实现企业经营发展目标是十分不利的。

（三）建筑工程项目人力资源管理优化

1. 管理者观念的转变

建筑工程企业应重视对先进管理理念的学习与应用，摒弃传统落后的管理观念，为提高自身人力资源管理水平奠定理念基础。这就需要企业的人力资源管理者能够对重视对自身专业水平的提升，积极学习新的管理理念，并且充分利用互联网信息技术等来进行人力资源管理能力的自我锻炼，以便为提高建筑工程项目人力资源管理水平奠定基础。

2. 健全管理人才培养模式

健全管理人才培养模式，要从提高管理团队的综合素质与专业水平出发，通过这些方面来实现对人力资源管理工作质量的提升。这是由于工作人员是建筑企业开展人力资源管理工作的主体，其素质状况直接影响了人力资源管理工作效果的发挥。

3. 建立完善的激励机制

建筑企业要重视对激励机制的建立与完善，以便能够充分调动工作人员的积极性。要将工作人员的工作绩效与薪资水平挂钩，以激发工作人员的主观能动性。同时，还应对工作态度认真且有突出表现的工作人员给予口头表扬等精神层面的鼓励，进而在企业内部形成一种积极向上、不断提升自己能力的工作氛围。此外，企业还应将工作人员平时的绩效考核情况与其岗位升迁等进行紧密联系，并重视对人才晋升机制的完善与优化，引导工作人员实现自主提升，并逐渐推动企业健康发展。

三、建筑材料管理

（一）材料供应管理

一般而言，当前材料选择通常指的是在建筑相关工程立项后通过相关施工单位展开自主采购，并且在实际采购过程中在严格遵循相关条例的规定的同时，还要满足设计中的材料说明要求。对材料供应商应该具有正规合法的采购合同，而对防水材料、水电材料、装饰材料、保温材料、砌筑材料、碎石、沙子、钢筋、水泥等采取材料备案证明管理，同时实施材料进厂记录。

1. 供应商的选择

供应商的选择是材料供应管理的第一步，在对建筑材料市场上诸多供应商进行选择时，应该注意以下几个方面：首先，采购员应该对各供应商的材料进行比较，认真核查材料的生产厂家，仔细审核供应商的资质，所有的建筑材料必须符合国家标准；其次，在对采购合同进行签订前，还应该验证现场建筑材料的检测报告、进出厂合格证明文件以及复试报告等；最后，与供应商所直接签订的合同需要在法律保障下才可以发挥其行之有效的作用。

2. 制订采购计划文件

当前在确定好供应商之后，就要开始编制相应的计划文件，这就需要相关的采购员严格依据施工进度方案、施工内容以及设计内容对具体的采购计划通过比较细致的研究从而制订出完善的采购方案。并且，采购员必须对其质量进行科学化的检测，进而确保材料其本身所具备的功能可以达到施工要求，更加有效地进行成本把控。

3. 材料价格控制

建筑工程相应项目中所涉及的材料种类比较，有时需要同时与多家材料供应商合作，因此，在建筑材料采购过程中，采购员应该对所采购的材料完成相应的市场调查工作，多走访几家，对实际的价格做好管控工作。最终购买的材料在保证满足设计和施工要求的同时，尽可能地使价格降到最低，综合材料实际的运费，在最大限度上减少成本投入，进而达到材料资料等方面的有效控制。

4. 进厂检验管理

在建筑材料购买之后，要严格进行材料进场验收，由监理单位和施工企业对进厂材料进行检验，对材料的证明文件、检测报告、复试报告以及出厂合格证进行审核。同时，委托具有相应资质的检测单位对进厂材料按批次取样检验，并做好备案书。检验结果不合格的材料坚决不能进厂使用，只有检验结果合格的材料才可进行使用。

（二）施工材料管理

1. 材料的存放

建设单位要有专人负责掌管材料，将材料分好类别，以免材料之间发生化学反应，影响建筑材料的使用，同时，还要对材料的入库和出库时间、合作的生产厂家、材料之间的报告等做好登记，在项目部门领取材料进行施工时，项目施工人员须凭小票领取材料，并签字，这样有利于施工后期建筑材料的回收再利用。

在建筑施工接近尾声之际，建设单位的工作人员应该将实际应用的建筑材料和计划用量进行比较，将使用的建筑材料数据记录下来，将剩余的建筑材料回收再利用，将建筑现场清理好，以免造成建筑材料的浪费，同时还要把剩余的材料做好分类管理，减少施工材料的成本。

2. 材料的使用

在建筑材料的使用过程中，要根据建筑材料的实际用量和计划用量做好建筑材料的使用，避免运输的材料超过计划上限，要严格控制材料的使用情况，做到不过多的损耗、浪费。总之，在施工阶段的建筑材料管理工作中，要合理安排材料的进库和验收工作，同时，还要掌握好施工进程，从而保证施工需要，管理人员要时常对建筑材料进行检查和记录，以防止材料的损失。

3. 材料的维护

工程施工中的一些周转材料，应当按照其规格、型号摆放，并在上次使用后，及时除锈、上油，对于不能继续使用的，应当及时更换。

4. 工程收尾材料管理

做好工程的收尾工作，将主要力量、精力放在新施工项目的转移方面，在工程接近收尾时，材料往往已经使用超过 70%，需要认真检查现场的存料，估计未完工程实际用料量，在平衡基础上，调整原有的材料计划，消减多余，补充不足，以防止出现剩料情况，从而为清理场地创造优良条件。

四、机械设备管理

（一）建筑机械设备管理与维护的重要性

1. 提高生产效率

建筑机械是建筑生产必不可少的工具，其也是建筑企业投入最多的方面。随着科学技术的日新月异，机械现代化是建筑现代化的标志。机械设备不断更新要求建筑企业要不断更新技术知识，不断适应新环境的要求。机械设备可极大提高生产效率，降低生产成本，从而使建筑企业具有更高的竞争力，于激烈的市场中赢得先机。

2. 在建筑中发挥重要作用

机械设备现代化是建筑现代化的基本条件，越先进的机械设备越能发挥整体效能，越能提高建筑生产质量，不断更新机械设备是建筑企业提高核心竞争力的关键。一些老旧设备、带病运转、安全措施不到位、产品型号混杂、安装不合理等问题都会影响到建筑企业的发展，因此，适当地对建筑机械设备进行管理与维护，对建筑工程项目的建设具有很重要的意义。

（二）建筑工程项目机械设备管理问题

1. 建筑机械设备自身缺点

施工机械的制造厂商很多，厂商之间的建设基地与生产规模、生产能力等差距很大，因此建筑机械产品质量、产品结构、产品价格也存在很大的差距，为此一些建筑机械制造厂技术水平不高，导致市场建筑机械设备参差不齐，产品质量与产品安全未能保障，大大增加了建筑事故的发生率。如某市为塔机制造大城市，生产的塔机在全国范围内普遍使用，但塔吊倒塌事故时有发生，虽然导致事故的发生因素可能有多种，但是厂家对生产吊塔质量不合格或是不符合标准，也是导致此事故的发生因素之一。

随着有效机制加大，很多再用的机械设备都是租赁的，一部分施工升降机是自购的，一部分小型机械是班组自带的机械设备，不论机械设备是自带还是租赁，由于项目施工现场中的机械设备长期缺乏维护和维修保养，安装随意装置、随意拆卸，再加上设备管理人员工作失控，建筑机械设备损坏的部分未及时修补，对配有皮带的机械设备与木工电锯设备未配置防护罩的现象较为严重。

2. 建筑施工人员素质有待提高

在建筑施工场地，机械设备的操作人员素质不高，多数操作人员文化程度相对较低，对操作功能不熟悉、操作技能不熟练、操作经验不足导致对突发事件的反应能力相对薄弱，更不能预测危险事项带来的后果，建筑招工人员未对员工进行岗前培训，或是岗前培训过于走形式，对施工现场需要注意的事项和技巧未能准确告知，从而导致了事故安全隐患。

3. 建筑机械设备的使用过于频繁

因为施工项目的不确定性，有些建筑施工项目未完工而另一个施工项目急需开工，建筑机械设备几乎两边跑，频繁使用造成设备保养不及时、工程机械磨损大、易发生建筑机械设备"带病"工作，加大了工作中的安全隐患。

（三）建筑机械设备维修与管理措施

1. 设立专职部门

施工单位应该对建筑机械设备维修与管理足够的重视，可设立一个专门的部门负责机械管理维修，部门中各个成员的职责必须明确规定，一旦出现问题，要立即追责，当然如有维修与管理人员表现良好，也要给予一定的奖励；其次，施工单位应该完善建筑机械管理与维修档案制度，同时做好统计工作，以便能够对机械设备进行统一的管理；最后，工程实践中，施工人员必须安排足够的人员来负责建筑机械设备管理，做到定人、定岗、定机，用保证每个机械设备都能够检查到位，作业时不会出现任何故障。

2. 提高防范意识

施工人员应该意识到机械设备的维修与管理也是自己分内的工作，尤其是专门负责这项工作的施工人员。平时要不断加强自身素质，避免维修管理不当的行为出现。另外，机械设备操作人员操作过程中，要爱惜机械设备，进行合理操作，作业技术之后，应对机械设备进行检查，这既能够保证机械设备性能始终处于优良状态，也能够保证操作人员的自身安全。此外，待到工程竣工之后，施工人员一定要全面进行检查，再将机械设备调到其他工程场地中，以免影响其他工程进度。

3. 做好建筑机械设备的日常保养

建筑机械设备既需要定期保养，也需要做好日常保养，这样才能够最大限度地保证机械设备始终保持良好状态。首先，有关部门要依据现实情况，制订科学合理的保养制度，编写保养说明书，并且依据机械设备种类来制订不同的保养措施，以便机械设备保养更具合理性、针对性；其次，机械设备维修与管理人员与机械设备的操作人员要进行时常沟通，要求操作人员必须依据保养制度中要求进行操作，如果是新型的机械设备，维修与管理人员还需要将操作要点告知操作人员，并且操作人员误操作，损坏机械设备；最后，建立激励制度，将建筑机械设备的技术情况、安全运行、消耗费用和维护保养等纳入奖惩制度中，以调动建筑机械设备管理人员与操作人员的工作积极性。组织开展一些建筑机械设备检查评比的活动，来推动机械设备的管理部门的工作。

五、项目技术管理

（一）项目技术管理的重要性

技术管理研究源于 20 世纪 80 年代初，技术管理作为专有词汇也是在该时期出现的。技术管理是一门边缘科学，比技术有更广一层的含义，即使技术贯穿于整个组织体系，使过去仅表现在车间及设备等方面的技术也可以应用到财务、市场份额和其他事务中，将技术的竞争优势因素转为可靠的竞争能力，搞好技术管理是企业家或者经营者的职责。

各工程项目均为典型项目，在实际工程项目管理中存在技术管理部门和人员。同时，可在很多与工程项目管理相关的期刊、文章中找到关于项目技术管理重要性的论述。技术管理在施工项目管理中是施工项目管理实施成本控制的重要手段、是施工项目质量管理的根本保证措施、是施工项目管理进度控制的有效途径。

（二）项目技术管理的作用

分析项目技术管理的作用，离不开项目目标实现，技术管理的作用包括保证、服务及纠偏作用。利用科学手段方法，制订合理可行的技术路线，起到项目目标实现保证作用；以项目目标为技术管理目标，其所有工作内容均围绕目标并服务于目标在项目实施过程中，依靠检测手段，出现偏差时要通过技术措施纠正偏差。

技术管理在项目中的作用大小会因项目不同而不同，是以科学手段，提供保证项目各项目标实现的方法，为其他管理无法替代的。

（三）建筑工程项目技术管理内容

1. 技术准备阶段的内容

为保证正式施工的进行，在前期的准备工作中，不仅要保证施工中需要的图纸等资料的完善无误，还需对施工方案进行反复确认。准备工作的强调，能有效降低图纸中存在的质量隐患。在对施工方案最终确定之前，应由项目经理以及技术管理的相关负责人对其进行审核，并让设计方案保留一定的调整空间，以便在实际施工中遇到有出入的地方可及时进行协调。在对施工相关资料进行审核中，各个负责人应对关键部分或有争议的部分进行反复讨论，最终确定最为科学性的施工方案。同时，在技术准备阶段，确定施工需要的相关设备与材料等，能为接下来的施工节约一定的材料选择时间，保证施工能顺利完成。

2. 施工阶段的内容

施工阶段的技术管理内容更加复杂，需调整的空间也较大。在施工期间，工程变更与洽谈、技术问题的解决、材料选择以及规范的贯穿等事项都需要技术管理的参与。具体来讲，技术管理主要对施工工程中的施工技术与施工工艺等进行管理与监督。但是，施工工程是一个整体，技术管理也会涉及其他方面的内容。同时，也只有加强各个方面管理内容的协调与沟通，促使整个施工项目均衡发展，才能使其顺利完工。另外，技术管理还包括对施工工艺的开发与创新，有效解决施工过程中遇到的技术难题，并积极运用新的施工技术与理念，促进施工工艺的现代化及其不断进步。

3. 贯穿于整个施工工程

技术管理是企业在施工工程中所进行的一系列技术组织与控制内容的总称。技术管理是贯穿于整个施工工程的全过程，所以其在施工管理中起着重要的影响作用。技术管理涉及施工方案的制订、施工材料的确定、施工工艺以及现场安全等事项的分配，对整个施工工程的顺利进行有着直接影响。众所周知，一个施工项目包含的内容比较多，涉及的事项也比较复杂。因此，在具体的施工过程中，技术管理包含的事项以及内容也比较多。技术管理的进行，应与施工管理与安全管理等内容同样重要，只有各个方面的管理能够均衡，才能促使施工工程的质量得到保证并顺利完成。

第三节　建筑工程项目资源管理优化

一、项目资源管理的优化

工程项目施工需要大量劳动力、材料、设备、资金和技术，其费用一般占工程总费用80%以上。因此，项目资源的优化管理在整个项目的经营管理中，尤其是成本的控制中占有重要的地位。资源管理优化时应遵循以下原则：资源耗用总量最少、资源使用结构合理、资源在施工中均衡投入。

项目资源管理贯穿工程项目施工的整个过程，主要体现在施工实施阶段。承包商在施工方案的制订中要依据工程施工实际需要采购和储存材料，配置劳动力和机械设备，将项目所需的资源按时按需、保质保量地供应到施工地点，并合理减少项目资源的消耗，降低成本。

（一）利用工序编组优化调整资源均衡计划

大型工程项目中需要的资源种类繁多，数量巨大，资源供应的制约因素多，资源需求也不平衡。因此，资源计划必须包括对所有资源的采购、保管和使用过程建立完备的控制程序和责任体系，确定劳动力、材料和机械设备的供应和使用计划。

资源计划对施工方案的进度、成本指标的实现有重要的作用。施工技术方案决定了资源在某一时间段的需求量，然而作为施工总体网络计划中限制条件的资源，对于工程施工的进度有着重要的影响，同时，均衡项目资源的使用，合理的降低资源的消耗也有助于施工方案成本指标的优化。

1. 单资源的均衡优化

对于单项资源的均衡优化，建筑企业可以利用削峰法进行局部的调整，但对于大型工程项目整体资源的均衡，应采用"方差法"进行均衡优化。"方差法"的原理是通过逐个地对非关键线路上的某一工序的开始和完成时间进行调整，然后在这些调整所产生的许多工序优化组合中找出资源需求量最小的那个组合。然而，对于大型工程项目而言，网络计划上非关键线路上工序的数量很多，资源需求情况也很复杂，调整所产生的工序优化组合会非常的多，往往使优化工作变得耗时或不可行，达不到最佳的优化效果。

实际工程当中，可以通过将初始总时差相等且工序之间没有时间间隔的一组非关键线路上的工序并为一个工序链，减少非关键线路上工序的数量，降低工序优化的组合。

2. 多资源的均衡优化

对于施工中的多资源均衡优化，可以利用模糊数学方法，综合资源在各种状况下的相对重要程度并排序，确定优化调整的顺序，然后再对资源进行优化调整。资源的优越性排序后，利用方差法对每一种资源计划进行优化调整。资源调整有冲突时，应根据资源的优越性排序确定调整的优先等级。

（二）推进组织管理中的团队建设与伙伴合作

项目组织作为一种组织资源，对于建筑企业在施工中节约项目管理费用有着重要的作用。建筑企业应在大型工程项目的施工与管理中加强项目管理机构的团队建设，与项目参与各方建立合作伙伴关系。

1. 承包商项目管理团队建设

项目管理团队建设可以提高管理人员的参与度和积极性，增强工作的归属感和满意度，形成团队的共同承诺和目标，改善成员的交流与沟通，进而提升工作效率。项目管理团队建设还可以有效的防范承包商管理的内部风险，节约管理成本。

建筑企业将项目管理团队建设统一在工程项目人力资源管理中。通过制订规范化的组织结构图和工作岗位说明书，建立绩效管理和激励评价机制，来拓展团队成员的工作技能，使团队管理运行流畅，实现团队共同目标。

2. 与项目各方建立合作伙伴关系

大型工程项目需要不同组织的众多人员共同参与，项目的成功取决于项目参与各方的密切合作。各方的关系不应仅仅是用合同语言表述的冷冰冰的工作关系，更需要建立各方更加紧密和高效的合作伙伴关系。

在工程项目的建设中，工程的庞大规模和施工的复杂性决定了项目参与各方建立合作伙伴关系的必要性。建筑企业应在项目施工管理方案中增加与业主、设计院和监理工程师等其他各方建立伙伴合作的内容，以期顺利成功地完成工程项目的施工。

合作伙伴关系对于项目管理的主要目标—进度、质量、安全和成本管理的影响是明显的。成功的伙伴合作关系不仅能缩短项目工期，降低项目成本，提高工程质量，而且能让项目运行更加安全。

3. 优化材料采购和库存管理

材料的采购与库存管理是建筑工程项目资源管理的重要内容。材料采购管理的任务是保证工程施工所需材料的正常供应，在材料性能满足要求的前提下，控制、减少所有与采购相关的成本，包括直接采购成本（材料价格）和间接采购成本（材料运输、储存等费用），建立可靠、优秀的供应配套体系，努力减少浪费。

大型工程项目材料品种、数量多、体积庞大，规格型号复杂。而且施工多为露天作业，易受时间、天气和季节的影响，材料的季节性消耗和阶段性消耗问题突出。同时，施工过程中的许多不确定性因素，比如设计变更、业主对施工要求的调整等，也会导致材料需求的变更。采购人员在材料采购时，不仅要保证材料的及时供应，还要考虑市场价格波动对于整个工程成本的影响。

二、建筑工程项目资源优化

（一）建筑工程项目中资源优化的必要性与可行性

当前我国社会化大生产使资源优化的矛盾日益凸显，土地供给紧张，主要原材料纷纷告缺，资源的利用和保护再次成为关注的焦点。建筑工程的建设是一个资源高消耗工程，不但需要消耗大量的钢材、水泥等建筑资源，还要占用土地、植被等自然资源。建筑工程项目可以从全局上来分配资源，平衡各个项目的需求，达成整体工程项目的目标。这是传统职能型管理的一大优点，由于局部最优并不一定是整体最优。但职能部门对项目缺少直接地、及时地了解和关注。而"项目"具有实施难度很难准确估测、随时可能有突发事件发生这么一个的特点，这种情况下，职能部门按部就班的工作模式就无法应对项目的各种突发事件，无法及时向有需求的项目组提供资源。

（二）资源优化的程序和方法

可以将建筑资源优化过程划分为：更新策划与资源评价、方案设计与施工设计、工程实施三个阶段来进行。

建筑资源评价是在建筑资源调查的基础上，从合理开发利用和保护建筑资源及取得最大的社会、经济、环境效益的角度出发，选择某些因子，运用科学方法，对一定区域内建筑资源本身的规模、质量、分级及开发前景和施工开发条件进行综合分析和评判鉴定的过程。

资源评价和更新策划的工作是最为重要的环节，这也是现阶段旧建筑资源优化工作的瓶颈所在。从工作内容上来讲，资源评价与概念策划是建筑师职能的拓展，将建筑师的研究领域从传统的仅注重空间尺度、比例、造型，拓展到了对人、社会、环境生态、经济等方面。

通过资源利用的可靠性评价环节可以与规划相互沟通，将可利用资源通过定性与定量的方式表现出来，并通过文字将更新思想程序化、逻辑化表达给投资商、政策管理机构，最后将策划成果直接用于改造设计。在工作中始终保持连续性将有力地保证更新在持续合理状态中进行。比如于建筑设计中，在标准阶段进行优化，要有精细化的设计，要根据每个建筑的不同特性去做精细化的设计，所以一定要强调"优生优育"。选择钢筋时，细而密的钢筋一般会同时具有经济和安全的双重优点：比如，细钢筋用作板和梁的纵筋时，锚固长度可以缩短，裂缝宽度一定会减小；用作箍筋时，弯钩可以缩短，安全度又不会降低。追求性价比的概念不是说性价比最高的那个方案就是开发商应该要的，而是最适合的才是应该被选择被采纳的。

（三）建筑工程项目资源优化的意义

资源是一个工程项目实施的最主要的要素，是支撑整个项目的物质保障，是工程实施必不可少的前提条件。真正做到资源优化管理，将项目实施所需的资源按正确的时间、正确的数量供应到正确的地点，可以降低资源成本消耗，是工程成本节约的主要途径。

只有不断地提高人力资源的开发和管理水平，才能充分开发人的潜能。以全面、缜密的思维和更优化的管理方式，保证项目以更低的投入获得更高的产出，切实保障进度计划的落实、工程质量的优良、经济效益的最佳；只有重视项目计划和资源计划控制的实践性，真正地去完善项目管理行为，才能够根据建筑项目的进度计划，合理地、高效地利用资源；才能实现提高项目管理综合效益，促进整体优化的目的。

三、建筑工程项目资源管理优化内容

（一）施工资源管理环节

在项目施工过程中，对施工资源进行管理；应注意以下几个环节。

1. 编制施工资源计划

编制施工资源计划的目的是对资源投入量、投入时间与投入步骤做出合理安排，以满足施工项目实施的需要，计划是优化配置和组合的手段。

2. 资源的供应

按照编制的计划，从资源来源到投入到施工项目上实施，使计划得以实现，施工项目的需要得以保证。

3. 节约使用资源

根据每种资源的特性，制订出科学的措施，进行动态配置和组合，协调投入，合理使用，不断地纠正偏差，以尽可能少的资源满足项目的使用，达到节约的目的。

4. 合理预算

进行资源投入、使用和产出的核算，实现节约使用的目的。

5. 进行资源使用效果的分析

一方面是对管理效果的总结，找出经验和问题，评价管理活动；另一方面为管理提供储备和反馈消息，以指导以后（或者下一循环）的管理工作。

（二）建筑项目资源管理的优化

目前国内在建的一些工程项目中，相当一部分施工企业还没有真正地做到科学管理．在项目的计划与控制技术方面，更是缺少科学的手段和方法。要解决好这些问题，应该做到以下几点：

1. 科学合理的安排施工计划．提高施工的连续性和均衡性

安排施工计划时应考虑人工、机械、材料的使用问题。使各工种能够相互协调，密切配合，有次序、不间断地均衡施工。因此，科学合理安排人工、机械、材料在全施工阶段内能够连续均衡发挥效益是必要的，这就需要对工程进行全面规划，编制出与实际相适应的施工资源计划。

2. 做好人力资源的优化

人力资源管理是一种人的经营。一个工程项目是否能够正常发展，关键在于对人力资源的管理。

（1）实行招聘录用制度。对所有岗位进行职务分析，制订每个岗位的技能要求和职务规范。广泛向社会招聘人才，对通过技能考核的人员，遵照少而精、宁缺毋滥原则录用，做到岗位与能力相匹配。

（2）合理分工，开发潜能。对所有的在岗员工进行合理分工，并充分发挥个人特长，给予他们更多的实际工作机会。开发他们的潜能，做到"人尽其才"。

（3）为员工搭建一个公平竞争的平台。只有通过公平竞争才能使人才脱颖而出，才可吸引并留住真正有才能的人。

（4）建立绩效考核体系，明确考核条线，纵横对比。确立考核内容，对技术水平、组织能力等进行考核，不同的考核运用不同的考核方法。

（5）建立晋升、岗位调换制度。以绩效为基础，以技能为主。通过考核把真正有能力、有水平的员工晋升到更重要的岗位，以发挥更大的作用。

（6）建立薪酬分配机制。对有能力、有水平的在岗员工，项目管理者应该着重使高额报酬与高中等的绩效奖励相结合，并给予中等水平的福利待遇，调动在岗员工的积极性，使人人都有一个奋发向上的工作热情，形成一个有技能、创业型的团队。

（7）建立末位淘汰制度。以绩效技能考核为依据，制订并严格遵循"末位淘汰制度"，将不适应工作岗位、不能胜任本职工作的人员淘汰出局，以达到"留住人才，淘汰庸才"的目的。

3. 要做好物质资源的优化

（1）对建筑材料、资金进行优化配置。即适时、适量、比例适当、位置适宜地投入，以满足施工需要。

（2）对机械设备优化组合。即对投入施工项目的机械设备在施工中适当搭配，相互协调地发挥作用。

（3）对设备、材料、资金进行动态管理。动态管理的基本内容即是按照项目的内在规律，有效地计划、组织、协调、控制各种物质资源，使之在项目中合理流动，在动态中寻求平衡。

第四节 建筑工程项目成本管理概述

一、成本管理

（一）成本管理的概念

成本管理，通常在习惯上被称为成本控制。所谓控制，在字典里的定义是命令、指导、检查或限制的意思。它是指系统主体采取某种力所能及的强制性措施，促使系统构成要素的性质数量及其相互间的功能联系按照一定的方式运行，以便达到系统目标的管理过程。然而成本管理是企业生产经营过程中各项成本核算、成本分析、成本决策和成本控制等一系列科学管理行为的总称，具体是指在生产经营成本形成的过程中，对各项经营活动进行指导、限制和监督，使之符合有关成本的各项法令、方针、政策、目标、计划和定额的规定，并及时发现偏差予以纠正，使各项具体的和全部的生产耗费被控制在事先规定的范围之内。成本管理一般有成本预测、成本决策、成本计划、成本核算、成本控制、成本分析、成本考核等职能。

1. 狭义的成本管理

成本管理有广义和狭义之分。狭义的成本管理是指日常生产过程中的产品成本管理，是根据事先制订的成本预算，对日常发生的各项生产经营活动按照一定的原则，采用专门方法进行严格的计算、监督、指导和调节，把各项成本控制在一个允许的范围之内。狭义的成本管理又被称为"日常成本管理"或者"事中成本管理"。

2. 广义的成本管理

广义的成本管理则强调对企业生产经营的各个方面、各个环节以及各个阶段的所有成本的控制，既包括"日常成本管理"，又包括"事前成本管理"和"事后成本管理"。广义的成本管理贯穿企业生产经营全过程，它和成本预测、成本决策、成本规划、成本考核共同构成了现代成本管理系统。传统的成本管理是适应大工业革命的出现而产生和发展的，其中的标准成本法、变动成本法等方法得到了广泛的应用。

（二）现代的成本管理

随着新经济的发展，人们不仅对产品在使用功能方面提出了更高的要求，还强调在产品中能体现使用者的个性化。在这种背景下，现代的成本管理系统应运而生，无论是在观念还是在所运用的手段方面，其都和传统的成本管理系统有着显著的差异。从现代成本管理的基本理念看，主要表现在下如几项：

1. 成本动因的多样化

成本动因的多样化即成本动因是引起成本发生变化的原因。要对成本进行控制，就必须了解成本为何发生，它与哪些因素有关、有何关系。

2. 时间是一个重要的竞争要素

在价值链的各个阶段中，时间都是一个非常重要的因素，很多行业和各项技术的发展变革速度已经加快，产品的生命周期变得很短。在竞争激烈的市场上，要获得更多的市场份额，企业管理人员必须能够对市场的变化做出快速反应，投入更多的成本用于缩短设计、开发和生产时间，以缩短产品上市的时间。另外，时间的竞争力还表现在顾客对产品服务的满意程度上。

3. 成本管理全员化

成本管理全员化即成本控制不单单是控制部门的一种行为，然而是已经变成一种全员行为，是一种由全员参与的控制过程。从成本效能看，以成本支出的使用效果来指导决策，成本管理从单纯地降低成本向以尽可能少的成本支出来获得更大的产品价值转变，这是成本管理的高级形态。同时，成本管理以市场为导向，将成本管理的重点放在面向市场的设计阶段和销售服务阶段。

企业在市场调查的基础上，针对市场需求和本企业的资源状况，对产品和服务的质量、功能、品种及新产品、新项目开发等提出需要，并对销量、价格、收入等进行预测，对成本进行估算，研究成本增减或收益增减的关系，确定有利于提高成本效果的最佳方案。

实行成本领先战略,强调从一切来源中获得规模经济的成本优势或绝对成本优势。重视价值链分析,确定企业的价值链后,通过价值链分析,找出各价值活动所占总成本的比例和增长趋势,以及创造利润的新增长,识别成本的主要成分和那些占有较小比例而增长速度较快、最终可能改变成本结构的价值活动,列出各价值活动的成本驱动因素及相互关系。同时,通过价值链的分析,确定各价值活动间的相互关系,在价值链系统中寻找降低价值活动成本的信息、机会和方法;通过价值链分析,可以获得价值链的整个情况及环与环之间的链的情况,再利用价值流分析各环节的情况,这种基于价值活动的成本分析是控制成本的一种有效方式,可为改善成本提供信息。

二、建筑工程项目成本的分类

根据建筑产品的特点和成本管理的要求,项目成本可按不同的标准和应用范围进行分类。

(一)按成本计价的定额标准分类

按照成本计价的定额标准分类,建筑工程项目成本可分为预算成本、计划成本和实际成本。

1. 预算成本

预算成本是按建筑安装工程实物量和国家或地区或企业制订的预算定额及取费标准计算的社会平均成本或企业平均成本,是以施工图预算为基础进行分析、预测、归集和计算确定的。预算成本包括直接成本与间接成本,是控制成本支出、衡量和考核项目实际成本节约或超支的重要尺度。

2. 计划成本

计划成本是在预算成本的基础上,根据企业自身的要求,如内部承包合同的规定,结合施工项目的技术特征、自然地理特征、劳动力素质、设备情况等确定的标准成本,亦称目标成本。计划成本是控制施工项目成本支出的标准,也是成本管理的目标。

3. 实际成本

实际成本是工程项目在施工过程中实际发生的可以列入成本支出的各项费用的总和,是工程项目施工活动中劳动耗费的综合反映。

以上各种成本的计算既有联系,又有区别。预算成本反映施工项目的预计支出,实际成本反映施工项目的实际支出。实际成本与预算成本相比较,可以反映对社会平均成本(或企业平均成本)的超支或节约,综合体现了施工项目的经济效益;实际成本与计划成本的差额即是项目的实际成本降低额,实际成本降低额与计划成本的比值称为实际成本降低率；预算成本和计划成本的差额即是项目的计划成本降低额，计划成本降低额与预算成本的比值称为计划成本降低率。通过几种成本的相互比较，可以看出成本计划的执行情况。

（二）按计算项目成本对象的范围分类

施工项目成本可分为建设项目工程成本、单项工程成本、单位工程成本、分部工程成本与分项工程成本。

1. 建设项目工程成本

建设项目工程成本是指在一个总体设计或初步设计范围内，由一个或者几个单项工程组成，经济上独立核算，行政上实行统一管理的建设单位，建成后可独立发挥生产能力或效益的各项工程所发生的施工费用的总和，比如某个汽车制造厂的工程成本。

2. 单项工程成本

单项工程成本是指具有独立的设计文件，在建成后可独立发挥生产能力或效益的各项工程所发生的施工费用，如某汽车制造厂内某车间的工程成本、某栋办公楼的工程成本等。

3. 单位工程成本

单位工程的成本是指单项工程内具有独立的施工图和独立施工条件的工程施工中所发生的施工费用，如某车间的厂房建筑工程成本、设备安装工程成本等。

4. 分部工程成本

分部工程成本是指单位工程内按结构部位或主要工程部分进行施工所发生的施工费用，如车间基础工程成本、钢筋混凝土框架主体工程成本、屋面工程成本等。

5. 分项工程成本

分项工程成本是指分部工程中划分最小施工过程施工时所发生的施工费用，如基础开挖、砌砖、绑扎钢筋等的工程成本，是组成建设项目成本的最小成本单元。

（三）按工程完成程度的不同分类

施工项目成本分为本期施工成本、本期已完成施工成本、未完成施工成本和竣工施工成本。

1. 本期施工成本

本期施工成本是指施工项目在成本计算期间进行施工所发生的全部施工费用，包括本期完工的工程成本和期末未完工的工程成本。

2. 本期已完成施工成本

本期已完成施工成本是指在成本计算期间已经完成预算定额所规定的全部内容的分部分项工程成本。包括上期未完成由本期完成的分部分项工程成本，但是不包括本期期末的未完成分部分项工程成本。

3. 未完成施工成本

未完施工成本是指已投料施工，但未完成预算定额规定的全部工序和内容的分部分项工程所支付的成本。

4. 竣工施工成本

竣工施工成本是指已经竣工的单位工程从开工到竣工整个施工期间所支出的成本。

（四）按生产费用与工程量的关系分类

按照生产费用与工程量的关系分类，可将建筑工程项目成本分为固定成本和变动成本。

1. 固定成本

固定成本是指在一定期间和一定的工程量范围内，发生的成本额不受工程量增减变动的影响而相对固定的成本，如折旧费、大修理费、管理人员工资、办公费等。所谓固定，是指其总额而言，对于分配到每个项目单位工程量上的固定成本，则与工程量的增减成反比关系。

固定成本通常又分为选择性成本和约束性成本。选择性成本是指广告费、培训费、新技术开发费等，这些费用的支出无疑会带来收入的增加，但支出的数量却并非绝对不可变；约束性成本是通过决策也不能改变其数额的固定成本，如折旧费、管理人员工资等。要降低约束性成本，只能从经济合理地利用生产能力、提高劳动生产率等方面入手。

2. 变动成本

变动成本是指发生总额随着工程量的增减变动而成正比变动的费用，如直接用于工程的材料费、实行计划工资制的人工费等。所谓变动，就其总额而言，对于单位分项工程上的变动成本往往是不变的。

将施工成本划分为固定成本和变动成本，对于成本管理和成本决策具有重要作用，也是成本控制的前提条件。由于固定成本是维持生产能力所必需的费用，要降低单位工程量分担的固定费用，可以通过提高劳动生产率、增加企业总工程量数额以及降低固定成本的绝对值等途径来实现；降低变动成本则只能从降低单位分项工程的消耗定额入手。

三、建筑工程项目成本管理的职能及地位

（一）建筑工程项目成本管理的职能

建筑工程项目成本管理为建筑工程项目管理的一个重要内容。建筑工程项目成本管理是收集、整理有关建筑工程项目的成本信息，并利用成本信息对相关项目进行成本控制的管理活动。建筑工程项目成本管理包括提供成本信息、利用成本信息进行成本控制两大活动领域。

1. 提供建筑工程项目的成本信息

提供成本信息是施工项目成本管理的首要职能。成本管理为以下两方面的目的提供成本信息：

（1）为财务报告目的提供成本信息。施工企业编制对外财务报告至少在两个方面需要施工项目的成本信息：资产计价和损益计算。施工企业编制对外财务报表，需要对资产进行计价确认，这一工作的相当一部分是由施工项目成本管理来完成的。如库存材料成本、未完工程成本、已完工程成本等，要通过施工项目成本管理的会计核算加以确定。施工企业的损益是收入和相关的成本费用配比以后的计量结果，损益计算所需要的成本资料主要通过施工项目成本管理取得。为财务报告目的提供的成本信息，要遵循财务会计准则和会计制度的要求，按照一般的会计核算原理组织施工项目的成本核算。为此目的所进行的成本核算，具有较强的财务会计特征，属于会计核算体系的内容之一。

（2）为经营管理目的提供成本信息。经营管理需要各种成本信息，这些成本信息，有些可以通过与财务报告目的相同的成本信息得到满足，比如材料的采购成本、已完工程的实际成本等。这类成本信息可以通过成本核算来提供。有些成本信息需要根据经营管理所设计的具体问题加以分析计算，如相关成本、责任成本等。这类成本信息要根据经营管理中所关心的特定问题，通过专门的分析计算加以提供。为经营管理提供的成本信息，一部分来源于成本核算提供的成本信息，一部分要通过专门的方法对成本信息进行加工整理。经营管理中所面临的问题不同，所需要的成本信息也有所不同。为了不同的目的，成本管理需要提供不同的成本信息。"不同目的，不同成本"是施工项目成本管理提供成本信息的基本原则。

2. 建筑工程项目成本控制

建筑工程项目成本管理的另一个重要职能就是对工程项目进行成本控制。按照控制的一般原理，成本控制至少要涉及设定成本标准、实际成本的计算和评价管理者业绩三个方面的内容。从建筑工程项目成本管理的角度，这一过程是由确定工程项目标准成本、标准成本与实际成本的差异计算、差异形成原因的分析这三个过程来完成。

伴随着建筑工程项目现代化管理的发展，工程项目成本控制的范围已经超过了设

定标准、差异计算、差异分析等内容。建筑工程项目成本控制的核心思想是通过改变成本发生的基础条件来降低工程项目的工程成本。为此，就需要预测不同条件下的成本发展趋势，对不同的可行方案进行分析和选择，采取更为广泛的措施控制建筑工程项目成本。

总之，建筑工程项目成本管理的职能体现在提供成本信息和实施成本控制两个方面，可以概括为建筑工程项目的成本核算和成本控制。

（二）建筑工程项目成本管理在建筑工程项目管理中的地位

随着建筑工程项目管理在广大建筑施工企业中逐步推广普及，项目成本管理的重要性也日益为人们所认识。可以说项目成本管理正在成为建筑工程项目管理向深层次发展的主要标志和不可缺少的内容。

1. 建筑工程项目成本管理体现建筑工程项目管理的本质特征

建筑施工企业作为我国建筑市场中独立的法人实体和竞争主体，之所以要推行项目管理，原因就在于希望通过建筑工程项目管理，彻底突破传统管理模式，以满足业主对建筑产品的需求为目标，以创造企业经济效益为目的。成本管理工作贯彻于建筑工程项目管理的全过程，施工项目管理的一切活动实际也是成本活动，没有成本的发生和运动，施工项目管理的生命周期随时可能中断。

2. 建筑工程项目成本管理反映施工项目管理的核心内容

建筑工程项目管理活动是一个系统工程，包括工程项目的质量、工期、安全、资源、合同等各方面的管理工作，这一切的管理内容，无一不与成本的管理息息相关。与此同时，各项专业管理活动的成果又决定着建筑工程项目成本的高低。因此，建筑工程项目成本管理的好坏反映了建筑工程项目管理的水平，成本管理是项目管理的核心内容。建筑工程项目成本若能通过科学、经济的管理达到预期的目的，则能带动建筑工程项目管理乃至整个企业管理水平的提高。

第五节　建筑工程项目成本管理问题

一、建筑工程项目成本管理中存在的问题

当前我国施工企业在工程项目成本管理方面，存在着制度不完善，管理水平不高等问题，造成成本支出大，效益低下不良局面。

（一）没有形成一套完善的责权利相结合的成本管理体制

任何管理活动，都应建立责权利相结合的管理体制才能取得成效，成本管理也不例外。成本管理体系中专案经理享有至高无上的权力，在成本管理及专案效益方面对上级领导负责，其他业务部门主管以及各部门管理人员都应有相应的责任、权力和利益分配相配套的管理体制加以约束和激励。而现行的施工专案成本管理体制，没有很好地将责权利三者结合起来。

有些专案经理部简单地将专案成本管理的责任归于成本管理主管，没有形成完善的成本管理体系。例如某工程项目，因质量问题导致返工，造成直接经济损失10多万元，结果因职责分工不明确，找不到直接负责人，最终不了了之，使该工程蒙受了巨大的损失，而真正的责任人却逃脱了应有的惩罚。又如某专案经理部某技术员提出了一个经济可行的施工方案，为专案部节省了10多万元的支出，此种情况下，如果不进行奖励，就会在一定程度上挫伤技术发明人的积极性，不利于专案部更进一步的技术开发，也就不利于工程项目的成本管理与控制。

（一）忽视工程项目"质量成本"的管理和控制

"质量成本"是指为保证与提高工程质量而发生的一切必要费用，以及因未达到质量标准而蒙受的经济损失。"质量成本"分为内部故障成本（如返工、停工等引起的费用）、外部故障成本（如保修、索赔等引起的费用）、质量预防费用和质量检验费用等4类。保证质量往往会引起成本的变化，但不能因此把质量和成本对立起来。长期以来，我国施工企业未能充分认识质量和成本之间的辩证统一关系，习惯强调工程质量，而对工程成本关心不够，造成工程质量虽然有了较大提高，但增加了提高工程质量所付出的质量成本，使经济效益不理想，企业资本积累不足；专案经理部却存在片面追求经济效益，而忽视质量，虽然就单项工程而言，利润指数可能很高，但是因质量上不去，可能会增加因未达到质量标准而付出的额外质量成本，既增加了成本支出，又对企业信誉造成很坏的不良影响。

（三）忽视工程项目"工期成本"的管理和控制

"工期成本"是指为实现工期目标或合同工期而采取相应措施所发生的一切费用。工期目标是工程项目管理三大主要目标之一，施工企业能否实现合同工期是取得信誉的重要条件。工程项目都有其特定的工期要求，保证工期往往会引起成本的变化。我国施工企业对工期成本的重视也不够，特别是专案经理部虽然对工期有明确的要求，但是工期与成本的关系很少进行深入研究，有时会盲目地赶工期要进度，造成工程成本的额外增加。

（四）专案管理人员经济观念不强

目前，我国的施工专案经理部普遍存在一种现象，即在专案内部，搞技术的只负责技术和质量，搞工程的只负责施工生产和工程进度，搞材料的只负责材料的采购及进场点验工作。这样表面上看来职责清晰，分工明确，但专案的成本管理是靠大家来管理、去控制的，专案效益是靠大家来创造的。如果搞技术的为了保证工程质量，选用可行、却不经济的方案施工，必然会保证了质量，但增大了成本；如若搞材料的只从产品质量角度出发，采购高强优质高价材料，即使是材料使用没有一点浪费，成本还是降不下来。

二、建筑工程项目成本管理措施

（一）建立全员、全过程、全方位控制的目标成本管理体系

要使企业成本管理工作落到实处，降低工程成本、提高企业效益，须建立一套全员、全过程、全方位控制的目标成本管理体系，做到每个员工都有目标成本可考核，每个员工都必须对目标成本的实施和提高做出贡献并对目标成本的实施结果负有责任和义务，使成本的控制按工程项目生产的准备、施工、验收、结束等发生的时间顺序建立目标成本事前测算、事中监督、执行、事后分析、考核、决策的全过程紧密衔接、周而复始的目标成本管理体系。

（二）采取组织措施控制工程成本

首先要明确成本控制贯穿于工程建设的全过程，而成本控制的各项指标有其综合性和群众性，所有的项目管理人员，特别是项目经理，都要按照自己的业务分工各负其责，只有把所有的人员组织起来，共同努力，才能达到成本控制的目的。因此必须建立以项目经理为核心的项目成本控制体系。

成本管理是全企业的活动，为了使项目成本消耗保持在最低限度，实现对项目成本的有效控制，项目经理应将成本责任落实到各个岗位、落实到专人，对成本进行全过程控制、全员控制、动态控制，形成一个分工明确、责任到人的成本管理责任体系。应协调好公司与公司之间的责、权、利的关系。同时，要明确成本控制者及任务，从而使成本控制有人负责。同时还可以设立项目部成本风险抵押金，激励管理人员参与成本控制，这样就大大地提高了项目部管理人员控制成本的积极性。

（三）工程项目招标投标阶段的成本控制

工程建筑项目招标活动中，各项工作的完成情况均对工程项目成本产生一定的影

响，尤其是招标文件编制、标底或者招标控制价编制与审查。

1. 做好招标文件的编制工作

造价管理人员应收集、积累、筛选、分析和总结各类有价值的数据、资料，对影响工程造价的各种因素进行鉴别、预测、分析、评价，然后编制招标文件。对招标文件中涉及费用的条款要反复推敲，尽量做到"知己知彼"。

2. 合理低价者中标

目前推行的工程量清单计价报价与合理低价中标，作为业主方应杜绝一味寻求绝对低价中标，以避免投标单位以低于成本价恶意竞争。做好合同的签订工作，应按合同内容明确协议条款，对合同中涉及费用的如工期、价款的结算方式、违约争议处理等，都应有明确的约定。另外，应争取工程保险、工程担保等风险控制措施，使风险得到适当转移、有效分散和合理规避，提高工程造价的控制效果。

（四）采用先进工艺和技术，以降低成本

工程在施工前，要制定施工技术规章制度，特别是在节约措施方面，要采用适合本工程的新技术、新设备和新材料等工艺方面。认真对工程的各个方面进行技术告知，严格执行技术要求，确保工程质量和工程安全。通过这些措施可保证工程，控制工程成本，还可以达到降低工程成本的目的。建筑承包商在签订承包协议后，应该马上开始准备有关工程的承包和材料订购事宜。承包商与分包商所签署的协议要明确各自的权利和义务，内容要完善严谨，这样可以降低发生索赔的概率。订货合同是承包各方所签订的合同，要写明材料的类别、名称、数量和总额，方便建筑工程成本控制。

（五）完善合同文本，避免法律损失以及保险的理赔

施工项目的各种经济活动，都是以合同或协议的形式出现，如果合同条款不严谨。就会造成自己蒙受损失时应有的索赔条款不能成立，产生不必要的损失。所以必须细致周密的订立严谨的合同条款。首先，应有相对固定的经济合同管理人员，并且精通经济合同法规有关知识，必要时应持证上岗；其次，应加强经济合同管理人员的工作责任心；最后，要制订相应固定的合同标准格式。各种合同条款在形成之前应由工程、技术、合同、财务、成本等业务部门参与定稿，使各项条款都内涵清楚。

（六）加强机械设备的管理

正确选配和合理使用机械设备，搞好机械设备的保养维修，提高机械的完好率、利用率和使用效率，从而加快施工进度、增加产量、降低机械使用费。在决定购置设备前应进行技术经济可行性分析，对设备购买和租赁方案进行经济比选，以取得最佳的经济效益。项目部编制施工方案时，必须在满足质量、工期的前提下，合理使用施

工机械，力求使用机械设备最少和机械使用时间最短，最大程度发挥机械利用效率。应当做好机械设备维修保养工作，操作人员应坚持搞好机械设备的日常保养，使机械设备经常保持良好状态。专业修理人员应根据设备的技术状况、磨损情况、作业条件、操作维修水平等情况，进行中修或大修，以保障施工机械正常运转使用。

（七）加强材料费的控制

严格按照物资管理控制程序进行材料的询价、采购、验收、发放、保管、核算等工作。采购人员按照施工人员的采购计划，经主管领导批准之后，通过对市场行情进行调查研究，在保质保量的前提下，货比三家，择优购料（大宗材料实施公司物资部门集中采购的制度）。主要工程材料必须签订采购合同后实施采购。合理组织运输，就近购料，选用最经济的运输方法，以降低运输成本，考虑资金的时间价值，减少资金占用，合理确定进货批量和批次，尽可能地降低材料储备。

坚持实行限额领料制度，各班组只能在规定限额内分期分批领用，如超出限额领料，要分析原因，及时采取纠正措施，低于定额用料，则可以进行适当的奖励；改进施工技术，推广使用降低消耗的各种新技术、新工艺、新材料；在对工程进行功能分析、对材料进行性能分析的基础上，力求用价格低的材料代替价格高的。同时认真计量验收，坚持废旧物资处理审批制度，降低料耗水平；对分包队伍领用材料坚持三方验证后签字领用，及时转嫁现场管理风险。

总之，进行项目成本管理，可改善经营管理，合理补偿施工耗费，保证企业再生产的进行，提升企业整体竞争力。建筑施工企业应加强工程安全、质量管理，控制好施工进度，努力寻找降低工程项目成本的方法和途径，使建筑施工企业在竞争中立于不败之地。

三、建筑工程成本的降低

（一）降低建筑工程成本的重要性

1. 降低建筑工程项目成本，能有效地节约资源

从工程项目实体构成来看，项目实体是由诸多的建筑材料构成的。从项目成本费用看，建筑工程项目实体材料消耗一般超过总成本的60%，所用资源及材料涉及钢材、水泥、木材、石油、淡水、土地等众多种类。目前我国经济保持快速稳定的发展，资源短缺将成为制约我国经济发展的主要障碍。中国自然资源总量虽然居世界前列，但人均占有量落后于世界平均水平，我们不能盲目将未来能源寄托在未来技术发展之上，节能是一种战略选择，而建筑节能是节能中的重中之重。

2. 降低建筑工程项目成本，是提高企业竞争能力的需要

企业生存的基础是以利润的实现为前提。利润的实现是企业扩大再生产，增强企业实力、提高行业竞争力的必要条件。成本费用高，经济效益低是中国建筑业的基本状况，要提高建筑企业利润，提高行业竞争力，促进企业有效竞争，必须降低建筑工程项目成本。

3. 降低建筑工程项目成本是促进国民经济快速发展的需要

劳动密集型作业，生产效率低，为目前我国建筑工程项目的主要特点。制订最佳施工组织设计或施工方案，提高劳动生产率，降低建筑工程项目成本，是建筑企业提高经济效益和社会效益的手段，是促进国民经济快速发展的前提条件。

（二）降低建工程成本的措施

降低建筑成本既是我国市场经济的外在需要，同时，也是企业自身发展的内在需求。建筑企业要想提高竞争力，获得更多的利润，就必须在保证建筑产品质量的前提下，降低建筑成本。

1. 降低人工成本

人工成本是指企业在一定时期内生产经营和提供劳务活动中因使用劳动力所发生的各项直接和间接人工费用的总和。在现代企业之中，员工的价值不再仅仅表现为企业必须支付的成本，而是可为企业增值的资本，他能为企业带来远高于成本的价值。因而，要降低人工成本，不能向传统企业那样，盲目地减少员工的薪金福利，而是要保障他们的利益，提高工作效率。

首先，企业要积极地贯彻执行国家法律法规及各项福利政策，按时效地支付社会保险费、医疗费、住房费等，为员工提供社会保障，解除他们的后顾之忧。其次，企业要对员工进行培训，提高员工的综合素质，使工作态度和工作动机得到改善，从而工作效率得到提高。使员工具有可竞争性、可学习性、可挖掘性、可变革性、可凝聚性和可延续性。再次，各部门要做好协调配合工作。一个企业若想有效的控制人工成本，仅仅依赖人力资源部门的工作是不够的，需要财务、计划、作业等各部门的协调配合并贯彻实施。所以，在进行人工成本控制的同时，必须确保各部门都能通力合作。最后，要建立最优的用工方案。

2. 降低材料成本

材料成本占总实际成本的 65% ~ 70%，降低材料成本对减少整个工程的成本具有很大的意义。

首先，在工程预算前对当地市场行情进行调查，遵循"质量好、价格低、运距短"的原则，做到货比三家，公平竞标，坚持做到同等质量比价格，同等价格比服务，订制采购计划。

其次，根据工程的大小与以往工程的经验估计材料的消耗，避免材料浪费。在施工过程中要定期盘点，随时掌握实际消耗和工程进度的对比数据，避免出现停工待料事件的发生。在工程结束后对周转材料要及时回收、整理，使用完毕及时退场，这样有利于周转使用和减少租赁费用，从而降低成本。

再次，要加强材料员管理。在以往的施工过程中，施工现场的材料员一个人负责材料的验收、管理、记账等工作，全过程操作没有完善的监督，给企业的材料管理带来了很大的隐患，如果改为材料员与专业施工员共同验收，材料员负责联系供货、记账，专业施工员负责验收材料的数量和质量，这样，既有了相互的监控，又杜绝了出现亏损相互推诿现象。

最后，在使用管理上严格执行限额领料制度，在下达班组技术安全交底时就明确各种材料的损耗率，对材料超耗的班组严格罚款，从而杜绝使用环节上的漏洞，对于做到材料节约的班组，按节约的材料价值给予一定奖励。

3. 降低机械及运输成本

机械费用对施工企业是十分重要的。使用机械时要先进行技术经济分析再决定购买还是租赁。在购买大型机械方面要从长远利益出发，要对建筑市场发展有充分的估计，避免工程结束后机械的大量闲置和浪费造成资金周转不灵，合理调度以便提高机械使用率，严格执行机械维修保养制度，来确保机械的完好和正常运转。在租赁机械方面要选择信誉较好的租赁公司，对租赁来的机械进行严格检查，在使用过程中做好机械的维护和保养工作，合理选配机械设备，充分发挥机械技术性能。同时，还应采用新技术、新工艺，提高劳动生产率，减少人工材料浪费和消耗，力求做到一次成为合格优良，杜绝因质量原因造成的材料损失、返工损失。

减少运输成本，一方面要做好批量运输批量存放工作。企业在运输过程中应尽量进行一些小批量组合、较大批量运输。货物堆放时也要用恰当的方法，根据货物的种类和数量，做出不同的决策，减少货损，提高效益。做好运输工具的选择。各类商品的性质不同，运输距离相同，决定了不同运输工具的选择。设计合理的运输路线，避免重复运输、往返运输及迂回运输，尽量减少托运人的交接手续。选择最短的路线将货物送达目的地。为避免因回程空驶造成的成本增加，企业要广泛收集货源信息，在保证企业自身运输要求的前提下实现回程配载，降低运输成本。另一方面可以考虑采用施工企业主材统一采购和配送管理。联合几家施工单位进行材料统一采购，统一运输，集成规模运输，也可以减少运输成本。

4. 加强项目招投标成本控制

作为整个项目成本的一部分，招投标成本控制不可忽视。业主应根据要求委托合法的招投标代理机构主持招投标活动，制订招标文件，委托具有相应资质的工程造价事务所编制、审核工程量清单及工程的最高控制价，并对其准确性负责；根据工程规模、技术复杂程度、施工难易程度、施工自然条件按工程类别编制风险包干系数计入工程最高控制价，同时制订合理工期。业主在开标之前应按照程序从评标专家库中选取相应评标专家组建评标委员会进行评标，评标委员会对投标人的资格进行严格审查，资格审查合格后投标人的投标文件才能参加评审。评标委员会通过对投标人的总投标报价、项目管理班子、机械设备投入、工期和质量的承诺及以往的成绩等进行评审，最终确定中标人。

第六节　建筑工程项目成本控制对策

一、建筑工程项目施工成本控制措施

为了取得施工成本控制的理想成效，应该从多方面采取措施实施管理，通常可以将这些措施归纳为组织措施、技术措施、经济措施、合同措施。

（一）组织措施

1. 落实组织机构和人员

落实组织机构和人员是指施工成本管理组织机构和人员的落实，各级施工成本管理人员的任务和职能分工、权利和责任的明确。施工成本管理不仅仅是专业成本管理人员的工作，各级项目管理人员都负有成本控制的责任。

2. 确定工作流程

编制施工成本控制工作计划，确定合理详细的工作流程。

3. 做好施工采购规划

通过生产要素的优化配置、合理使用、动态管理，有效控制实际成本；加强施工定额管理和施工任务单管理，控制劳动消耗。

4. 加强施工调度

避免因施工计划不周与盲目调度造成窝工损失、机械利用率低、物料积压等，从而使施工成本增加。

5. 完善管理体制、规章制度

成本控制工作只有建立在科学管理的基础之上，具备合理的管理体制、完善的规章制度、稳定的作业秩序以及完整准确的信息传递，才可取得成效。

（二）技术措施

1. 进行技术经济分析，确定最佳的施工方案

在进行技术方面的成本控制时，要进行技术经济分析，确定最佳施工方案。

2. 结合施工方法，进行材料使用的选择

在满足功能要求的前提下，通过代用、改变配合比、使用添加剂等方法降低材料消耗的费用；确定最适合的施工机械、设备使用方案。结合项目的施工组织设计及自然地理条件，降低材料的库存成本和运输成本。

3. 先进施工技术的应用，新材料的运用，新开发机械设备的使用等

在实践中，也要避免仅仅从技术角度选定方案而忽视了对其经济效果的分析论证。

4. 运用技术纠偏措施

一是要能提出多个不同的技术方案，二是要对不同的技术方案进行技术经济分析。

（三）经济措施

（1）编制资金使用计划，确定、分解施工成本管理目标。
（2）进行风险分析，制订防范性对策。
（3）及时准确地记录、收集、整理、核算实际发生的成本。

对各种变更，及时做好增减账，及时落实业主签证，及时结算工程款。通过偏差分析和未完成工程预测，可发现一些潜在的问题将引起未完工程施工成本的增加，对这些问题应该以主动控制为出发点，及时采取预防措施。由此可见，经济措施的运用绝不仅仅只是财务人员的事。

（四）合同措施

1. 对各种合同结构模式进行分析、比较

在合同谈判时，要争取选用适合于工程规模、性质与特点的合同结构模式。

2. 注意合同的细节管控

在合同的条款中应仔细考虑影响成本和效益的因素，特别是潜在的风险因素。通过对引起成本变动的风险因素的识别和分析，采取必要的风险对策，如通过合理的方式，增加承担风险的个体数量，降低损失发生的必然性，并最终使这些策略反映在合同的具体条款中。

3. 合理注意合同的执行情况

在合同执行期间，合同管理的措施既要密切注意对方合同执行的情况，以寻求合

同索赔的机会；同时也要密切关注自己履行合同的情况，以防止被对方索赔。

二、建筑工程项目施工成本核算

（一）建筑工程项目成本核算目的

施工成本核算是施工企业会计核算的重要组成部分，其是指对工程施工生产中所发生的各项费用，按照规定的成本核算对象进行归集与分配，以确定建筑安装工程单位成本和总成本的一种专门方法。施工成本核算的任务包括以下几方面：

第一，执行国家有关成本开支范围，费用开支标准，工程预算定额和企业施工预算，成本计划的有关规定，控制费用，促使项目合理，节约地使用人力、物力和财力。这是施工成本核算的先决前提和首要任务。

第二，正确及时地核算施工过程中发生的各项费用，计算施工项目的实际成本。这是施工成本核算的主体和中心任务。

第三，反映和监督施工项目成本计划的完成情况，为项目成本预测，为参与项目施工生产、技术和经营决策提供可靠的成本报告和有关资料，促进项目改善经营管理，降低成本，提高经济效益，这才是施工成本核算的根本目的。

（二）建筑工程成本核算的正确认识

1. 做好成本预算工作

成本预算是施工成本核算与管理工作开展的基础，成本预算工作人员需要结合已经中标的价格，并且根据工程建设区域的实际情况、现有的施工条件和施工技术人员的综合素质，多方面地进行思考，最终合理、科学地对工程施工成本进行预测。通过预测可以确定工程项目施工过程中各项资源的投入标准，其中包括人力、物力资源等，并且制订限额控制方案，要求施工单位需要将施工成本投入控制在额定范围之内。

2. 以成本控制目标为基础，明确成本控制原则

工程项目施工过程中对于资金的消耗、施工进度，均是依据工程施工成本核算与管理来进行监督和控制的。加强施工过程成本管理相关工作人员需要坚持以下原则：首先就是节约原则，在保证工程建设质量的前提下节约工程建设资源投入。其次就是全员参与原则，工程施工成本管理并不仅仅是财务工作人员的责任，而是所有参与工程项目建设工作人员的责任。还有就是动态化控制原则，在工程项目施工过程中会受到众多不利因素的影响，导致工程项目发生变更，这些内容会导致施工成本的增加，只有落实动态化控制原则才能全面掌握施工成本控制变化情况。

（三）建筑工程成本预算方法

1. 降低损耗，精准核算

相关工作人员在对施工成本进行核算的过程中，需要从施工人员、工程施工资金、原材料投入等众多方面切入，还需要深入考虑工程建设区域的实际情况，再利用本身具有的专业知识，科学、合理地确定工程施工成本核算定额。工作人员还需要注重的是，对于工程施工过程中人工、施工机械设备、原材料消耗等费用相关的管理资金投入进行严格的审核。对于工程施工原材料采购需要给予高度的重视，采购之前要派遣专业人员进行建筑市场调查，对于材料的价格、质量，以及供应商的实力进行全面的了解。尽可能地做到货比三家，应用低廉的价格购买质量优异的原材料。

当施工材料运送到施工现场后，需要对材料的质量检验合格证书进行检验，只有质量合格的施工材料才可进入到施工现场。在对施工队伍进行管理的过程中，还需要注重激励制度的落实，设置多个目标阶段激励奖项，对考核制度进行健全和完善。这样可以帮助工程项目施工队伍树立良好的成本核算意识，缩减工程项目施工成本投入，提升施工效率，帮助施工企业赢得更多的经济利益。

2. 建立项目承包责任制

在工程项目施工时，可以进行对工程进行内部承包，促使经营管理者自主经营、自负盈亏、自我发展，自我约束。内部承包的基本原则是："包死基数，确保上缴，超收多留，歉收自补"，工资与效益完全挂钩。这样，可以使成本在一定范围内得到有效控制，并为工程施工项目管理积累经验，并且可操作性极强，方便管理。采取承包制，在具体操作上必须切实抓好组织发包机构、合同内容确定、承包基数测定、承包经营者选聘等环节的工作。由于是内部承包，如发生重大失误导致成本严重超支时则不易处理。因此，要抓好重要施工部位、关键线路的技术交底和质量控制。

3. 严格过程控制

建筑工程项目如何加强成本管理，首先就必须从人、财、物的有效组合和使用全过程中狠下功夫，严格过程控制，加强成本管理。比如，对施工组织机构的设立和人员、机械设备的配备，在满足施工需要的前提下，机构要精简直接，人员要精干高效，设备要充分有效利用。对材料消耗、配件的更换及施工程序控制，都要按规范化、制度化、科学化进行。这样，既可以避免或减少不可预见因素对施工的干扰，也使自身生产经营状况在影响工程成本构成因素中的比例降低，从而有效控制成本，提高效益。过程控制要全员参与、全过程控制，这和施工人员的素质、施工组织水平有很大关系。

三、建筑工程项目成本管理信息化

（一）信息化管理的定义及作用

工程项目的信息化管理是指在工程项目管理中，通过充分利用计算机技术、网络技术等高科技技术，实现项目建设、人工、材料、技术、资金等资源整合，并对信息进行收集、存储、加工等，帮助企业管理层决策，从而达到提高管理水平、降低管理成本的目标。项目管理者可以根据项目的特点，及时并准确地做出有效的数据信息整理，实现对项目的监控能力，进而在保障施工进度、安全和质量的前提下实现降低成本的最大化。工程项目成本控制信息化管理的重要作用主要体现在以下几个方面：

1. 有效提高建筑工程企业的管理水平

通过信息化管理实现对建筑工程的远程监控，能够及时有效的发现建设过程中成本管理所存在的问题和不足，从而不断改进，不断提高建筑工程企业的管理水平，实现全面的、完善的管理系统，提高企业效益。

2. 对工程项目管理决策提供重要的依据

在项目管理中，管理者可以根据信息化管理系统中的信息，及时、准确地对各种施工环境做出准确有效的决策和判断，为管理者提供可靠有效的信息，并且实现对工程项目管理水平进行评估。

3. 提高工程项目管理者的工作效率

通过高科技技术实现信息化管理，是项目工程成本管理的重要举措。工程项目成本控制的信息化管理能够实现相关信息的共享，提高工程施工人员工作的强度和饱和度，从而减少工作的出错率，并通过宽松的时间和合作单位保持有效的沟通，从而使得双方达到满意的状态。

（二）建筑工程项目成本管理信息化的意义

建筑企业良好的社会信誉和施工质量无疑能增强企业的市场竞争优势，但是，就充分竞争的建筑行业、高度同质化的施工产品来说，价格因素越来越成为决定业主选择承建商的最重要因素。所以，如何降低建筑工程项目的运营成本，加强建筑工程项目成本管理是目前建筑企业增强竞争力的重要课题之一。

建筑工程项目成本管理信息化必须适应建筑行业的特点与发展趋势，以先进的管理理念和方法为指导，依托现代计算机工具，建立一条操作性强的、高速实时的、信息共享的操作体系，贯穿工程项目的全过程，形成各管理层次、各部门、全员实时参与、信息共享、相互协作的，以项目管理为主线，以成本管理为核心，实现建筑企业财务和资金统筹管理的整体应用系统。

建筑工程项目成本管理信息化也就当然成为建筑工程项目管理信息化的焦点和突破口。为了更有效地完成建筑工程项目成本管理，从而在激烈的市场竞争中保持建筑企业竞争的价格优势，在工程项目管理中引入成本管理信息系统是必要的，也是可行的。

建筑工程项目成本管理信息系统的应用及其控制流程和系统结构信息网络化的冲击，不仅大大缩短了信息传递的过程，使上级有可能实时地获取现场的信息和做出快速反应，并且由于网络技术的发展和应用，大大提高了信息的透明度，削弱了信息不对称性，对中间管理层次形成压力，从而实现了有效的建筑工程项目成本管理。

（三）建筑工程项目成本管理中管理信息系统的应用

1. 系统的应用层次

工程项目管理信息系统在运作体系上包含三个层次：总公司、分公司以及工程项目部。其中总公司主要负责查询工作，而分公司将所有涉及工程的成本数据都存储在数据库服务器上，工程项目部则是原始数据采集之源。这个系统包括系统管理、基础数据管理、机具管理、采购与库存管理、人工分包管理、合同管理中心、费用控制中心、项目中心等共计八个模块。八个模块相辅相成，共同构成了一个有机的整体。

2. 工程项目管理流程

项目部通过成本管理系统软件对施工过程当中产生的各项费用进行控制、核算、分析和查询。通过相关程序以及内外部网络串联起各个独立的环节，使其实现有机化，最终汇总到项目部。由总部实现数据的实时掌控，通过对数据的详细分析，能够进行成本优化调节。

3. 工程项目成本管理系统的软件结构

成本管理系统软件由以下部分组成：预算管理程序、施工进度管理程序、成本控制管理程序、材料管理程序、机具管理程序、合同事务管理程序以及财务结算程序等组成。

预算管理又包含预算书及标书的管理、项目成本预算的编制。其中的预算书为制订生产计划的重要依据，然而项目成本预算是制订成本计划的依据之一。

4. 成本核算系统

成本核算作为成本管理的核心环节，居于主要地位。成本核算能够提供费用开支的依据，同时根据它可以对经济效益进行评价。工程项目成本核算的目的是取得项目管理所需要的信息，而"信息"作为一种生产资源，同劳动力、材料、施工机械一样，获得它是需要成本的。工程项目成本核算应坚持形象进度、产值统计、成本归集三同步的原则。项目经理部应按规定的时间间隔进行项目成本核算。成本核算系统就是帮助项目部及公司根据工程项目管理和决策需要进行成本核算的软件，称之为工程项目成本核算软件。

第三章 建筑工程项目进度管理

第一节 建筑工程项目进度管理概述

一、项目进度管理

（一）项目进度管理的基本概念

1. 进度的概念

进度是指项目活动在时间上的排列，强调的是一种工作进展以及对工作的协调与控制，所以常有加快进度、赶进度、拖了进度等称谓。对于进度，通常还常以其中的一项内容——"工期"来代称，讲工期也就是讲进度。只要是项目，就会有一个进度问题。

2. 进行项目进度管理的必要性

项目管理集中反映在成本、质量和进度三个方面，这反映了项目管理的实质，这三个方面通常称为项目管理的"三要素"。进度是三要素之一，它与成本、质量两要素有着辩证的有机联系。对进度的要求是通过严密的进度计划及合同条款的约束，使项目能够尽快地竣工。

实践表明，质量、工期和成本是相互影响的。一般来说，在工期和成本之间，项目进展速度越快，完成的工作量越多，则单位工程量的成本越低。但是突击性的作业，往往也增加成本。在工期与质量之间，一般工期越紧，如采取快速突击、加快进度的方法，项目质量就较难保证。项目进度的合理安排，对保证项目的工期、质量和成本有直接的影响，为全面实施"三要素"的关键环节。[1]科学而符合合同条款要求的进度，有利于控制项目成本和质量。仓促赶工或任意拖拉，往往伴随着费用的失控，也容易影响工程质量。

3. 项目进度管理概念

项目进度管理又称为项目时间管理，是指在项目进展的过程中，为确保项目能够在规定的时间内实现项目的目标，对项目活动进度及日程安排所进行的管理过程。

4. 项目进度管理的重要性

对于一个大的信息系统开发咨询公司，有25%的大项目被取消，60%的项目远远超过成本预算，70%的项目存在质量问题是很正常的事情，只有很少一部分项目确实按时完成并达到了项目的全部要求，而正确的项目计划、适当的进度安排和有效的项目控制可以避免上述这些问题。

（二）项目进度管理的基本内容

项目进度管理包括两大部分内容：一个是项目进度计划的编制，要拟定在规定的时间内合理且经济的进度计划；另一个是项目进度计划的控制，是指在执行该计划的过程中，检查实际进度是否按计划要求进行，如若出现偏差，要及时找出原因，采取必要的补救措施或调整、修改原计划，直至项目完成。

1. 项目进度管理过程

（1）活动定义。确定为完成各种项目可交付成果所必须进行的各项具体活动。

（2）活动排序。确定各活动之间的依赖关系，并形成文档。

（3）活动资源估算。估算完成每项确定时间的活动所需要的资源种类和数量。

（4）活动时间估算。估算完成每项活动所需要的单位工作时间。

（5）进度计划编制。分析活动顺序、活动时间、资源需求和时间限制，以编制项目进度计划。

（6）进度计划控制。运用进度控制方法，对项目实际进度进行监控，对项目进度计划进行调整。

项目进度管理更过程的工作是在项目管理团队确定初步计划后进行的。有些项目，特别是一些小项目，活动排序、活动资源估算、活动时间估算和进度计划编制这些过程紧密相连可视为一个过程，可以由一个人在较短时间内完成。

2. 项目进度计划编制

项目进度计划编制是通过项目的活动定义、活动排序、活动时间估算，在综合考虑项目资源和其他制约因素的前提下，确定各项目活动的起始和完成日期、具体实施方案和措施，进而制订整个项目的进度计划。其主要目的是：合理安排项目时间，从

---

[1] 刘勤主编. 建筑工程施工组织与管理 [M], 77 页, 阳光出版社, 2018.11.

而保证项目目标的完成；为项目实施过程中的进度控制提供依据；为各资源的配置提供依据；为有关各方时间的协调配合提供依据。

3. 项目进度计划控制

项目进度计划控制是指项目进度计划制订以后，在项目实施过程当中，对实施进展情况进行检查、对比、分析、调整，以保证项目进度计划总目标得以实现的活动。按照不同管理层次对进度控制的要求项目进度控制分为三类。

（1）项目总进度控制。即项目经理等高层管理部门对项目中各里程碑时间的进度控制。

（2）项目主进度控制。主要是项目部门对项目中每一主要事件的进度控制；在多级项目中，这些事件可能是各个分项目；通过控制项目主进度使其按计划进行，就能保证总进度计划的如期完成。

（3）项目详细进度控制。主要是各作业部门对各具体作业进度计划的控制；这是进度控制的基础，只有详细进度得到较强的控制才能保证主进度按计划进行，最终保证项目总进度，让项目目标得以顺利实现。

二、建筑工程项目进度管理

（一）建筑工程项目进度管理概念

建筑工程项目进度管理是指根据进度目标的要求，对建筑工程项目各阶段的工作内容、工作程序、持续时间和衔接关系编制计划，将该计划付诸实施，在实施的过程中，经常检查实际工作是否按计划要求进行，对出现的偏差分析原因，采取补救措施或调整、修改原计划直至工程竣工、交付使用。进度管理的最终目的是确保项目工期目标的实现。

建筑工程项目进度管理是建筑工程项目管理的一项核心管理职能。因为建筑项目是在开放的环境中进行的，置身于特殊的法律环境之下，并且生产过程中的人员、工具与设备具有流动性，产品的单件性等都决定了进度管理的复杂性及动态性，必须加强项目实施过程中的跟踪控制。进度控制与质量控制、投资控制是工程项目建设中并列的三大目标之一。它们之间有着密切的相互依赖和制约关系。通常，进度加快，需要增加投资，但工程能提前使用就可以提高投资效益；进度加快有可能影响工程质量，而质量控制严格则有可能影响进度，但是如因质量的严格控制而不致返工，又会加快进度。因此，项目管理者在实施进度管理工作中，要对三个目标全面、系统地加以考虑，正确处理好进度、质量和投资的关系，提高工程建设的综合效益。特别是对一些投资较大的工程，在采取进度控制措施时，要特别注意其对成本和质量的影响。

（二）建筑工程项目进度管理的方法和措施

建筑工程项目进度管理的方法主要有规划、控制和协调。规划是指确定施工项目总进度控制目标和分进度控制目标，并编制其进度计划；控制是指在施工项目实施的全过程中，比较施工实际进度与施工计划进度，出现偏差及时采取措施调整；协调是指协调与施工进度有关的单位、部门和施工工作队之间的进度关系。

建筑工程项目进度管理采取的主要措施有组织措施、技术措施、合同措施与经济措施。

1. 组织措施

组织措施主要包括建立施工项目进度实施和控制的组织系统，制订进度控制工作制度，检查时间、方法，召开协调会议，落实各层次进度控制人员、具体任务和工作职责；确定施工项目进度目标，建立施工项目进度控制目标体系。

2. 技术措施

采取技术措施时应尽可能采用先进施工技术、方法和新材料、新工艺、新技术，保证进度目标的实现。落实施工方案，在发生问题时，及时调整工作之间的逻辑关系，加快施工进度。

3. 合同措施

采取合同措施时以合同形式保证工期进度的实现，即保持总进度控制目标与合同总工期一致，分包合同的工期与总包合同的工期相一致，供货、供电、运输、构件加工等合同规定的提供服务时间与有关的进度控制目标一致。

4. 经济措施

经济措施是指落实进度目标的保证资金，签订并且实施关于工期和进度的经济承包责任制，建立并实施关于工期和进度的奖惩制度。

（三）建筑工程项目进度管理的内容

1. 项目进度计划

建筑工程项目进度计划包括项目的前期、设计、施工与使用前的准备等内容。项目进度计划的主要内容就是制订各级项目进度计划，包括进行总控制的项目总进度计划、进行中间控制的项目分阶段进度计划和进行详细控制的各子项进度计划，并对这些进度计划进行优化，以达到对这些项目进度计划的有效控制。

2. 项目进度实施

建筑工程项目进度实施就是在资金、技术、合同、管理信息等方面进度保证措施落实的前提下，使项目进度按照计划实施。施工过程中存在各种干扰因素，其将使项目进度的实施结果偏离进度计划，项目进度实施的任务就是预测这些干扰因素，对其风险程度进行分析，并且采取预控措施，以保证实际进度与计划进度吻合。

3. 项目进度检查

建筑工程项目进度检查的目的是了解和掌握建筑工程项目进度计划在实施过程中的变化趋势和偏差程度。项目进度检查的主要内容有跟踪检查、数据采集与偏差分析。

4. 项目进度调整

建筑工程项目进度调整是整个项目进度控制中最困难、最关键的内容。其包括以下几个方面的内容。

（1）偏差分析。分析影响进度的各种因素和产生偏差的前因后果。

（2）动态调整。寻求进度调整的约束条件和可行方案。

（3）优化控制。调控的目标是使工程项目的进度和费用变化最小，达到或者接近进度计划的优化控制目标。

三、建筑工程项目进度管理的基本原理

（一）动态控制原理

动态控制是指对建设工程项目在实施的过程中在时间和空间上的主客观变化而进行项目管理的基本方法论。由于项目在实施过程中主客观条件的变化是绝对的，不变则是相对的；在项目进展过程中平衡是暂时的，不平衡则是永恒的，所以在项目的实施过程中必须随着情况的变化进行项目目标的动态控制。

建筑工程进度控制是一个不断变化的动态过程，在项目开始阶段，实际进度按照计划进度的规划进行运动，但由于外界因素的影响，实际进度的执行往往会与计划进度出现偏差，出现超前或滞后的现象。这时应通过分析偏差产生的原因，采取相应的改进措施，调整原来的计划，使二者在新的起点上重合，并发挥组织管理作用，使实际进度继续按照计划进行。在一段时间后，实际进度和计划进度又会出现新的偏差。因此，建筑工程进度控制出现了一个动态的调整过程。

（二）系统原理

系统原理是现代管理科学的一个最基本的原理。它是指人们在从事管理工作时，运用系统的观点、理论和方法对管理活动进行充分的系统分析，以达到管理的优化目标，即从系统论的角度来认识和处理企业管理中出现的问题。

系统是普遍存在的，它既可以应用于自然和社会事件，又可以用于大小单位组织的人际关系之中。因此，通常可以把任何一个管理对象都看成是特定的系统。组织管

理者要实现管理的有效性，就必须对管理进行充分的系统分析，把握住管理的每一个要素及要素间的联系，实现系统化的管理。

建筑工程项目是一个大系统，其进度控制也是一个大系统，进度控制中，计划进度的编制受到许多因素的影响，不能只考虑某一个因素或几个因素。进度控制组织和进度实施组织也具有系统性，因此，工程进度控制具有系统性，应该综合考虑各种因素的影响。

（三）信息反馈原理

通俗地说，信息反馈就是指由控制系统把信息输送出去，又把其作用结果返送回来，并对信息的再输出发生影响，起到制的作用，以达到预定目的。

信息反馈是建筑工程进度控制的重要环节，施工的实际进度通过信息反馈给基层进度控制工作人员，在分工的职责范围内，信息经过加工逐级反馈给上级主管部门，最后到达主控制室，主控制室整理统计各方面的信息，经过比较分析做出决策，调整进度计划。进度控制不断调整的过程实际上就是信息不断反馈的过程。

（四）弹性原理

所谓弹性原理，是指管理必须要有很强的适应性和灵活性，用以适应系统外部环境和内部条件千变万化的形势，实现灵活管理。

建筑工程进度计划工期长、影响因素多，因此，进度计划的编制就会留出余地，使计划进度具有弹性。进行进度控制时应利用这些弹性，缩短有关工作的时间，或改变工作之间的搭接关系，使计划进度与实际进度吻合。

（五）封闭循环原理

项目的进度计划控制的全过程是计划、实施、检查、比较分析、确定调整措施、再计划。从编制项目施工进度计划开始，经过实施过程中的跟踪检查，收集有关实际进度的信息，比较和分析实际进度与施工计划进度之间的偏差，找出产生原因和解决办法，确定调整措施，再修改原进度计划，形成一个封闭的循环系统。

（六）网络计划技术原理

网络计划技术是指用于工程项目的计划与控制的一项管理技术，依其起源有关键路径法（CPM）与计划评审法（PERT）之分。通过网络分析研究工程费用与工期的相互关系，并找出在编制计划及计划执行过程中的关键路线，这种方法称为"关键路线法"（CPM）。另一种注重对各项工作安排的评价和审查的方法被称为计划评审法（PERT）。CPM 主要应用于以往在类似工程中已取得一定经验的承包工程，PERT 更多地应用于研究与开发项目。

网络计划技术原理是建筑工程进度控制的计划管理和分析计算的理论基础。在进度控制中，要利用网络计划技术原理编制进度计划，根据实际进度信息，比较和分析进度计划，又要利用网络计划的工期优化、工期与成本优化和资源优化的理论调整计划。

第二节 建筑工程项目进度影响因素

一、影响建筑工程项目进度的因素

（一）自然环境因素

由于工程建设项目具有庞大、复杂、周期长、相关单位多等特点，并且建筑工程施工进程会受到地理位置、地形条件、气候、水文及周边环境好坏的影响，一旦在实际的施工过程中这些不利因素中的某一类因素出现，都将对施工进程造成一定的影响。当施工的地理位置处于山区交通不发达或者是条件恶劣的地质条件下时，由于施工工作面较小，施工场地较为狭窄，建筑材料无法及时供应，或者是运输建筑材料时需要花费大的时间，再加上野外环境中对工作人员的考验，一些有毒有害的蚊虫等都将对员工造成伤害，对施工进程造成一定的影响。

天气不仅影响到施工进程，而且有时候天气过于恶劣，会对施工路面、场地，和已经施工完成的部分建筑物以及相关施工设备造成严重破坏，这将进一步制约施工的进行。反之，如果建筑工程施工的地域处于平坦地形，且交通便利便于设备和建筑材料的运输，且环境气候宜人，则有利于施工进程的控制。

（二）建筑工程材料、设备因素

材料、构配件、机具、设备供应环节的差错，品种、规格、质量、数量、时间不能满足工程的需要；特殊材料以及新材料的不合理使用；施工设备不配套，造型不当，安装失误、有故障等，都会影响施工进度。

比如建筑材料供应不及时，就会出现缺料停工的现象，而工人的工资还需正常计费，这无疑是对企业的重创，不仅没有带来利润而且还消耗了人力资源。另外，在资金到位，所有材料一应俱全的时候，还需要注意材料的质量，确保材料质量达标，如果材料存在质量问题，在施工的过程中将会出现塌方、返工，影响施工质量，最终延误工期进程。

（三）施工技术因素

施工技术是影响施工进程的直接因素，尤其是一些大型的建筑项目或者是新型的建筑。即便是对于一些道路或房屋建筑类的施工项目其中蕴含的施工技术也是大有讲究的，科学、合理的施工技法明显能够加快施工进程。

由于建筑项目的不同，因此建筑企业在选择施工方案的时候也有所不同，首先施工人员与技术人员要正确、全面地分析、了解项目的特点与实际施工情况，实地考察施工环境。并设计好施工图纸，施工图纸要求简单明了，在需要标注的地方一定要勾画出来，以免图纸会审工作中出现理解偏差，选择合适的施工技术保障在规定的时期内完成工程，在具体施工的过程中由于业主对需求功能的变更，原设计将不再符合施工要求，因此要及时调整、优化施工方案和施工技术。

（四）项目管理人员因素

整个建筑工程的施工中，排除外界环境的影响，人作为主体影响着整个工程的工期，其建筑项目的主要管理人员的能力与知识和经验直接影响着整个工程的进度，在实际的施工过程中，由于项目管理人员没有实践活动的经验基础，或是没有真才实学，缺乏施工知识和技术，无法对一些复杂的影响工程进度的因素有一个好的把控。再或者是项目管理人员不能正确地认识工程技术的重要性，没有认真投入到项目建设中去，人为主观地降低了项目建设技术、质量标准，对施工中潜在的危险没有意识到，且对风险的预备处理不足，将造成对整个工程施工进程的严重影响。

此外，由于项目管理人员的管理不到位，工厂现场的施工工序和建筑材料的堆放不够科学、合理，造成对施工人员施工动作的影响，对于后期的建筑质量造成了一定的冲击。对于施工人力资源和设备的搭配不够合理，浪费了较多的人力资源，致使施工中出现纰漏等等都将直接或间接地对施工进程造成一定的影响。最主要的一点就是项目管理人员在建筑施工前几个月内，对地方建设行政部门审批工作不够及时，也会影响施工工期，这种因素下对施工的影响可以说是人为主观对工程项目的态度不够端正直接造成的，一旦出现这种问题，企业则需要认真考虑是否重新指定相关项目负责人，防止对施工进程造成延误。

（五）其他因素

1. 建设单位因素

如建设单位即业主使用要求改变而进行设计变更，应提供的施工场地条件不能及时提供或所提供的场地不能满足工程正常需要，不能及时向施工承包单位或材料供应商付款等都会影响到施工进度。

2. 勘察设计因素

若勘察资料不准确，特别是地质资料错误或遗漏，设计内容不完善，规范应用不恰当，设计有缺陷或错误等。还有设计对施工的可能性未考虑或考虑不周，施工图纸供应不及时、不配套，出现重大差错等都会影响到施工进度。

（六）资金因素

工程项目的顺利进行必须要有雄厚的资金作为保障，因为其涉及多方利益，因此往往成为最受关注的因素。按其计入成本的方法划分，一般分为直接费用、间接费用两部分。

1. 直接费用

直接费用是指直接为生产产品而发生的各项费用，包括直接材料费、直接人工费和其他直接支出。工程项目中的直接费用是指施工过程中直接耗费构成的支出。

2. 间接费用

间接费用是指企业的各项目经理部为施工准备、组织和管理施工生产所发生的全部施工间接支出。

此外，如有关方拖欠资金，资金不到位、资金短缺、汇率浮动与通货膨胀等也都会影响建筑工程的进度。

二、建筑工程施工进度管理的具体措施

（一）对项目组织进行控制

在进行施工组织人员的组建过程中，要尽量选取施工经验丰富的人，为了能够实现工期目标，在签署合同过程后，要求项目管理人员及时到施工工地进行实地考察，制订实施性施工组织设计，还要与施工当地的政府和民众建立联系，确保获得当地民众的支持，从而为建筑工程的施工创造有利的外界环境条件，确保施工顺利进行。在建筑工程项目施工前，要结合现场施工条件，来制订具体的建筑施工方案，确保在施工中实现施工的标准化，能够在施工中严格按照规定的管理标准来合理安排工序。

1. 选择一名优秀合格的项目经理

在建筑工程施工中选择一名优秀合格的项目经理，对于工程项目的工程进度的提升具有十分积极的影响。在实际的建筑工程项目中会面临着众多复杂的状况，难以解决。如果选择一名优秀合格的项目经理的话，因为项目经理自身掌握着扎实的理论知识和过硬的专业技能，能够结合实际的建筑工程项目施工情况，最大限度地去利用现有资源去提升施工工程的施工效率。因此，在选择项目经理的时候，要注重考察项目经理的管理能力、执行能力、专业技能、人际交往能力等，只有这样才能够实现工程的合理妥善管理，对于缩短建筑工程施工工期有着巨大的帮助。

2. 选择优秀合格的监理

要想对建筑施工工程工期进行合理控制，除了对施工单位采取措施之外，要必须发挥工程监理的作用，协调各个承包单位之间的关系，实现良好的合作关系，缩短施工工期。而对于那些难以进行协调控制的环节和关系，在总的建筑工程施工进度安排计划中则要预留充分的时间进行调节。对于一名工程的业主和由业主聘请的监理工程师来说，要努力尽到自身的义务，尽力于规定的工期内完成施工任务。

（二）对施工物资进行控制

为了确保建筑工程施工进度符合要求，必须要对施工过程的每个环节中的材料、配件、构件等进行严格的控制。在施工过程中，要对所有的物资进行严格的质量检验工作。在制订出整个工程进度计划后，施工单位要根据实际情况来制订最合理的采购计划，在采购材料的过程中要重视材料的供货时间、供货地点、运输时间等，确保施工物资能够符合建筑工程施工过程中的需求。

（三）对施工机械设备进行控制

施工机械设备对建筑工程施工进度影响非常大，要避免因施工机械设备故障影响进度。在建筑施工中应用最广的塔吊对于整个工程项目的施工进度有着决定性作用，所以要重视塔吊问题，在塔吊的安装过程中就要确保塔吊的稳定性安装，然后必须要经过专门的质量安全机构进行检查，检查合格后才能够投入施工建设工作中，避免后续出现问题。然后，操作塔吊的工作人员必须是具有上岗证的专业人员。在施工场地中的所有建筑机械设备都要通过专门的部门检查和证明，所有的设备操作人员都要符合专业要求，并且要实施岗位责任制。另外，塔吊位置设置应科学合理，想方设法物尽其用。

（四）对施工技术和施工工序进行控制

尽量选用合适的技术加快进度，减少技术变更加快进度。在施工开展前要对施工工程的图纸进行审核工作，确保施工单位明确施工图纸中的每个细节，如果出现不懂或者疑问的地方，要及时地和设计单位进行联系，然后确保对图纸的全面理解。在对图纸全面理解过后，要对项目总进度计划和各个分项目计划做出宏观调控，对关键的施工环节编制严格合理的施工工序，保证施工进度符合要求。

第三节　建筑工程项目进度优化控制

一、项目进度控制

（一）项目进度控制的过程

项目进度控制是项目进度管理的重要内容和重要过程之一，由于项目进度计划只是根据相关技术对项目的每项活动进行估算，并做出项目的每项活动进度的安排。然而在编制项目进度计划时事先难以预料的问题很多，所以在项目进度计划执行过程中往往会发生程度不等的偏差，这就要求项目经理和项目管理人员对计划做出调整、变更，消除偏差，以使项目按合同日期完成。

项目进度计划控制就是对项目进度计划实施和项目进度计划变更所进行的控制工作，具体地说，进度计划控制就是在项目正式开始实施后，要时刻对项目及其每项活动的进度进行监督，及时、定期地将项目实际进度与项目计划进度进行比较，掌握和度量项目的实际进度与计划进度的差距，一旦出现偏差，就必须采取措施纠正偏差，以维持项目进度的正常进行。

根据项目管理的层次，项目进度计划控制可以分为项目总进度控制，即项目经理等高层管理部门对项目中各里程碑事件的进度控制；项目主进度控制，主要是项目部门对项目中每一主要事件的进度控制；项目详细进度控制，主要是各具体作业部门对各具体活动的进度控制，这是进度控制的基础，只有详细进度得到较强的控制才能保证主进度按计划进行，最终保证项目总进度，使项目按时实现。所以，项目进度控制要首先定位于项目的每项活动中。

（二）项目进度控制的目标

项目进度控制总目标是依据项目总进度计划确定的，然后对项目进度控制总目标进行层层分解，形成实施进度控制相互制约的目标体系。

项目进度目标是从总的方面对项目建设提出的工期要求。但在项目活动中，是通过对最基础的分项工程的进度控制来保证各单项工程或阶段工程进度控制目标的完成，进而实现项目进度控制总目标的。因而需要将总进度目标进行一系列地从总体到细部、从高层次到基础层次的层层分解，一直分解到可以直接调度控制的分项工程或作业过程为止。在分解中，每一层次的进度控制目标都限定了下一级层次的进度控制目标，而较低层次的进度控制目标又是较高一级层次进度控制目标得以实现的保证，于是就形成了一个自上而下层层约束，由下而上级级保证，上下一致的多层次的进度控制目标体系。例如，可以按项目实施阶段、项目所包含的子项目、项目实施单位以及时间来设立分目标。为了便于对项目进度的控制与协调，可以从不同角度建立与施工进度控制目标体系相联系配套的进度控制目标。

二、施工进度计划管理

（一）工程项目施工进度计划的任务

施工进度计划是建筑工程施工的组织方案，是指导施工准备与组织施工的技术、经济文件。编制施工进度计划必须在充分研究工程的客观情况和施工特点的基础上结合施工企业的技术力量、装备水平，从人力、机械、资金、材料和施工方法等五个基本要素，进行统筹规划，合理安排，充分利用有限的空间与时间，采用先进的施工技术，选择经济合理的施工方案，建立正常的生产秩序，用最少的资源与资金取得质量高、成本低、工期短、效益好、用户满意的建筑产品。

（二）工程项目施工进度计划的作用

工程项目施工进度计划是施工组织设计的重要组成部分，是施工组织设计的核心内容。编制施工进度计划是在施工方案已确定的基础上，在规定的工期内，对构成工程的各组成部分（如各单项工程、各单位工程、各分部分项工程）在时间上给予科学的安排这种安排是按照各项工作在工艺上和组织上的先后顺序，确定其衔接、搭接和平行的关系，计算出每项工作的持续时间，确定其开始时间和完成时间。根据各项工作的工程量和持续时间确定每项工作的日（月）工作强度，从而确定完成每项工作所需要的资源数量（工人数、机械数及主要材料的数量）。

施工进度计划还表示出各个时段所需各种资源的数量以及各种资源强度在整个工期内的变化，从而进行资源优化，以达到资源的合理安排和有效利用。根据优化后的进度计划确定各种临时设施的数量，并提出所需各种资源数量的计划表。在施工期间，施工进度计划是指导和控制各项工作进展的指导性文件。

（三）工程项目进度计划的种类

根据施工进度计划的作用和各设计阶段对施工组织设计的要求，把施工进度计划分为以下几种类型。

1. 施工总进度计划

施工总进度计划是整个建设项目的进度计划，是对各单项工程或单位工程的进度进行优化安排，在规定的建设工期内，确定各单项工程和或单位工程的施工顺序，开始和完成时间，计算主要资源数量，用以控制各单项工程或者单位工程的进度。

施工总进度计划与主体工程施工设计、施工总平面布置相互联系，相互影响。当业主提出一个控制性的进度时，施工组织设计据此选择施工方案，组织技术供应和场地布置。相反，施工总进度计划又受到主体施工方案和施工总平面布置的限制，施工总进度计划的编制必须与施工场地布置相协调。在施工总进度计划中选定的施工强度应与施工方法中选用的施工机械的能力相适应。

在安排大型项目的总进度计划时，应使后期投资多，以提高投资利用系数。

2. 单项工程施工进度计划

单项工程施工进度计划以单项工程为对象，在施工图设计阶段的施工组织设计中进行编制，用于直接组织单项工程施工。其根据施工总进度计划中规定的各单项工程或单位工程的施工期限，安排各单位工程或各分部分项工程的施工顺序、开竣工日期，并根据单项工程施工进度计划修正施工总进度计划。

3. 单位工程施工进度计划

单位工程施工进度计划是以单位工程为对象，一般由承包商进行编制，可分为标前和标后施工进度计划。在标前（中标前）的施工组织设计中所编制的施工进度计划是投标书的主要内容，作为投标用。于标后（中标后）的施工组织设计中所编制的施工进度计划，在施工中用以指导施工。单位工程施工进度计划是实施性的进度计划，根据各单位工程的施工期限和选定的施工方法安排各分部分项工程的施工顺序和开、竣工日期。

4. 分部分项工程施工作业计划

对于工程规模大、技术复杂和施工难度大的工程项目，在编制单位工程施工进度计划之后，常常需要编制某些主要分项工程或特殊工程的施工作业计划，它是直接指导现场施工和编制月、旬作业计划的依据。

5. 各阶段，各年、季、月的施工进度计划

各阶段的施工进度计划，是承包商根据所承包的项目在建设各阶段所确定的进度目标而编制的，用以指导阶段内的施工活动。

为了更好地控制施工进度计划的实施，应将进度计划中确定的进度目标和工程内容按时序进行分解，即按年、季、月（旬）编制作业计划和施工任务书，并编制年、季、月（旬）所需各种资源的计划表，用以指导各项作业实施。

（四）施工进度计划编制的原则

1. 施工过程的连续性

施工过程的连续性是指施工过程中的各阶段、各项工作的进行，在时间上应是紧

密衔接的，不应发生不合理的中断，保证时间有效地被利用。保持施工过程的连续性应从工艺和组织上设法避免施工队发生不必要的等待和窝工，以达到提高劳动生产率、缩短工期、节约流动资金目的。

2. 施工过程的协调性

施工过程的协调性是指施工过程中的各阶段、各项工作之间在施工能力或施工强度上要保持一定的比例关系。各施工环节的劳动力的数量及生产率、施工机械的数量及生产率、主导机械之间或主导机械与辅助机械之间的配合都必须互相协调，不要发生脱节和比例失调的现象。例如，混凝土工程中的混凝土的生产、运输和浇筑三个环节之间的关系，混凝土的生产能力应满足混凝土浇筑强度的要求，混凝土的运输能力应与混凝土生产能力相协调，使之不发生混凝土拌和设备等待汽车，或汽车排队等待装车的现象。

3. 施工过程的均衡性

施工过程的均衡性是指施工过程中各项工作按照计划要求，于一定的时间内完成相等或等量递增（或递减）的工程量，使在一定的时间内，各种资源的消耗保持相对的稳定，不发生时紧时松、忽高忽低的现象。在整个工期内使各种资源都得到均衡的使用，这是一种期望，绝对的均衡是难以做到的，但通过优化手段安排进度，可以求得资源消耗达到趋于均衡的状态。均衡施工能够充分利用劳动力和施工机械，并能达到经济性的要求。

4. 施工过程的经济性

施工过程的经济性是指以尽可能小的劳动消耗来取得尽可能大的施工成果，在不影响工程质量和进度的前提下，尽力降低成本。在工程项目施工进度的安排上，做到施工过程的连续性、协调性和均衡性，即可以达到施工过程的经济性。

（五）编制施工进度计划必须考虑的因素

编制施工进度计划必须考虑的因素如下：工期的长短；占地和开工日期；现场条件和施工准备工作；施工方法和施工机械；施工组织与管理人员的素质；合同与风险承担。

1. 工期的长短

对编制施工进度计划最有意义的是相对工期，即相对于施工企业能力的工期。相对工期长即工期充裕，施工进度计划就比较容易编制，施工进度控制也就比较容易，反之则难。除总工期外，还应考虑局部工期充裕与否，施工中可能遇到哪些"卡脖子"问题，有何备用方案。

2. 占地和开工日期

由于占地问题影响施工进度的例子很多。有时候，业主在形式上完成了对施工用地的占有，但在承包商进场时或在施工过程中还会因占地问题遇到当地居民的阻挠。其中有些是由于拆迁赔偿问题没有彻底解决，但是更多的是当地居民的无理取闹。这需要加强有关的立法和执法工作。对占地问题，业主方应尽量做好拆迁赔偿工作，使当地居民满意，同时应使用法律手段制止不法居民的无理取闹。例如某船闸在开工时遇到居民的无理取闹，业主依靠法律手段由公安部门采取强制措施制止，保证了工程顺利开工。最根本的办法是加强法制教育，增强群众的法制意识。

3. 现场条件和施工准备工作

现场条件包括连接现场与交通线的道路条件、供电供水条件、当地工业条件、机械维修条件、水文气象条件、地质条件、水质条件及劳动力资源条件等。其中当地工业条件主要是建筑材料的供应能力，例如水泥、钢筋的供应条件以及生活必需品和日用品的供应条件。劳动力资源条件主要是当地劳动力的价格、民工的素质及生活习惯等。水质条件主要是现场有无充足的、满足混凝土拌和要求的水源。有时候地表水的水质不符合要求，就要打深井取水或进行水质处理，这对工期有一定的影响。气象条件主要是当地雨季的长短、年最高气温、最低气温、无霜期的长短等。供电和交通条件对工期的影响也是很大的，对一些大型工程往往要单独建立专用交通线和供电线路，而小型工程则要完全依赖当地的交通和供电条件。

业主方施工准备工作主要有施工用地的占有、资金准备、图纸准备以及材料供应的准备；承包商方施工准备工作则为人员、设备和材料进场，场内施工道路、临时车站、临时码头建设，场内供电线路架设，通信设施、水源及其他临时设施准备。

对于现场条件不好或施工准备工作难度较大的工程，在编制施工进度计划时一定应留有充分的余地。

4. 施工方法和施工机械

一般地说采用先进的施工方法和先进的施工机械设备时施工进度会快一些。但是当施工单位开始使用这些新方法施工时，往往不会提高多少施工速度，有时甚至还不如老方法来得快，这是因为施工单位对新的施工方法有一个适应和熟练的过程。所以从施工进度控制的角度看，不宜在同一个工程同时采用过多的新技术（相对施工单位来讲是新的技术）。

如果在一项工程中必须要同时采用多项新技术时，那么最好的办法就是请研制这些新技术的科研单位到现场指导，进行新技术应用的试验和推广，这样不仅为这些科研成果的完善提供了现场试验的条件，也为提高施工质量，加快施工进度创造了良好条件，更重要的是使施工单位很快地掌握了这些新技术，大大提高市场竞争力。

5. 施工组织与管理人员的素质

良好的施工组织管理应既能有效地制止施工人员的一切不良行为，又能充分调动所有施工人员的积极性，有利于不同部门、不同工作的协调。

对管理人员最基本的要求就是要有全局观念，即管理人员在处理问题时要符合整个系统的利益要求，在施工进度控制中就是施工总工期的要求。在西部地区某堆石坝施工中，施工单位管理人员在内部管理的某些问题上处理不当，导致工人怠工；从而影响工程进度。这时业主单位（当地政府主管部门）果断地采取经济措施，调动工人的积极性，从而在汛期到来之前将坝体填筑到了汛期挡水高程。还有一点要强调的是，作为施工管理人员，特别是施工单位的上层管理人员，无论何时都要将施工质量放在首要地位。

因为质量不合格的工程量是无效的工程量，质量不合格的工程是要进行返工或推倒重做的。所以工程质量事故必然会在不同程度上影响施工进度。

6. 合同与风险承担

这里的合同是指合同对工期要求的描述和对拖延工期处罚的约定。从业主方面讲，拖延工期的罚款数量应与报期引起的经济损失相一致。同时在招标时，工期要求应与标底价相协调。这里所说的风险是指可能影响施工进度的潜在因素以及合同工期实现的可能性大小。

三、建筑工程进度优化管理

（一）建筑工程项目进度优化管理的意义

知道整个项目的持续时间时，可以更好地计算管理成本（预备），包括管理、监督和运行成本；可以使用施工进度来计算或肯定地检查投标估算；以投标价格提交投标表，从而向客户展示如何构建该项目。正确构建的施工进度计划可以通过不同的活动来实现。这个过程可以缩短或延长整个项目的持续时间。通过适当的资源调度，可以改变活动的顺序，并延长或缩短持续时间，使资源的配置更加优化。这有助于降低资源需求并且保持资源的连续性。

进度表显示团队的目标以及何时必须满足这些目标。另外它还显示了团队必须遵循的路线——它提供了一系列的任务来指导项目经理和主管需要从事哪些活动，哪些是他们应该计划的活动。如果没有这一计划，施工单位可能不知道何时应当实现预定目标。施工进度计划提供了在项目工地上需要建筑材料的日期，可以用来监测分包商和供应商的进度。更为重要的是进度表提供了施工进度是否按进度进行的反馈，以及项目是否能按时完成。当发现施工进度下降时，可以采取行动来提高施工效率。

（二）工程项目的成本与质量进度的优化

工程项目控制三大目标即工程项目质量、成本、进度。这三者之间相互影响、相互依赖。在满足规定成本、质量要求的同时使工程施工工期缩短也是项目进度控制的理想状态。在工程项目的实际管理中，工程项目管理人员要根据施工合同中要求的工期和要求的质量完成项目，与此同时工程项目管理人员也要控制项目的成本。

为保证建筑工程项目在保证高质量、低成本的同时，又能够提高工程项目进度的完成时间，这就需要工程管理人员能够有效地协调工程项目质量、成本和进度，尽可能达到工程项目的质量、成本的要求完成工程项目的进度。但是，在工程项目进度估算过程中会受到部分外来因素影响，造成和工程合同承诺不一致的特殊情况，就会导致项目进度在难以依照计划进度完成。

所以，在实际的工程项目管理中，管理人员要结合实际情况与工程项目定量、定向的工程进度，对项目成本与工程质量约束下的工程工期进行理性的研究与分析，进而对有问题的工程进度及时采取有效措施调整，以便实现工程项目的工程质量和项目成本中进度计划的优化。

（三）工程项目进度资源的总体优化

在建筑工程项目进度实现过程中和施工所耗用的资源看，只有尽可能节约资源和合理地对资源进行配置，才能实现建设项目工程总体的优化。所以，必须对工程项目中所涉及的工程资源、工程设备以及工人进行总体优化。在建筑工程项目的进度中，只有对相关资源合理投入与配置，在一定的期限内限制资源的消耗，才能获得最大经济效益与社会效益。

所以，工程施工人员就需要在项目进行的过程中坚持几点原则：第一，用最少的货币来衡量工程总耗用量；第二，合理有效的安排建筑工程项目需要的各种资源与各种结构；第三，要做到尽量节约以及合理替代枯竭型和稀缺型资源；第四，在建筑工程项目的施工过程中，尽量均衡在施工过程中的资源投入。

为了使上述要求均可以得到实现，建筑施工管理人员必须做好以下几点要求一是要严格遵循工程项目管理人员制订的关于项目进度计划的规定，提前对工程项目的劳动计划进度合理做出规划。二是要提前对工程项目中所需用的工程材料及与之相关的资源进行预期估计，从而达到优化和完善采购计划的目的，避免出现资源材料浪费的情况。三是要根据工程项目的预计工期、工程量大小。工程质量、项目成本，以及各项条件所需要的完备设备，从而合理地去选择工程中所需设备的购买及租赁的方式。

第四章　建筑工程项目质量控制

第一节　质量管理与质量控制

一、工程项目质量

1. 质量

质量，是指一组固有特性满足要求的程度。它是反映产品或服务满足明确或隐含需要能力的特征和特性，或说是反映实体满足明确和隐含需要的能力的特性总和。

实体是指可单独描述和研究的事物，它几乎涵盖了质量管理和质量保证活动中所涉及的所有对象。所以实体可以是结果，也可以是过程，是包括了它们的形成过程和使用过程在内的一个整体。

在许多情况下，质量会随时间、环境的变化而改变，这就意味着要对质量要求进行定期评审。

质量的明确需要是指在合同、标准、规范、图纸、技术文件中已经做出明确规定的要求；质量的隐含需要则应加以识别和确定，比如人们对实体的期望，公认的、不言而喻的、不必作出规定的"需要"。

2. 工程项目质量

工程项目质量是一个广义的质量概念，它由工程实体质量和工作质量两部分组成。其中，工程实体质量代表的是狭义的质量概念。参照国际标准与我国现行的国家标准的定义，工程实体质量可描述为"实体满足明确或隐含需要能力的特性之和"。工程实体质量又可称为工程质量，与建设项目的构成相呼应，工程实体质量还通常可分为工序质量、分项工程质量、分部工程质量、单位工程质量和单项工程质量等各个不同的质量层次单元。就工程质量而言,其固有特性包括:使用功能、寿命、适用性、安全性、可靠性、维修性、经济性、美观性与环境协调性等方面,这些特性满足要求的程度越高,质量就越好。

工作质量,是指为了保证和提高工程质量而从事的组织管理、生产技术、后勤保障等各方面工作的实际水平。工程建设过程中,按内容组成的不同可将工作质量分为社会工作质量和生产过程工作质量。其中,前者是指围绕质量课题而进行的社会调查、市场预测、质量回访等各项有关工作的质量;后者则是指生产工人的职业素质、职业道德教育工作质量、管理工作质量等。质量还可具体分为决策、计划、勘察、设计、施工、回访保修等不同阶段的工作质量。

工程质量与工作质量二者的关系为:前者是后者的作用结果,后者是前者的必要保证。项目管理实践表明:工程质量的好坏是建筑工程产品形成过程中各阶段、各环节工作质量的综合反映,而不是依靠质量检验检查出来的。要保证工程质量就要求项目管理实施方的有关部门和人员对决定和影响工程质量的所有因素进行严格控制,即通过良好的工作质量来保证和提高工程质量。

综上所述,工程项目质量是指能够满足用户或社会需要的并由工程合同、有关技术标准、设计文件、施工规范等具体详细设定其适用、安全、经济、美观等特性要求的工程实体质量与工程建设各阶段、各环节工作质量总和。

工程项目质量反映出建筑工程适合一定的用途,满足用户要求所具备的自然属性,其具体内涵包含以下三个方面。

(1)工程项目实体质量,所包括的内容有工序质量、分项工程质量、分部工程质量和单项工程质量等,其中工序质量是创造工程项目实体质量的基础。

(2)功能和使用价值,从工程项目的功能和使用价值看,其质量体现在性能、寿命、可靠性、安全性和经济性五个方面。这些特性指标直接反映了工程项目的质量。

(3)工作质量,是建筑企业的经营管理工作、技术工作、组织工作和后勤工作等达到工程质量的保证程度,分为生产过程质量和社会工作质量两个方面。工作质量是工程质量的保证和基础,工程质量是企业各方面工作质量的综合反映。

应将工程质量与管理过程质量综合起来考虑,如果项目能够做到满足规范要求、达到项目目的、满足用户要求、让用户满意,那就不会亏本。

二、质量管理

1. 质量管理简介

质量管理是指在质量方面指挥和控制组织的协调活动。这些协调活动通常包括制定质量方针和质量目标以及质量策划、质量控制、质量保证和质量改进等活动。

(1)质量方针是指由组织的最高管理者正式发布的与该组织总的质量有关的宗旨和方向。它体现了该组织的质量意识和质量追求,施工组织内部的行为准则,顾客的期待和对顾客做出的承诺。质量方针与组织的总方针相一致，并且为制定质量目标提供框架。

（2）质量目标。是指在质量方面所追求的标准。质量目标通常是依据组织的质量方针制定，并且通常对组织内相关的职能和层次分别规定质量目标。在作业层面，质量目标应是定扯的。

（3）质量策划。是致力于制定质量目标并规定必要的运行过程和相关资料以实现质量目标的策划。

（4）质量保证。是致力于使质量要求得到满意的实现。可将质量保证措施看成预防疾病的手段，是用来提高获得高质量产品的步骤和管理流程。

（5）质量改进是致力于增强满足质量要求的能力的循环活动。

2. 质量管理体系

体系的含义是指由若干有关事物的相互联系、互相制约而构成的有机整体。质量管理是在质量方面指挥和控制组织的协调活动。

质量管理体系是在质量方面指挥和控制组织的管理体系。另外，它也是实施质量方针和质量目标的管理系统，其内容应以满足质量目标的需要为准；同时其也是一个有机整体，其组成部分是相互关联的，强调系统性和协调性。

质量管理体系把影响质戴的技术、管理人员和资源等因素进行组合，在质量方针的指引下，为达到质量目标而发挥效能。

三、质量控制

质量控制是 GB/T19000-2008 质量管理体系标准的一个质量管理术语。它属于质量管理的一部分，是致力于满足质量要求的一系列相关活动。

质量控制包括采取的作业技术和管理活动。作业技术是直接产生产品或服务质量的条件，但并不是具备相关作业的能力。在社会化大生产的条件下，还必须通过科学的管理，来组织和协调作业技术活动的过程，以充分发挥其质量形成能力，实现预期的质量目标。

四、质量控制与质量管理的关系

质量控制是质量管理的一部分，质量管理是指确立质量方针及实施质量方针的全部职能及工作内容，并对其工作效果进行评价和改进的一系列工作。因此，质量控制与质量管理的区别在于质量控制是在明确的质量目标条件下，通过行动方案与资源配置的计划、实施、检查和监督来实现预期目标的过程。

五、工程项目质量控制原理

1. 三全控制原理

三全控制原理来自全面质量管理 TQC（total quality control）的思想，是指企业组织的质量管理应该做到全面、全过程和全员参与。于工程项目质量管理中应用这一原理，对工程项目的质量控制同样具有重要的理论和实践的指导意义。

2. PDCA 循环的原理

PDCA 由英语单词 plan（计划）、do（实施、执行）、check（检查）和 action（处置、处理）的首字母组成，PDCA 循环就是按照这样的顺序进行质量管理，并且循环不止地进行下去的一种科学程序。工程项目质量管理活动的运转，离不开 PDCA 循环的转动，这就是说，改进与解决质量问题，赶超先进水平的各项工作，都要运用 PDCA 循环。

在实施 PDCA 循环时，不论是提高工程施工质量，还是减少不合格率，都要先提出目标，即质量提高到什么程度，不合格率降低多少，故应先制定计划，这个计划不仅包括目标，而且也包括实现这个目标所需要采取的措施。计划制定好之后，就要按照计划实施及检查，看看是否实现了预期效果，有没有达到预期的目标。通过检查找出问题和原因，最后就是要进行处置活动，将经验与教训制订成标准、形成制度。同时，工程项目的质量控制应重点做好施工准备、施工、验收、服务全过程的质量监督，抓好全过程的质量控制，确保工程质量目标达到预定的要求，其具体措施如下。

（1）分解质量目标。工程项目方将质量目标逐层分解到分部工程、分项工程，并落实到部门、班组和个人。应以指标控制为目的，以要素控制为手段，以体系活动为基础，从而保证在组织上全面落实，实现质量目标的分解。

（2）实行质量责任制。在质量责任制当中，项目经理是工程施工质量的第一责任人，各工程队长是本队施工质量的第一责任人，质量保证工程师和责任工程师是各专业质量责任人，各部门负责人应按照职责分工，认真履行质量责任。

（3）每周组织一次质量大检查，一切用数据说话，实施质量奖惩，激励施工人员，保证施工质量的自觉性和责任心。

（4）每周召开一次质量分析会，通过各部门、各单位反馈输入各种不合格信息，采取纠正和预防措施，排除质量隐患。

（5）加大质量权威，质检部门及质检人员，根据公司质量管理制度可行使质量否决权。

（6）施工全过程中执行业主和有关工程质量管理及质量监督的各种制度和规定，对各部门检查发现的任何质量问题应及时制定整改措施，进行整改，达到合格为止。

3. 工程项目质量控制的三阶段原理

工程项目的质量控制，是一个持续的管理过程。从项目的立项到竣工验收，属于项目建设阶段的质量控制；从项目投产后到项目生产周期结束，属于项目生产（或经营）

阶段的质量控制。二者在质量控制内容上有较大的不同，但是不管是建设阶段的质量控制，还是经营阶段的质量控制，从控制工作的开展与控制对象实施的时间关系来看，均可分为事前控制、事中控制和事后控制三种类型。

第二节　建筑工程项目质量的形成过程和影响因素

一、建筑工程项目质量的形成过程

建筑工程项目质量的形成过程，贯穿于整个工程项目的决策过程和各个工程项目的设计与施工过程之中，体现了建筑工程项目质量从目标决策、目标细化到目标实现的过程。

质量需求的识别过程：项目决策阶段的质量职能在于识别建设意图和需求，为整个建设项目的质量总目标，以及工程项目内各建设工程项目的质量目标提出明确要求。

质量目标的定义过程：一方面是在工程设计阶段，工程项目设计的任务是将工程项目的质量目标具体化；另一方面，承包商根据业主的创优要求及具体情况来确定工程的总体质量目标。

质量目标的实现过程：工程项目质量目标实现的最重要和最关键的过程是在施工阶段，包括施工准备过程和施工作业技术活动过程，其任务是按照质簸策划的要求，制定企业或工程项目内控标准，实施目标管理、过程监控、阶段考核、持续改进的方法，严格按图纸施工。正确合理地配备施工生产要素，将特定的劳动对象转化为符合质量标准的建设工程产品。

二、建筑工程项目质量的影响因素

建筑工程项目质量的影响因素，主要是指在建筑工程项目质量目标策划、决策和实现过程中的各种客观因素和主观因素，包括人的因素、技术因素、管理因素、环境因素和社会因素等。

1. 人的因素

人的因素对建筑工程项目质量形成的影响，包括两个方面的含义：一是指直接承担建筑工程项目质量职能的决策者、管理者与作业者个人的质量意识及质量活动能力；二是指承担建筑工程项目策划、决策或实施的建设单位、勘察设计单位、咨询服务机构、工程承包企业等实体组织。前者的"人"是指一个个体，后者的"人"是指一个群体。我国实行建筑业企业经营资质管理制度、市场准入制度、执业资格注册制度、作业及管理人员持证上岗制度等，从本质上来说，都是对从事建设工程活动的人的必要的控制。此外，《中华人民共和国建筑法》和《建设工程质撰管理条例》还对建设工程的质量责任制度进行了明确规定，如规定按资质等级承包工程任务，不得越级，不得挂靠，不得转包，严禁无证设计、无证施工等，从根本上说也是为了防止因人的资质或者资格失控而导致质量能力的失控。

2. 技术因素

影响建筑工程项目质量的技术因素涉及的内容十分广泛，包括直接的工程技术和辅助的生产技术，前者如工程勘察技术、设计技术、施工技术、材料技术等，后者如工程检测检验技术、试验技术等。建设工程技术的先进性程度，从总体上说是取决于国家一定时期的经济发展和科技水平，取决于建筑业及相关行业的技术进步。对于具体的建设工程项目，主要是通过技术工作的组织与管理，优化技术方案，发挥技术因素对建筑工程项目质量的保证作用。

3. 管理因素

影响建筑工程项目质量的管理因素，主要是决策因素及组织因素。其中，决策因素首先是业主方的建筑工程项目决策，其次是建筑工程项目实施过程中，实施主体的各项技术决策和管理决策。实践证明，没有经过资源论证、市场需求预测，而盲目建设、重复建设，建成后不能投入生产或使用，所形成的合格而无用途的建筑产品，从根本上来说是对社会资源的极大浪费，不具备质量的适用性特征。同样盲目追求高标准，缺乏质量经济性考虑的决策，也将对工程质量的形成产生不利影响。

4. 环境因素

一个建设项目的决策、立项和实施，受到经济、政治、社会、技术等多方面因素的影响，是建设项目可行性研究、风险识别与管理所必须考虑的环境因素。对于建筑工程项目质量控制而言，无论该建筑工程项目是某建筑项目的一个子项工程，还是本身就是一个独立的建筑项目，作为直接影响建筑工程项目质量的环境因素，一般是指：建筑工程项目所在地点的水文、地质和气象等自然环境；施工现场的通风、照明、安全卫生防护设施等劳动作业环境；以及由多单位、多专业交叉协同施工的管理关系、组织协调方式、质量控制系统等构成的管理环境。对这些环境条件的认识与把握，为保证建筑工程项目质量的重要工作环节。

第三节 建筑工程项目质量控制系统

一、建筑工程项目质量控制系统的构成

建筑工程项目质量控制系统，在实践中可能有多种名称，没有统一规定。常见的名称有"质量管理体系""质量控制体系""质量管理系统""质量控制网络""质量管理网络""质量保证系统"等。

1. 建筑工程项目质量控制系统的性质

建筑工程项目质量控制系统既不是建设单位的质量管理体系或者质量保证体系，也不是工程承包企业的质量管理体系或质量保证体系，然而是建筑工程项目目标控制的一个工作系统，其具有下列性质。

（1）建筑工程项目质量控制系统是以建筑工程项目为对象，由工程项目实施的总组织者负责建立的面向对象开展质量控制的工作体系。

（2）建筑工程项目质量控制系统是建筑工程项目管理组织的一个目标控制体系，它与项目投资控制、进度控制、职业健康安全与环境管理等目标控制体系，共同依托于同一项目管理的组织机构。

（3）建筑工程项目质量控制系统根据建筑工程项目管理的实际需要而建立，随着建筑工程项目的完成和项目管理组织的解体而消失，所以，是一个一次性的质量控制工作体系，不同于企业的质量管理体系。

2. 建筑工程项目质量控制系统的范围

建筑工程项目质量控制系统的范围，包括：按项目范围管理的要求，列入系统控制的建筑工程项目构成范围；建筑工程项目实施的任务范围，即由建筑工程项目实施的全过程或若干阶段进行定义；建筑工程项目质量控制所涉及的责任主体范围。

3. 建筑工程项目质量控制系统的结构

建筑工程项目质量控制系统，一般情况下为多层次、多单元的结构形态，这是由其实施任务的委托方式和合同结构所决定的。

4. 建筑工程项目质量控制系统的特点

建筑工程项目质量控制系统只用于特定的建筑工程项目质量控制，而不是用于建筑企业或组织的质量管理，即建立的目的不同。

建筑工程项目质量控制系统涉及建筑工程项目实施过程所有的质量责任主体，而不只是某一个承包企业或组织机构，即服务的范围不同。

建筑工程项目质量控制系统的控制目标是建筑工程项目的质量标准，并非某一具体建筑企业或者组织的质量管理目标，即控制的目标不同。

建筑工程项目质量控制系统与建筑工程项目管理组织系统相融合，是一次性的质量工作系统，并非永久性的质量管理体系，即作用的时效不同。

建筑工程项目质量控制系统的有效性一般由建筑工程项目管理，由组织者进行自我评价与诊断，不需进行第三方认证，即评价的方式不同。

二、建筑工程项目质量控制系统的建立

建筑工程项目质量控制系统的建立，实际上就是建筑工程项目质量总目标的确定和分解过程，也是建筑工程项目各参与方之间质员管理关系和控制责任的确立过程。为了保证质量控制系统的科学性和有效性，须明确系统建立的原则、内容、程序和主体。

1. 建立的原则

实践经验表明，建筑工程项目质量控制系统的建立，应遵循以下原则。这些原则对质量目标的总体规划、分解和有效实施控制有着非常重要的作用。

（1）分层次规划的原则。建筑工程项目质量控制系统的分层次规划，是指建筑工程项目管理的总组织者（即建设单位或项目代建企业）和承担项目实施任务的各参与单位，分别进行建筑工程项目质量控制系统不同层次与范围的规划。

（2）总目标分解的原则。建筑工程项目质橄控制系统的总目标分解，是根据控制系统内建筑工程项目的分解结构，将建筑工程项目的建设标准和质量总体目标分解到各个责任主体，明示于合同条件，由各责任主体制定相应的质谥计划，确定其具体的控制方式和控制措施。

（3）质量责任制的原则。建筑工程项目质量控制系统的建立，应按照《中华人民共和国建筑法》和《建设工程质量管理条例》中有关工程质量责任的规定，界定各方的质量责任范围和控制要求。

（4）系统有效性的原则。建筑工程项目质量控制系统，应从实际出发，结合项目特点、合同结构和项目管理组织系统的构成情况，建立项目各参与方共同遵循的质量管理制度和控制措施，形成有效的运行机制。

2. 建立的程序

建筑工程项目质量控制系统的建立过程，一般可按以下环节依次展开工作：

（1）确立质量控制网络系统。首先明确系统各层面的建筑工程项目质量控制负责人。一般应包括承担建筑工程项目实施任务的项目经理（或工程负责人）、总工程师，项目监理机构的总监理工程师、专业监理工程师等，以形成明确的建筑工程项目质量控制责任者的关系网络架构。

（2）制定质量控制制度系统。建筑工程项目质量控制制度包括质量控制例会制度、

协调制度、报告审批制度、质量验收制度和质量信息管理制度等。这些应做成建筑工程项目质量控制制度系统的管理文件或者手册，作为承担建筑工程项目实施任务的各方主体共同遵循的管理依据。

（3）分析质量控制界面系统。建筑工程项目质量控制系统的质量责任界面，包括静态界面和动态界面。静态界面根据法律法规、合同条件、组织内部职能分工来确定。动态界面是指项目实施过程中设计单位之间、施工单位之间、设计与施工单位之间的衔接配合及其责任划分，这必须通过分析研究，确定管理原则与协调方式。

（4）编制质量控制计划系统。建筑工程项目管理总组织者，负责主持编制建筑工程项目总质量计划，并根据质量控制系统的要求，部署各质量责任主体编制与其承担任务范围相符的质量控制计划，并按规定程序完成质量计划的审批，作为其实施自身工程质量控制的依据。

3. 建立的主体

按照建筑工程项目质量控制系统的性质、范围与主体的构成，一般情况下其质量控制系统应由建设单位或建筑工程项目总承包企业的建筑工程项目管理机构负责建立。在分阶段依次对勘察、设计、施工、安装等任务进行分别招标发包的情况下，通常应由建设单位或其委托的建筑工程项目管理企业负责建立建筑工程质量控制系统，各承包企业根据建筑工程项目质量控制系统的要求，建立隶属于建筑工程项目质量控制系统的设计项目、工程项目、采购供应项目等质量控制子系统，以具体实施其质量责任范围内的质量管理和目标控制。

三、建筑工程项目质量控制系统的运行

建筑工程项目质量控制系统的建立，为建筑工程项目的质量控制提供了组织制度方面的保证。建筑工程项目质量控制系统的运行，实质上就是系统功能的发挥过程，也是质量活动职能和效果的控制过程。然而，建筑工程项目质量控制系统要能有效地运行，还依赖于系统内部的运行环境以及运行机制的完善。

1. 运行环境

建筑工程项目质量控制系统的运行环境，主要是以下述几个方面为系统运行提供支持的管理关系、组织制度和资源配置的条件。

2. 运行机制

建筑工程项目质量控制系统的运行机制，是由一系列质量管理制度安排所形成的内在能力。运行机制是建筑工程项目质量控制系统的生命，机制缺陷是造成系统运行无序、失效和失控的重要原因。因此，在设计系统内部的管理制度时，必须予以高度的重视，防止重要管理制度的缺失、制度本身的缺陷、制度之间的矛盾等现象的出现，

才能为系统的运行注入动力机制、约束机制、反馈机制与持续改进机制。

第四节 建筑工程项目施工的质量控制

一、建筑工程项目施工阶段的质量控制目标

建筑工程项目施工阶段是根据建筑工程项目设计文件和施工图纸的要求，通过施工形成工程实体的阶段，所制定的施工质量计划及相应的质量控制措施，都是在这一阶段形成实体的质量或实现质量控制的结果。所以，建筑工程项目施工阶段的质量控制是建筑工程项目质量控制的最后形成阶段，因而对保证建筑工程项目的最终质量具有重大意义。

1. 建筑工程项目施工的质量控制内容划分

建筑工程项目施工的质量控制从不同的角度来描述，可以划分为不同的类型。企业可根据自己的侧重点不同采用适合自己的划分方法，主要有以下四种划分方法：

（1）按建筑工程项目施工质量管理主体的不同划分为：建设方的质量控制、施工方的质量控制和监理方的质量控制等。

（2）按建筑工程项目施工阶段的不同划分为：施工准备阶段质量控制、施工阶段质量控制和竣工验收阶段质量控制等。

（3）按建筑工程项目施工的分部工程划分为：地基与基础工程的质量控制、主体结构工程的质量控制、屋面工程的质量控制、安装（含给水、排水、采暖、电气、智能建筑、通风与空调、电梯等）工程的质量控制和装饰装修工程的质量控制等。

（4）按建筑工程项目施工要素划分为：材料因素的质量控制、人员因素的质量控制、设备因素的质量控制、方案因素的质量控制和环境因素的质量控制等。

2. 建筑工程项目施工的质量控制目标

建筑工程项目施工阶段的质量控制目标可分为施工质量控制总目标、建设单位的质量控制目标、设计单位施工阶段的质量控制目标、施工单位的质量控制目标、监理单位的施工质量控制目标等。

3. 建筑工程项目施工质量控制的依据

建筑工程项目施工质量控制的依据主要指适用于建筑工程项目施工阶段与质量控制有关的、具有指导意义和必须遵守（强制性）基本文件。其包括国家法律法规、行业技术标准与规范、企业标准、设计文件及合同等。

4. 建筑工程项目施工质量持续改进的理念

持续改进的概念来自于《质量管理体系基础和术语》（GB/T19000—2016），是指增强满足要求的能力的循环活动。它阐明组织为了改进其整体业绩，应不断改进产品质量，提高质量管理体系及过程的有效性和效率。对建筑工程项目来说，由于其属于一次性活动，面临的经济、环境条件在不断地变化，技术水平也在日新月异，所以建筑工程项目的质量要求也需要持续提高，而持续改进是永无止境的。

在建筑工程项目施工阶段，质量控制的持续改进必须是主动、有计划和系统地进行质量改进的活动，要做到积极、主动。首先需要树立建筑工程项目施工质量持续改进的理念，才能在行动中把持续改进变成自觉的行为；其次要有永恒的决心，坚持不懈；最后要关注改进的结果，持续改进应保证的是更有效、更完善的结果，改进的结果还应能在建筑工程项目的下一个工程质量循环活动中得到应用。概括来说，建筑工程项目施工质量持续改进的理念包括了渐进过程、主动过程、系统过程和有效过程等四个过程。

二、建筑工程项目施工质量计划的编制方法

（一）建筑工程项目施工质量计划概述

建筑工程项目施工质量计划是指施工企业根据有关质量管理标准，针对特定的建筑工程项目编制的建筑工程项目质量控制方法、手段、组织及相关实施程序。对已实施 ISO9001：2005《质量管理体系要求》的企业，质量计划是质量管理体系文件的组成内容。建筑工程项目施工质量计划一般由项目经理（或项目负责人）主持，负责质量、技术、工艺和采购的相关人员参与制定。在总承包的情况下，分包企业的建筑工程项目施工质量计划是总包建筑工程项目施工质量计划的组成部分，总包企业有责任对分包建筑工程项目施工质量计划的编制进行指导和审核，并要承担建筑工程项目施工质量的连带责任。建筑工程项目施工质量计划编制完毕，应经企业技术领导审核批准，并按建筑工程项目施工承包合同的约定，提交工程监理或建设单位批准确认后执行。

根据建筑工程项目施工的特点，目前我国建筑工程项目施工的质量计划常以施工组织设计或者工程项目管理规划的文件形式进行编制。

（二）编制建筑工程项目施工质量计划的目的和作用

建筑工程项目施工质量计划编制的目的是加强施工过程中的质量管理和程序管理。通过规范员工的行为，使其严格操作、规范施工，达到提高工程质量、实现项目目标的目的。

建筑工程项目施工质量计划的作用是为质量控制提供依据，让建筑工程项目的特

殊质量要求能通过采取有效措施得到满足；在合同环境下，建筑工程项目施工质量计划是企业向顾客表明质量管理方针、目标及其具体实现的方法、手段和措施，体现企业对质量责任的承诺和实施的具体步骤。

（三）建筑工程项目施工质量计划的内容

1. 工程质量目标

工程质量目标包括工程质量总目标及分解目标。制定的目标要具体，具有可操作性，对于定性指标，需同时确定衡批的标准和方法。例如，要确定建筑工程项目预期达到的质量等级（如合格、优良或省、市、部优质工程等），则要求在建筑工程项目交付使用时，质量达到合同范围内的全部工程的所有使用功能符合设计（或更改）图纸的要求，检验批、分项、分部与单位工程质量达到建筑工程项目施工质量验收的统一标准，合格率100%等。

2. 组织与人员

在建筑工程项目施工组织设计中，确定质量管理组织机构、人员及资源配置计划，，明确各组织、部门人员在建筑工程项目施工不同阶段的质量管理职责和职权，确定质量责任人和相应的质量控制权限。

3. 施工方案

根据建筑工程项目质量控制总目标的要求，制定具体的施工技术方案和施工程序，包括实施步骤、施工方法、作业文件和技术措施等。

4. 采购质量控制

采购质量控制包括材料、设备的质量管理及控制措施，涉及对供应方质量控制的要求。可以制定具体的采购质量标准或指标、参数与控制方法等。

5. 监督检测

施工质量计划中应制定工程检测的项目计划与方法，其包括检测、检验、验证和试验程序文件以及相关的质旦要求和标准。

（四）建筑工程项目施工质量计划的实施与验证

建筑工程项目施工质量计划的实施范围主要包括项目施工阶段的全过程，重点是对工序、分项工程、分部工程及单位工程全过程的质量控制。各级质量管理人员应按建筑工程项目质量计划确定的质量责任分工，对各环节进行严格的控制，并按建筑工程项目施工质量计划要求，保存好质量记录、质量审核、质量处理单、相关表格等原始记录。

建筑工程项目质量责任人应定期组织具有相应资格或者经验的质量检查人员、内部质量审核员等对建筑工程项目施工质量计划的实施效果进行验证，对项目质量控制中存在的问题或隐患，特别是质量计划本身、管理制度、监督机制等环节的问题，应及时提出解决措施，并进行纠正。建筑工程项目质量问题严重时应追究责任，给予处罚。

三、建筑工程项目施工生产要素的质量控制

影响建筑工程项目质量控制的因素主要包括劳动主体／人员（man）、劳动对象／材料（material）、劳动手段／机械设备（machine 汃劳动方法／施工方法（method）和施工环境（environment）等五大生产要素。在建筑工程项目施工过程中，应当事前对这五个方面严加控制。

1. 劳动主体／人员

人是指施工活动的组织者、领导者及直接参与施工作业活动的具体操作人员。人员因素的控制就是对上述人员的各种行为进行控制。

2. 劳动对象／材料

材料是指在建筑工程项目建设中所使用的原材料、成品、半成品、构配件等，是建筑工程施工的物质保证条件。

3. 劳动手段／机械设备

机械设备包括施工机械设备和生产工艺设备。

4. 劳动方法／施工方法

广义的施工方法控制是指对施工承包企业为完成项目施工过程而采取的施工方案、施工工艺、施工组织设计、施工技术措施、质量检测手段和施工程序安排等所进行的控制。狭义的施工方法控制是指对施工方案的控制。施工方案的正确与否直接影响建筑工程项目的质量、进度和投资。因此，施工方案的选择必须结合工程实际，从技术、组织、经济、管理等方面出发，做到能解决工程难题，技术可行，经济合理，加快进度，降低成本，提高工程质量。其具体包括确定施工起点流向、确定施工程序、确定施工顺序、确定施工工艺和施工环境等。

5. 施工环境

影响施工质量的环境因素较多，主要有以下几点。

（1）自然环境，包括气温、雨、雪、雷、电、风等。

（2）工程技术环境，包括工程地质、水文、地形、地震、地下水位、地面水等。

（3）工程管理环境，包括质量保证体系与质量管理工作制度等。

（4）劳动作业环境，包括劳动组合、作业场所、作业面等，以及前道工序为后道

工序提供的操作环境。

（5）经济环境，包括地质资源条件、交通运输条件、供水供电条件等。

环境因素对施工质量的影响有复杂、多变的特点，具体问题必须具体分析。如气象条件变化无穷，温度、湿度、酷暑、严寒等都直接影响工程质量；又如前一道工序是后一道工序的环境，前一分项工程、分部工程就是后一分项工程、分部工程的环境。因此，对工程施工环境应结合工程特点和具体条件严加控制。尤其是施工现场，应建立文明施工和文明生产的环境，保持材料堆放整齐、道路畅通、工作环境清洁、施工顺序井井有条，为确保质量安全创造一个良好的施工环境。

四、施工过程的作业质量控制

建筑工程项目是由一系列相互关联、相互制约的作业过程（工序）构成，控制建筑工程项目施工过程的质量，除施工准备阶段、竣工阶段的质量控制外，重点是必须控制全部的作业过程，即各道工序的施工质量。

1. 施工准备阶段的质量控制

施工准备阶段的质量控制是指在正式施工前进行的质量控制活动，其重点是在做好施工准备工作的同时，应做好施工质量预控和对策方案。施工质量预控是指在施工阶段，预先分析施工中可能发生的质量问题和隐患及其产生的原因，采取相应的对策措施进行预先控制，以防止在施工中发生质量的问题。

2. 施工过程的质量控制

建筑工程项目的施工过程是由若干道工序组成的，因此，施工过程的控制，就是施工工序的控制，其主要包括三个方面的内容：施工工序控制的要求、施工工序控制的程序和施工工序控制的检验。

3. 竣工验收阶段的质量控制

竣工验收阶段的质量控制包括最终质量检验和试验、技术资料的整理、施工质量缺陷的处理、工程竣工验收文件的编制和移交准备、产品防护和撤场计划等。

4. 施工成品保护

在施工阶段，因为工序和工程进度的不同，有些分项、分部工程可能已经完成，而其他工程尚在施工，或者有些部位已经完工，其他部位还在施工，因此这一阶段需特别重视对施工成品的质量保护问题。

第五节　建筑工程项目质量验收

一、施工过程质量验收

　　建筑工程项目质量验收是对已经完工的工程实体的外观质量及内在质量按规定程序检查后，确认其是否符合设计及各项验收标准的要求，可交付使用的一个重要环节，正确地进行建筑工程项目质量的检查评定和验收，是保证工程质量的重要手段。

　　鉴于工程施工规模较大，专业分工较多，技术安全要求高等特点，国家相关行政管理部门对各类工程项目的质量验收标准制订了相应的规范，以保证工程验收的质量，工程验收应严格执行规范的要求和标准。

1. 施工质量验收的概念

　　建筑工程项目质量的评定验收，是对建筑工程项目整体而言的。建筑工程项目质量的等级，分为"合格"和"优良"，凡不合格的项目不予验收；凡验收通过的项目，必有等级的评定。因此，对建筑工程项目整体的质量验收，可称之为建筑工程项目质量的评定验收，或简称工程质量验收。

　　工程质量验收可分为过程验收和竣工验收两种。过程验收可分为两种类型：①按项目阶段划分，如勘察设计质量验收、施工质量验收；②按项目构成划分，如单位工程、分部工程、分项工程和检验批四种层次的验收。其中，检验批是即施工过程中条件相同并含有一定数量材料、构配件或安装项目的施工内容，由于其质佩基本均匀一致，所以可作为检验的基础单位，并按批验收。

　　与检验批有关的另一个概念是主控项目与一般检验项目。其中，主控项目是指对检验批的基本质量起决定性影响的检验项目；一般项目检验是除主控项目以外的其他检验项目。

　　施工质量验收是指对已完工的工程实体的外观质量及内在质量按规定程序检查后，确认其是否符合设计及各项验收标准要求的质量控制过程，也是确认是否可交付使用的一个重要环节。正确地进行工程施工质量的检查评定和验收，是保证建筑工程项目质量的重要手段。施工质量验收属于过程验收，其程序包括以下几点。

　　（1）施工过程中隐蔽工程在隐蔽前通知建设单位（或者工程监理）进行验收，并形成验收文件。

　　（2）分部分项施工完成后应在施工单位自行验收合格后，通知建设单位（或工程监理）验收，重要的分部分项应请设计单位参加验收。

　　（3）单位工程完工后，施工单位应自行组织检查、评定，符合验收标准后，向建设单位提交验收申请。

　　（4）建设单位收到验收申请后，应组织施工、勘察、设计、监理单位等方面人员进行单位工程验收，明确验收结果，并且形成验收报告。

（5）按国家现行管理制度，房屋建筑工程及市政基础设施工程验收合格后，还需在规定时间内，将验收文件报政府管理部门备案。

2. 施工过程质量验收的内容

施工过程的质量验收包括以下验收环节，通过验收后留下完整的质量验收记录和资料，为工程项目竣工质量验收提供依据。

二、工程项目竣工质量验收

1. 工程项目竣工质量验收的要求

单位工程是工程项目竣工质量验收的基本对象，也是工程项目投入使用前的最后一次验收，其重要性不言而喻。应按下列要求进行竣工质量验收：

（1）工程施工质量应符合各类工程质量统一验收标准和相关专业验收规范的规定。

（2）工程施工质量应符合工程勘察、设计文件的要求。

（3）参加工程施工质量验收的各方人员应具备规定的资格。

（4）工程施工质量的验收均应在施工单位自行检查评定的基础之上进行。

（5）隐蔽工程在隐蔽前应由施工单位通知有关单位进行验收，并应形成验收文件。

（6）涉及结构安全的试块、试件以及有关材料，应按规定进行见证取样检测。

（7）检验批的质量应按主控项目、一般项目验收。

（8）对涉及结构安全和功能的重要分部工程应进行抽样检测。

（9）承担见证取样检测及有关结构安全检测的单位应具有相应资质。

（10）工程的观感质量应由验收人员通过现场检查共同确认。

2. 工程项目竣工质量验收的程序

承发包人之间所进行的建筑工程项目竣工验收，通常分为验收准备、初步验收和正式验收三个环节进行。整个验收过程涉及建设单位、设计单位、监理单位及施工总分包各方的工作，必须按照建筑工程项目质量控制系统的职能分工，以监理工程师为核心进行竣工验收的组织协调。

（1）竣工验收准备。施工单位按照合同规定的施工范围和质量标准完成施工任务后，经质量自检并合格后，向现场监理机构（或建设单位）提交工程项目竣工申请报告，要求组织工程项目竣工验收。施工单位的竣工验收准备，包括工程实体的验收准备和相关工程档案资料的验收准备，使之达到竣工验收的要求，其中设备及管道安装工程等，应经过试压、试车和系统联动试运行，具备相应的检查记录。

（2）竣工预验收。监理机构收到施工单位的工程竣工申请报告后，应就验收条件进行检查。

对工程实体质量及档案资料存在的缺陷，及时提出整改意见，并与施工单位协商整改清单，确定整改要求及完成时间。

（3）正式竣工验收。当竣工预验收检查结果符合竣工验收要求时，监理工程师应将施工单位的竣工申请报告报送建设单位，着手组织勘察、设计、施工、监理等单位和其他方面的专家组成竣工验收小组并制定验收方案。

建设单位应在工程竣工验收前 7 个工作日将验收时间、地点、验收组名单通知该工程的工程质量监督机构，建设单位组织竣工验收会议。

三、工程竣工验收备案

我国实行工程竣工验收备案制度。新建、扩建和改建的各类房屋建筑工程和市政基础设施工程的竣工验收，均应按《建设工程质量管理条例》规定进行备案。

（1）建设单位应当自工程竣工验收合格之日起 15 日内，将工程竣工验收报告和规划以及公安消防、环保等部门出具的认可文件或者准许使用文件，报建设行政主管部门或者其他相关部门备案。

（2）备案部门在收到备案文件资料后的 15 日内，对文件资料进行审查，符合要求的工程，在验收备案表上加盖"竣工验收备案专用章"，并将一份退回建设单位存档。如审查中发现建设单位在竣工验收过程中，有违反国家有关建设工程质量管理规定行为的，责令停止使用，重新组织竣工验收。

（3）建设单位有下列行为之一的，责令改正，处以工程合同价款 2% 以上 4% 以下的罚款，造成损失的依法承担赔偿责任：①未组织竣工验收，擅自交付使用的；②验收不合格，擅自交付使用的；③对于不合格的建设工程按照合格工程验收的。

第六节　建筑工程项目质量的政府监督

一、建筑工程项目质量的政府监督的职能

各级政府质量监督机构对工程质橄监督的依据是国家、地方和各专业建设管理部门颁发的法律、法规及各类规范和强制性标准，其监督的职能包括以下两大方面。

（1）监督工程建设的各方主体（包括建设单位、施工单位、材料设备供应单位、设计勘察单位和监理单位等）的质量行为是否符合国家法律法规及各项制度的规定，以及查处违法违规行为和质量事故。

（2）监督检查工程实体的施工质量，尤其为地基基础、主体结构、专业设备安装

等涉及结构安全和使用功能的施工质量。

二、建筑工程项目质量的政府监督的内容

政府对建筑工程质量的监督管理以施工许可制度和竣工验收备案制度为主要手段。

1. 受理质量监督申报

在建筑工程项目开工前，政府质量监督机构在受理工程质证监督的申报手续时，对建设单位提供的文件资料进行审查，审查合格签发有关质量监督文件。

2. 开工前的质量监督

开工前，召开项目参与各方参加首次的监督会议，公布监督方案，提出监督要求，并进行第一次监督检查。监督检查的主要内容为建筑工程项目质量控制系统及各施工方的质量保证体系是否已经建立，以及完善的程度。具体内容如下。

（1）检查项目各施工方的质保体系，包括组织机构、质量控制方案及质量责任制等制度。

（2）审查施工组织设计、监理规划等文件及审批手续。

（3）检查项目各参与方的营业执照、资质证书及有关人员的资格证书。

（4）检查的结果记录保存。

3. 施工期间的质量监督

（1）在建筑工程项目施工期间，质量监督机构按照监督方案对建筑工程项目施工情况进行不定期的检查。其中，在基础和结构阶段每月安排监督检查，具体检查内容为：工程参与各方的质量行为及质量责任制的履行情况、工程实体质量、质保资料的状况等。

（2）对建筑工程项目结构主要部位（比如桩基、基础、主体结构等）除了常规检查外，还应在分部工程验收时，要求建设单位将施工、设计、监理分别签字验收，并将质量验收证明在验收后3天内报监督机构备案。

（3）对施工过程中发生的质量问题、质量事故进行查处。根据质量检查状况，对查实的问题签发"质量问题整改通知单"或"局部暂停施工指令单"对问题严重的单位也可根据问题情况发出"临时收缴资质证书通知书"等处理意见。

4. 竣工阶段的质量监督

政府工程质量监督机构按规定对工程竣工验收备案工作实施监督。

（1）做好竣工验收前的质量复查。对质量监督检查中提出质量问题的整改情况进行复查，了解其整改情况。

（2）参与竣工验收会议。对竣工工程的质量验收程序、验收组织与方法、验收过程等进行监督。

（3）编制单位工程质量监督报告。工程质量监督报告作为竣工验收资料的组成部

分提交竣工验收备案部门。

（4）建立工程质量监督档案。工程质量监督档案按单位工程建立；要求归档及时，须资料记录等各类文件齐全，经监督机构负责人签字后归档，并按规定年限保存。

第七节　施工企业质量管理体系标准

一、质量管理体系八项原则

ISO9000 标准是国际标准化组织（ISO）制定的国际质量管理标准和指南，是迄今为止应用最广泛的 ISO 标准。在总结优秀质量管理实践经验的基础之上，ISO9000 标准提出了八项质量管理原则，明确了一个组织在实施质量管理中必须遵循的原则，这八项质量管理原则如下：

1. 以顾客为关注焦点

组织依存于顾客。所以，组织应当理解顾客当前和未来的需求，以满足顾客的要求并争取超越顾客的期望。组织在贯彻这一原则时应采取的措施包括：通过市场调查研究或访问顾客等方式，准确详细地了解顾客当前或未来的需要和期望，并将其作为设计开发和质量改进的依据；将顾客和其他利益相关方的需要和愿望按照规定的渠道和方法，在组织内部完整而准确的传递和沟通；组织在设计开发和生产经营过程中，按规定的方法测量顾客的满意程度，以便针对顾客的不满意因素采取相应的措施。

2. 领导作用

领导者确立组织统一的宗旨及方向。他们应当创造并保持使员工能充分参与实现组织目标的内部环境。领导的作用是指最高管理者具有决策和领导一个组织的作用，为全体员工实现组织的目标创造良好的工作环境，最高管理者应建立质量方针和质量目标，以体现组织总的质量宗旨和方向，以及在质量方面所追求的目的。领导者应时刻关注组织经营的国内外环境，制定组织的发展战略，规划组织的蓝图。质量方针应随着环境的变化而变化，并与组织的宗旨相一致。最高管理者应将质量方针和目标传达落实到组织的各职能部门和相关层次，让全体员工理解和执行。

3. 全员参与

各级人员是组织之本，只有他们的充分参与，才能让他们的才干为组织带来收益。全体员工是每个组织的基础，人是生产力中最活跃的因素。组织的成功不仅取决于正确的领导，还有赖于全体人员的积极参与，所以应赋予各部门、各岗位人员应有的职责和权限，为全体员工制造一个良好的工作环境，激励他们的积极性和创造性。通过教育和培训增长他们的才干和能力，发挥员工的革新和创新精神，共享知识和经验，积极寻求增长知识和经验的机遇，为员工的成长与发展创造良好的条件，这样才能给组织带来最大的收益。

4. 过程方法

将活动和相关的资源作为过程进行管理，可以更高效地得到期望的结果。建筑工程项目的实施可以作为一个过程来实施管理，过程是指将输入转化为输出所使用的各项活动的系统。过程的目的是提高价值，因此在开展质量管理各项活动中应采用过程的方法实施控制，确保每个过程的质量，并按确定的工作步骤和活动顺序建立工作流程，人员培训，所需的设备、材料、测量和控制实施过程的方法，以及所需的信息和其他资源等。

5. 管理的系统方法

将相互关联的过程作为系统加以识别、理解和管理，有助于组织提高实现目标的有效性和效率。管理的系统方法包括确定顾客的需求和期望、建立组织的质量方针和目标、确定过程及过程的相互关系和作用、明确职责和资源需求、建立过程有效性的测量方法并用以测量现行过程的有效性防止不合格寻找改进机会、确立改进方向、实施改进、监控改进效果、评价结果、评审改进措施和确定后续措施等。这种建立和实施质量管理体系的方法，既可以建立新体系，也可用于改进现行的体系。这种方法不仅可提高过程能力及项目质量，还可为持续改进打好基础，最终使顾客满意和使组织获得成功。

6. 持续改进

持续改进整体业绩应当是组织的一个永恒目标。持续改进是一个组织积极寻找改进的机会，努力提高有效性与效率的重要手段，确保不断增强组织的竞争力，使顾客满意。

7. 基于事实的决策方法

有效决策是建立在数据和信息分析的基础上。决策是通过调查和分析，确定项目质量目标并提出实现目标的方案，对可供选择的若干方案进行优选后做出抉择的过程，项目组织在工程实施的各项管理活动过程中都需要做出决策。能否对各个过程做出正确的决策，将会影响到组织的有效性和效率，甚至关系到项目的成败。因此，有效的决策必须以充分的数据和真实的信息为基础。

8. 与供方互利的关系

组织与供方是相互依存的，互利的关系可增强双方创造价值的能力。供方提供的材料、设备和半成品等对于项目组织能否向顾客提供满意的最终产品，可以产生重要的影响。因此，把供方、协作方和合作方等都看成项目组织同盟中的利益相关者，并使之形成共同的竞争优势，可以优化成本和资源，让项目主体和供方实现双赢的目标。

二、企业质量管理体系文件的构成

（1）企业质量管理体系文件的构成包括：质量方针和质量目标，质量手册，各种生产、工作和管理的程序性文件以及质量记录。

（2）质量手册的内容一般包括：企业的质量方针、质量目标；组织机构及质量职责；体系要素或基本控制程序；质量手册的评审、修改和控制的管理办法。质量手册作为企业质炽管理系统的纲领性文件应具备指令性系统性、协调性、先进性、可行性和可检查性。

（3）企业质量管理体系程序文件是质量手册的支持性文件，其包括六个方面的通用程序：文件控制程序、质量记录管理程序、内部审核程序、不合格品控制程序、纠正措施控制程序、预防措施控制程序等。

（4）质量记录是产品质量水平和质量体系中各项质量活动进行及结果的客观反映。质量记录应具有可追溯性。

三、企业质量管理体系的建立和运行

1. 企业质量管理体系的建立

（1）企业质量管理体系的建立，是在确定市场及顾客需求的前提下，按照八项质量管理原则制定企业的质量方针、质量目标、质量手册、程序文件及质量记录等体系文件，并将质量目标分解落实到相关层次、相关岗位的职能和职责中，形成企业质量管理体系的执行系统。

（2）企业质量管理体系的建立还包含组织企业不同层次的员工进行培训，使体系的工作内容和执行要求被员工所了解，为形成全员参与的企业质量管理体系的运行创造条件。

（3）企业质量管理体系的建立需识别并提供实现质量目标和持续改进所需的资源，包括人员、基础设施、环境、信息等。

2. 企业质量管理体系的运行

（1）按照企业质量管理体系文件所制定的程序、标准、工作要求及目标分解的岗位职责进行运作。

（2）按各类体系文件的要求，监视、测量和分析过程的有效性和效率，做好文件规定的质量记录。

（3）按文件规定的办法进行质量管理评审与考核。

四、企业质量管理体系的认证与监督

（一）企业质量管理体系认证的意义

质量认证制度是由公正的第三方认证机构对企业的产品及质量体系做出正确可靠的评价，其意义如下：

1. 提高供方企业的质量信誉

获得质量管理体系认证通过的企业，证明建立了有效的测量保障机制，因此可以获得市场的广泛认可，即可以提升企业组织的质量信誉。实际上，质量管理体系对企业的信誉和产品的质量水平都起着重要的保障作用。

2. 促进企业完善质量管理体系

企业测量管理体系实行认证制度，既能帮助企业建立有效、适用的质量管理体系，又能促使企业不断改进、完善自己的质量管理制度，以获得认证的通过。

3. 增强国际市场竞争能力

企业质量管理体系认证属于国际质量认证的统一标准，在经济全球化的今天，我国企业要参与国际竞争，就应采取国际标准规范自己，与国际惯例接轨。只有这样，才能增强自身的国际市场竞争力。

4. 减少社会重复检验和检查费用

从政府角度，引导组织加强内部质量管理，通过质量管理体系认证，可避免因重复检查与评定而给社会造成的浪费。

5. 有利于保护消费者的利益

企业质量管理体系认证能帮助用户和消费者鉴别组织的质量保证能力，确保消费者买到优质、满意的产品，达到保护消费者利益的目的。

（二）企业质量管理体系认证的程序

（1）具有法人资格，申请单位须按要求填写申请书，接受或不接受均发出书面通知书。

（2）审核包括文件审查、现场审核，并且提出审核报告。

（3）符合标准者批准并予以注册，发放认证证书。

3. 获准认证后的维持与监督管理

企业质量管理体系获准认证的有效期为3年。获准认证后的质量管理体系的维持与监督管理内容如下。

（1）企业通报：认证合格的企业质量管理体系在运行中出现较大变化时，需向认证机构通报。

（2）监督检查：包括定期和不定期的监督检查。

（3）认证注销：注销是企业的自愿行为。

（4）认证暂停：认证暂停期间，企业不得用质量管理体系认证证书做宣传。

（5）认证撤销：撤销认证的企业一年后可以重新提出认证申请。

（6）复评认证合格有效期满前，如企业愿继续延长，可向认证机构提出复评申请。

（7）重新换证：在认证证书有效期内，出现体系认证标准变更、体系认证范围变更、体系认证证书持有者变更，可按照规定重新换证。

第八节　建筑工程项目总体规划和设计质量控制

一、建筑工程项目总体规划的编制

1. 建筑工程项目总体规划的过程

从广义上来说建筑工程项目总体规划的过程包括建设方案的策划、决策过程与总体规划的制定过程。建筑工程项目的策划与决策过程主要包括建设方案策划、项目可行性研究论证和工程项目决策等。建筑工程项目总体规划的制定，是要编制具体的工程项目规划设计文件，并对工程项目的决策意图进行直观的描述。

2. 建筑工程项目总体规划的内容

建筑工程项目总体规划的主要内容是解决平面空间布局、道路交通组织、场地竖向设计、总体配套方案、总体规划指标等问题。

二、建筑工程项目设计质量控制的方法

1. 建筑工程项目设计质量控制的内容

建筑工程项目质簸控制的内容主要是从满足建设需求入手，包括法律法规、强制性标准和合同规定的明确需要以及潜在需要，并且以使用功能和安全可靠性为核心，做好功能性、可靠性、观感性与经济性质量综合控制。

2. 建筑工程项目设计质量控制的方法

建筑工程项目设计质量的控制方法主要是通过对设计任务的组织、设计过程的控制和设计项目的管理实现。

第五章　建筑工程项目安全与风险管理

第一节　建筑工程项目安全管理概述

一、安全管理

安全管理是一门技术科学，其是介于基础科学与工程技术之间的综合性科学。它强调理论与实践的结合，重视科学与技术的全面发展。安全管理的特点是把人、物、环境三者进行有机地联系，试图控制人的不安全行为、物的不安全状态和环境的不安全条件，解决人、物、环境之间不协调的矛盾，排除影响生产效益的人为和物质的阻碍事件。

（一）安全管理的定义

安全管理同其他学科一样，有它自己特定的研究对象和研究范围。安全管理是研究人的行为与机器状态、环境条件的规律机器相互关系的科学。安全管理涉及人、物、环境相互关系协调的问题，有其独特的理论体系，并且运用理论体系提出解决问题的方法。与安全管理相关的学科包括劳动心理学、劳动卫生学、统计科学、计算科学、运筹学、管理科学、安全系统工程、人机工程、可靠性工程、安全技术等。在工程技术方面，安全管理已经广泛地应用于基础工业、交通运输、军事及尖端技术工业等。

安全管理是管理科学的一个分支，也是安全工程学的一个重要组成部分。安全工程学包括安全技术、工业卫生工程及安全管理。

安全技术是安全工程的技术手段之一。它着眼于对生产过程中物的不安全因素和环境的不安全条件，采用技术措施进行控制，以保证物和环境安全、可靠，达到技术安全的目的。

工业卫生工程也是安全工程的技术手段之一。它着眼于消除或者控制生产过程中对人体健康产生影响或危害的有害因素，从而保证安全生产。

安全管理则是安全工程的组织、计划、决策和控制过程，它是保障安全生产的一种管理措施。

总之，安全管理是研究人、物、环境三者之间的协调性，对安全工作进行决策、计划、组织、控制和协调；在法律制度、组织管理；技术和教育等方面采取综合措施，控制人、物、环境的不安全因素，以实现安全生产为目的的一门综合性学科。

（二）安全管理的目的

企业安全管理是遵照国家的安全生产方针、安全生产法规，根据企业实际情况，从组织管理与技术管理上提出相应的安全管理措施，在对国内外安全管理经验教训、研究成果的基础上，寻求适合企业实际的安全管理方法。而这些管理措施和方法的作用都在于控制和消除影响企业安全生产的不安全因素、不卫生条件，从而保障企业生产过程中不发生人身伤亡事故和职业病，不发生火灾、爆炸事故，不发生设备事故。因此，安全管理的目的如下：

1. 确保生产场所及生产区域周边范围内人员的安全与健康

即要消除危险、危害因素，控制生产过程中伤亡事故和职业病的发生，保障企业内和周边人员的安全和健康。

2. 保护财产和资源

即要控制生产过程中设备事故和火灾、爆炸事故的发生，避免由不安全因素导致的经济损失。

3. 保障企业生产顺利进行

提高效率，促进生产发展，是安全管理的根本目的和任务。

4. 促进社会生产发展

安全管理的最终目的就是维护社会稳定、建立和谐社会。

（三）安全管理的主要内容

安全与生产是相辅相成的，没有安全管理保障，生产就无法进行；反之，没有生产活动，也就不存在安全问题。通常所说的安全管理，即针对生产活动中的安全问题，围绕着企业安全生产所进行的一系列管理活动。安全管理是控制人、物、环境的不安全因素，所以安全管理工作主要内容大致如下。

第一，安全生产方针与安全生产责任制的贯彻实施。

第二，安全生产法规、制度的建立与执行。

第三，事故与职业病预防与管理。

第四，安全预测、决策及规划。

第五，安全教育与安全检查。

第六，安全技术措施计划的编制和实施。

第七，安全目标管理、安全监督与监察。

第八，事故应急救援。

第九，职业安全健康管理体系的建立。

第十，企业安全文化建设。

随着生产的发展，新技术、新工艺的应用，以及生产规模的扩大，产品品种的不断增多与更新，职工队伍的不断壮大与更替，加之生产过程中环境因素的随时变化，企业生产会出现许多新的安全问题。当前，随着改革的不断深入，安全管理的对象、形式及方法也随着市场经济的要求而发生变化。所以，安全管理的工作内容要不断适应生产发展的要求，随时调整和加强工作重点。

（四）安全管理的原理与原则

安全管理作为管理的重要组成部分，既遵循管理的普遍规律，服从管理的基本原理与原则，又有其特殊的原理与原则。

原理是对客观事物实质内容及其基本运动规律的表述。原理与原则之间存在内在的、逻辑对应的关系。安全管理原理是从生产管理的共性出发，对生产管理工作的实质内容进行科学分析、综合、抽象与概括所得出的生产管理规律。

原则是根据对客观事物基本规律的认识引发出来的，是需要人们共同遵循的行为规范和准则。安全生产原则是指在生产管理原则的基础上，指导生产管理活动的通用规则。

原理与原则的本质与内涵是一致的。一般来说，原理更基本，更具有普遍意义；原则更具体，对行动更有指导性。

1. 系统原理

（1）系统原理的含义。系统原理是指运用系统论的观点、理论和方法来认识和处理管理中出现的问题，对管理活动进行系统分析，以达到管理的优化目标。

系统是由相互作用和相互依赖的若干部分组成，具有特定功能的有机整体。任何管理对象都可以作为一个系统。系统可以分为若干子系统，子系统可以分为若干要素，即系统是由要素组成的。按照系统的观点，管理系统具有6个特征，即集合性、相关性、目的性、整体性、层次性和适应性。

安全管理系统是生产管理的一个子系统，其包括各级安全管理人员、安全防护设备与设施、安全管理规章制度、安全生产操作规范和规程，以及安全生产管理信息等。安全贯穿于整个生产活动过程中，安全生产管理是全面、全过程和全员的管理。

（2）运用系统原理的原则。

①动态相关性原则。动态相关性原则表明：构成管理系统的各要素是运动和发展的，它们相互联系又相互制约。如果管理系统的各要素都处于静止状态，就不会发生事故。

②整分合原则。高效的现代安全生产管理必须在整体规划下明确分工，在分工基础上有效综合，这就是整分合原则。运用该原则，要求企业管理者在制订整体目标和进行宏观策划时，必须将安全生产纳入其中，在考虑资金、人员和体系时，均必须将安全生产作为一个重要内容考虑。

③反馈原则。反馈是控制过程中对控制机构反作用。成功、高效的管理，离不开灵活、准确、快速的反馈。企业生产的内部条件和外部环境是不断变化的，必须及时捕获、反馈各种安全生产信息，以便及时采取行动。

④封闭原则。在任何一个管理系统内部，管理手段、管理过程都必须构成一个连续封闭的回路，才能形成有效的管理活动，这就是封闭原则。封闭原则告诉我们，在企业安全生产中，各管理机构之间、各种管理制度和方法之间，须具有紧密的联系，形成相互制约的回路，才能有效。

2. 人本原理

（1）人本原理的含义。在安全管理中把人的因素放在首位，体现以人为本，这就是人本原理。以人为本有两层含义：一是一切管理活动都是以人为本展开的，人既是管理的主体，又是管理的客体，每个人都处在一定的管理层面上，离开人就无所谓管理；二是管理活动中，作为管理对象的要素和管理系统各环节，都需要人掌管、运作、推动和实施。

（2）运用人本原理的原则。

①动力原则。推动管理活动的基本力量是人，管理必须有能够激发人的工作能力的动力，这就是动力原则。对于管理系统，有三种动力，即物质动力、精神动力和信息动力。

②能级原则。现代管理认为，单位和个人都具有一定的能量，并且可按照能量的大小顺序排列，形成管理的能级，就像原子中电子的能级一样。在管理系统中，建立一套合理能级，根据单位和个人能量的大小安排其工作，发挥不同能级的能量，保证结构的稳定性和管理的有效性，这就是能级原则。

③激励原则。管理中的激励就是利用某种外部诱因的刺激，调动人的积极性和创造性。以科学的手段，激发人的内在潜力，使其充分发挥积极性、主动性和创造性，这就是激励原则。人的工作动力来源于内在动力、外部压力和工作吸引力。

3. 预防原理

（1）预防原理的含义。安全生产管理工作应该做到预防为主，通过有效的管理和技术手段，减少和防止人的不安全行为和物的不安全状态，达到预防事故的目的。在可能发生人身伤害、设备或者设施损坏和环境破坏的场合，事先采取措施，防止事故发生。

（2）运用预防原理的原则。

①事故是可以预防

生产活动过程都是由人来进行规划、设计、施工、生产运行的，人们可改变设计、改变施工方法和运行管理方式，避免事故发生。同时可以寻找引起事故的本质因素，采取措施，予以控制，达到预防事故目的。

②因果关系原则

事故的发生是许多因素互为因果连锁发生的最终结果，只要诱发事故的因素存在，发生事故是必然的，只是时间或迟或早而已，这就是因果关系原则。

③3E原则

造成人事故的原因可归纳为4个方面，即人的不安全行为、设备的不安全状态、环境的不安全条件，以及管理缺陷。针对这4方面的原因，可采取3种防止对策，即工程技术（Engineering）对策、教育（Education）对策和法制（Enforcement）对策，即所谓3E原则。

④本质安全化原则

本质安全化原则是指从一开始和从本质上实现安全化，从根本上消除事故发生的可能性，从而达到预防事故发生的目的。

4. 强制原理

（1）强制原理的含义。采取强制管理的手段控制人的意愿和行为，使人的活动、行为等受到安全生产管理要求的约束，从而实现有效的安全生产管理。所谓强制就是绝对服从，不必经过被管理者的同意便可采取的控制行动。

（2）运用强制原理的原则。

①安全第一原则

安全第一就是要求在进行生产和其他工作时把安全工作放在一切工作的首要位置。当生产和其他工作与安全发生矛盾时，要以安全为主，生产与其他工作要服从于安全。

②监督原则

监督原则是指在安全活动中，为了使安全生产法律法规得到落实，必须设立安全生产监督管理部门，对企业生产中的守法和执法情况进行监督，监督主要包括国家监督、行业管理、群众监督等。

二、建筑工程项目安全管理内涵

（一）建筑工程安全管理的概念

建筑工程安全管理是指为保护产品生产者和使用者的健康与安全，控制影响工作场所内员工、临时工作人员、合同方人员、访问者和其他有关部门人员健康和安全的条件和因素，考虑和避免因使用不当对使用者造成健康和安全的危害而进行的一系列管理活动。

（二）建筑工程安全管理的内容

建筑工程安全管理的内容是建筑生产企业为达到建筑工程职业健康安全管理的目的，所进行的指挥、控制、组织、协调活动，包括制订、实施、实现、评审和保持职业健康安全所需的组织机构、计划活动、职责、惯例、程序、过程和资源。

不同的组织（企业）根据自身的实际情况制订方针，并且为实施、实现、评审和保持（持续改进）建立组织机构、策划活动、明确职责、遵守有关法律法规和惯例、编制程序控制文件，实行过程控制并提供人员、设备、资金和信息资源，保证职业健康安全管理任务的完成。

（三）建筑工程安全管理的特点

1. 复杂性[2]

建筑产品的固定性和生产的流动性及受外部环境影响多，决定了建筑工程安全管理的复杂性。

（1）建筑产品生产过程中生产人员、工具与设备的流动性，主要表现如下：

①同一工地不同建筑之间的流动。

②同一建筑不同建筑部位上的流动。

③一个建筑工程项目完成之后，又要向另一新项目动迁的流动。

（2）建筑产品受不同外部环境影响多，主要表现如下。

①露天作业多。

②气候条件变化的影响。

③工程地质和水文条件变化的影响。

④地理条件和地域资源的影响。

由于生产人员、工具和设备的交叉和流动作业，受不同外部环境的影响因素多，使健康安全管理很复杂，若考虑不周就会出现问题。

2. 多样性

产品的多样性和生产的单件性决定了职业健康安全管理的多样性。建筑产品的多样性决定了生产的单件性。每一个建筑产品都要根据其特定要求进行施工，主要表现如下。

（1）不可按同一图样、同一施工工艺、同一生产设备进行批量重复生产。

（2）施工生产组织及结构的变动频繁，生产经营的"一次性"特征特别突出。

（3）生产过程中实验性研究课题多，所碰到的新技术、新工艺、新设备、新材料

---

[2]　刘臣光作.建筑施工安全技术与管理研究[M]，59页，北京：新华出版社，2021.03.

给职业健康安全管理带来不少难题。

因此，对于每个建筑工程项目都要根据其实际情况，制订健康安全管理计划，不可相互套用。

3. 协调性

产品生产过程的连续性和分工性决定了职业健康安全管理的协调性。建筑产品不能像其他许多工业产品一样，可以分解为若干部分同时生产，而必须在同一固定场地，按严格程序连续生产，上一道程序不完成，下一道程序不能进行，上一道工序生产的结果往往会被下一道工序所掩盖，而且每一道程序由不同人员与单位完成。所以，在建筑施工安全管理中，要求各单位和专业人员横向配合和协调，共同注意产品生产过程接口部分安全管理的协调性。

4. 持续性

产品生产的阶段性决定职业健康安全管理的持续性。一个建筑项目从立项到投产要经过设计前的准备阶段、设计阶段、施工阶段、使用前的准备阶段（包括竣工验收和试运行）、保修阶段等五个阶段。[3] 这五个阶段都要十分重视项目的安全问题，持续不断地对项目各个阶段可能出现的安全问题实施管理。否则，一旦在某个阶段出现安全问题就会造成投资的巨大浪费，甚至造成工程项目建设的夭折。

第二节　建筑工程项目安全管理问题

一、建筑工程施工的不安全因素

施工现场各类安全事故潜在的不安全因素主要有施工现场人的不安全因素和施工现场物的不安全状态。同时，管理的缺陷也为不可忽视的重要因素。

（一）事故潜在的不安全因素

人的不安全因素和物的不安全状态，是造成绝大部分事故的两个潜在的不安全因素，通常也可称作事故隐患。事故潜在的不安全因素是造成人身伤害、物的损失的先决条件，各种人身伤害事故均离不开人与物，人身伤害事故就是人与物之间产生的一种意外现象。在人与物中，人的因素是最根本的，因物的不安全状态的背后，实质上还是隐含着人的因素。分析大量事故的原因可以得知，单纯由于物的不安全状态或者

---

[3]　刘臣光作.建筑施工安全技术与管理研究[M]，45页，北京：新华出版社，2021.03.

单纯由于人的不安全行为导致的事故情况并不多，事故几乎都是由多种原因交织而形成的，总的来说，安全事故时有人的不安全因素和物的不安全状态以及管理的缺陷等多方面原因结合而形成的。

1. 人的不安全因素

人的不安全因素是指影响安全的人的因素，是使系统发生故障或发生性能不良事件的人员自身的不安全因素或违背设计和安全要求的错误行为。人的不安全因素可分为个人的不安全因素和人的不安全行为两个大类。个人的不安全因素，是指人的心理、生理、能力中所具有不能适应工作、作业岗位要求而影响安全的因素；人的不安全行为，通俗地讲，就是指能造成事故的人的失误，即能造成事故的人为错误，是人为地使系统发生故障或发生性能不良事件，是违背设计与操作规程的错误行为。

（1）个人的不安全因素。

① 生理上的不安全因素。生理上的不安全因素包括患有不适合作业岗位的疾病、年龄不适合作业岗位要求、体能不能适应作业岗位要求的因素，疲劳和酒醉或刚睡醒觉、感觉朦胧、视觉和听觉等感觉器官不能适应作业岗位要求的因素等等。

②心理上的不安全因素。心理上的不安全因素是指人在心理上具有影响安全的性格、气质和情绪（如急躁、懒散、粗心等）。

③ 能力上的不安全因素。能力上的不安全因素包括知识技能、应变能力、资格等不适应工作环境和作业岗位要求的影响因素。

（2）人的不安全行为。

①产生不安全行为的主要因素。主要因素有工作上的原因、系统、组织上的原因以及思想上责任性的原因。

②主要工作上的原因。主要工作上的原因有作业的速度不适当、工作知识的不足或工作方法不适当，技能不熟练或经验不充分、工作不当，且又不听或者不注意管理提示。

③不安全行为在施工现场的表现如下：

第一，不安全装束。

第二，物体存放不当。

第三，造成安全装置失效。

第四，冒险进入危险场所。

第五，徒手代替工作操作。

第六，有分散注意力行为。

第七，操作失误，忽视安全、警告。

第八，对易燃、易爆等危害物品处理错误。

第九，使用不安全设备。

第十，攀爬不安全位置。

第十一，在起吊物下作业、停留。

第十二，没有正确使用个人防护用品、用具。

第十三，在机器运转时进行检查、维修、保养等工作。

2. 物的不安全状态

物的不安全状态是指能导致事故发生的物质条件，包括机械设备等物质或环境所存在的不安全因素。通常，人们将此称为物的不安全状态或者物的不安全条件，也有直接称其为不安全状态。

（1）物的不安全状态的内容。

①安全防护方面的缺陷。

②作业方法导致的物的不安全状态。

③外部的和自然界的不安全状态。

④作业环境场所的缺陷。

⑤保护器具信号、标志和个体防护用品的缺陷。

⑥物的放置方法的缺陷。

⑦物（包括机器、设备、工具、物质等）本身存在的缺陷。

（2）物的不安全状态的类型。

①缺乏防护等装置或有防护装置但存在缺陷。

②设备、设施、工具、附件有缺陷。

③缺少个人防护用品用具或有防护用品但存在缺陷。

④生产（施工）场地环境不良。

（二）管理的缺陷

施工现场的不安全因素还存在组织管理上的不安全因素，通常也可以称为组织管理上的缺陷，它也是事故潜在的不安全因素，作为间接的原因共有以下几个方面。

第一，技术上的缺陷。

第二，教育上的缺陷。

第三，管理工作上的缺陷。

第四，生理上的缺陷。

第五，心理上的缺陷。

第六，学校教育和社会、历史上的原因造成的缺陷等。

所以，建筑工程施工现场安全管理人员应当从"人"和"物"两个方面入手，在组织管理等方面加大工作力度，消除任何物的不安全因素以及管理上的缺陷，预防各类安全事故的发生。

二、建筑工程施工现场的安全问题

（一）建筑施工现场的安全隐患

1. 安全管理存在的安全隐患

安全管理工作不到位，是造成伤亡事故的原因之一。安全管理存在的安全隐患主要有以下几点：

（1）安全生产责任制不健全。

（2）企业各级、各部门管理人员生产责任制的系统性不强，没有具体的考核办法，或没有认真考核，或无考核记录。

（3）企业经理对本企业安全生产管理中存在的问题没有引起高度重视。

（4）企业没有制订安全管理目标，且没有将目标分解到企业各部门，尤其是项目经理部、各班组，也没有分解到人。

（5）目标管理无整体性、系统性，无安全管理目标执行情况的考核措施。

（6）项目部单位工程施工组织设计中，安全措施不全面、无针对性，且在施工安全管理过程中，安全措施没有具体落实到位。

（7）没有工程施工安全技术交底资料，即使有书面交底资料，也不全面，针对性不强，未履行签字手续。

（8）没有制订具体的安全检查制度，或未认真进行检查，在检查中发现的问题没有及时整改。

（9）没有制订具体的安全教育制度，没有具体安全教育内容，对季节性和临时性工人的安全教育很不重视。

（10）项目经理部不重视开展班前安全活动，无班前安全活动记录。

（11）施工现场没有安全标志布置总平面图，安全标志的布置不可形成总的体系。

2. 石方工程存在的安全隐患

（1）开挖前未摸清地下管线，未制订应急措施。

（2）土方施工时放坡和支护不符合规定。

（3）机械设备施工与槽边安全距离不符合规定，又无措施。

（4）开挖深度超过2米的沟槽，未按标准设围栏防护和密目安全网封挡。

（5）超过2米的沟槽，未搭设上下通道，危险处未设红色标志灯。

（6）地下管线和地下障碍物未明或管线1米内机械挖土。

（7）未设置有效的排水、挡水措施。

（8）配合作业人员和机械之间未有一定的距离。

（9）打夯机传动部位无防护。

（10）打夯机未在使用之前检查。

（11）电缆线在打夯机前经过。

（12）打夯机未用漏电保护和接地接零。

（13）挖土过程中土体产生裂缝，未采取措施从而继续作业。

（14）回土前拆除基坑支护的全部支撑。

（15）挖土机械碰到支护、桩头，挖土时动作过大。

（16）在沟、坑、槽边沿1米内堆土、堆料、停置机具。

（17）雨后作业前未检查土体和支护的情况。

（18）机械在输电线路下未空开安全距离。

（19）进出口的地下管线未加固保护。

（20）场内道路损坏未整修。

（21）铲斗从汽车驾驶室上通过。

（22）在支护与支撑上行走、堆物。

3. 砌筑工程存在的安全隐患

（1）基础墙砌筑前未对土体的情况进行检查。

（2）垂直运砖的吊笼绳索不符合要求。

（3）人工传砖时脚手板过窄。

（4）砖输送车在平地上间距小于2米。

（5）操作人员踩踏砌体和支撑上下基坑。

（6）破裂的砖块在吊笼的边沿。

（7）同一块脚手板上操作人员多于2人。

（8）在无防护的墙顶上作业。

（9）站在砖墙上进行作业。

（10）砖筑工具放在临边等易坠落的地方。

（11）内脚手板未按照有关规定搭设。

（12）砍砖时向外打碎砖，从而导致人员伤亡事故。

（13）操作人员无可靠的安全通道上下。

（14）脚手架上的冰霜积雪杂物未清除就作业。

（15）砌筑楼房边沿墙体时未安设安全网。

（16）脚手架上堆砖高度超过3皮侧砖。

（17）砌好的山墙未做任何加固措施。

（18）吊重物时用砌体做支撑点。

（19）砖等材料堆放在基坑边1.5米内。

（20）在砌体上拉缆风绳。

（21）收工时未做到工完场清。

（22）雨天未对刚砌好的砌体做防雨措施。

（23）砌块未就位放稳就松开了夹具。

4. 脚手架工程存在的安全隐患

（1）脚手架无搭设方案，尤其是落地式外脚手架，项目经理将脚手架的施工承包给架子工，架子工有的按操作规程搭设，有的凭经验搭设，根本未编制脚手架施工方案。

（2）脚手架搭设前未进行交底，项目经理部施工负责人未组织脚手架分段及搭设完毕的检查验收，即使组织验收，也没有化验收内容。

（3）门形等脚手架无设计计算书。

（4）脚手架与建筑物的拉结不够牢固。

（5）杆件间距与剪刀撑的设置不符合规范的规定。

（6）脚手板、立杆、大横杆、小横杆材质不符合要求。

（7）施工层脚手板未铺满。

（8）脚手架上材料堆放不均匀，荷载超过规定。

（9）通道及卸料平台的防护栏杆不符合规范规定。

（10）地式和门形脚手架基础不平、不牢，扫地杆不符合要求。

（11）挂、吊脚手架制作组装没有符合设计要求。

（12）附着式升降脚手架的升降装置、防坠落、防倾斜装置不符合要求。

（13）脚手架搭设及操作人员，经过专业培训的未上岗，未经过专业培训的却上岗。

5. 钢筋工程存在的安全隐患

（1）在钢筋骨架上行走。

（2）绑扎独立柱头时站在钢箍上操作。

（3）绑扎悬空大梁时站在模板上操作。

（4）钢筋集中堆放在脚手架和模板上。

（5）钢筋成品堆放过高。

（6）模板上堆料处靠近临边洞口。

（7）钢筋机械无人操作时不切断电源。

（8）工具、钢箍短钢筋随意放在脚手板上。

（9）钢筋工作棚内照明灯无防护。

（10）钢筋搬运场所附近有障碍。

（11）操作台上未清理钢筋头。

（12）钢筋搬运场所附近有架空线路临时用电气设备。

（13）用木料、管子、钢模板穿在钢箍内作立人板。

（14）机械安装不坚实稳固，机械无专用的操作棚。

（15）起吊钢筋规格长短不一。

（16）起吊钢筋下方站人。

（17）起吊钢筋挂钩位置不符合要求。

（18）钢筋于吊运中未降到1米就靠近。

6. 混凝土工程存在的安全隐患

（1）泵送混凝土架子搭设不牢靠。

（2）混凝土施工高处作业缺少防护、无安全带。

（3）2米以上小面积混凝土施工无牢靠立足点。

（4）运送混凝土的车道板搭设两头没有搁置平稳。

（5）用电缆线拖拉或吊挂插入式振动器。

（6）2米以上的高空悬挑未设置防护栏杆。

（7）板墙独立梁柱混凝土施工时，站在模板或者支撑上。

（8）运送混凝土的车子向料斗倒料，无挡车措施。

（9）清理地面时向下乱抛杂物。

（10）运送混凝土的车道板宽度过小。

（11）料斗在临边时人员站在临边一侧。

（12）井架运输小车把伸出笼外。

（13）插入式振动器电缆线不满足所需的长度。

（14）运送混凝土的车道板下，横楞顶撑无按规定设置。

（15）使用滑槽操作部位无护身栏杆。

（16）插入式振动器在检修作业间未切断电源。

（17）插入式振动器电缆线被挤压。

（18）运料中相互追逐超车，卸料时双手脱把。

（19）运送混凝土的车道板上有杂物、有砂等。

（20）混凝土滑槽没有固定牢靠。

（21）插入式振动器的软管出现断裂。

（22）站在滑槽上操作。

（23）预应力墙砌筑前未对土体的情况检查。

7. 模板工程存在的安全隐患

（1）无模板工程施工方案。

（2）现浇混凝土模板支撑系统无设计计算书，支撑系统不符合规范要求。

（3）支撑模板的立柱材质和间距不符合要求。

（4）立柱长度不一致，或采用接短柱加长，交接处不牢固，或在立柱下垫几皮砖加高。

（5）未按规范要求设置纵横向支撑。

（6）木立柱下端未锯平，下端无垫板。

（7）混凝土浇灌运输道不平稳、不牢固。

（8）作业面孔洞及临边无防护措施。

（9）垂直作业上下无隔离防护措施。

（10）2米以上高处作业无可靠立足点。

（二）建筑工程施工整体过程中存在的安全问题

1. 建设单位方面不履行基本建设程序

国家确定的基本建设程序，指的是在建筑的过程中应该符合相应的客观规律和表现形式，符合国家法律法规规定的程序要求。目前来看，建筑市场存在着违背国家确定程序的现象，建筑行业相对来说较为混乱。一部分业主违背国家的建设规定，不严格按照既定的法律法规来走立项、报建、招标等程序，而是通过私下的交易承揽建筑施工权。在建筑施工阶段，建设单位、工程总包单位违法转包、分包，并且要求最终施工承建单位垫付工程款或交纳投标保证金、履约保证金等。在采购环节，为了省钱而购买假冒伪劣材料设备，导致质量与安全问题不断产生。

目前，比较突出的问题部分是建设单位没有按照规定先取得施工许可即开工。根据相关确定，项目开工必须取得施工许可证，取得施工许可证以后还应该将工程安全施工管理措施整理成文提交备案。但是，由于建设单位为了赶进度后开工，同时政府部门监管不能够及时到位，管理机制不够严格，导致部分工程开工的时候手续不全，工程不顺，责任不明，发生事故的时候就互相推诿。一些建设单位通过关系，强行将建筑工程包下之后则不注重安全管理，随意降低建筑修筑质量，以低价将工程分包给水平低、包工价格低的施工队伍，这样的做法完全不能保证建筑修筑过程中的安全，以及所修筑的建筑的本身质量，极易在施工过程中发生事故。

2. 强行压缩合理工期

工期的概念就是工程的建设期限，工期要通过科学论证的计算。工期的时间应该符合基本的法律与安全常识，不可以随意更改和压缩。在建筑工程施工当中，存在着大干快上，盲目地赶进度或赶工期，而这种情况有时还被作为工作积极的表现进行宣扬，这也造成了某种程度上部分建设单位认为工期是能够随意调整的现象。然而媒体的大肆宣传，有时也会造成豆腐渣工程的产生。过快的完成工期，最后很容易演变成"豆腐渣"工程，不得不推倒重来。一些建设单位通过打各种旗号，命令施工队伍夜以继日地施工作业，强行加快建筑修筑的进度，而忽略了安全管理方面的工作。建设单位不顾施工现场的实际情况，有些地点存在障碍，比如带电的高压线，强行要求施工单位进行施工作业，施工人员因为夜以继日地工作，建设单位要求加快进度的压力以及部分施工地点的危险源，如果不采取合理的安全管理措施，很容易因为赶进度、不注意危险源而产生安全事故。

3. 缺少安全措施经费

工程建设领域存在不同程度的"垫资"情况，施工企业对安全管理方面的资金投入有限，导致安全管理的相关技术和措施没有办法全部执行到位，有的甚至连安全防护用品都不能够全部及时更换，施工人员的安全没有办法得到保障。施工单位处于建筑市场的最底层，安全措施费得不到足额发放，然而很多建设单位发放安全措施费也只是走个流程，方便工地顺利施工。甚至有些施工单位为能够把工程揽到自己的施工队伍里面，自愿将工程的费用足额垫付，以便能得到工程的施工权，在这种情况下，其他费用，如安全管理费则显得捉襟见肘。因此，施工人员在施工现场极易发生安全事故。

4. 建筑施工从业人员安全意识、技能较低

大量的农民工进入建筑业，他们大都刚刚完成从农民到工人的转变，缺乏比较基本的安全防护意识和操作技能。他们不熟悉施工现场的作业环境，不了解施工过程中的不安全因素，缺乏安全生产知识，安全意识和安全技能较低。

5. 特种作业操作人员无证上岗

目前，一些特种作业的操作人员并未持特种作业证上岗作业，如起重机械司索、信号工程施工现场严重缺乏，场内机动车辆无证驾驶人员较多等。这些关键岗位的人员，如未经过系统安全培训，不持证上岗，作业时极易造成违章行为，造成重大事故。

6. 违章作业及心态分析

部分施工作业人员对于安全生产认识不足，缺乏应有的安全技能，盲目操作，违章作业，冒险作业，自我防护意识较差，违反安全操作规程，野蛮施工，导致事故频频发生。分析他们违章作业的行为，主要存在以下几点心态。

（1）自以为是的态度。部分作业人员，不愿受纪律约束，嫌安全规程麻烦，危险的部位甚至逞英雄、出风头；喜欢凭直观感觉，认为自己什么都懂，暴露出浮躁、急功近利、自行其是的共性特征。

（2）习以为常的习惯，习以为常的习惯，实质是一种麻痹侥幸心理在作怪。违章指挥、违章作业、违反劳动纪律的"三违"行为，是这些违章作业人员的家常便饭，违章习惯了，认为没事；认为每天都这样操作，都没有出事，放松了对突发因素的警惕；对隐患麻痹大意，熟视无睹，不知道隐患后暗藏危机。

（3）安全责任心不强。一部分施工人员对生命的意义理解还没有达到根深蒂固的地步，没有深刻体会事故会给所在家庭带来无法弥补的伤害，给企业造成巨大的损失，以及给社会带来不稳定、不和谐，不会明白安全事关家庭责任、企业责任及社会责任。

7. 建筑施工企业安全责任不落实

安全生产责任制不落实，管理责任脱节，为安全工作落实不下去的主要原因。虽然企业建立了安全生产的责任制，但是由于领导和部门安全生产责任不落实，开会时说起来重要，工作时做起来次要的现象比较普遍，安全并没有真正引起广大员工的高度重视。发生事故以后，虽然对责任单位的处罚力度不断加大，但是对于相关责任人，与事故密切相关的生产、技术、器材、经营等相关责任部门的处罚力度不够，也直接导致责任制不能够有效落实。

安全管理手段单一，一些企业未建立职业安全健康管理体系，管理仍然是停留在

过去的经验做法上。有些企业为了取得《安全生产许可证》，也建立了一些规章制度，但是建立的安全生产制度是从其他企业抄袭来的，不是用来管理，而是用来应付检查的，谈不上管理和责任落实。施工过程当中的安全会议，是项目安全管理的一个十分重要的组成部分。通过调研发现，目前施工项目有一小部分能够召开一周一次安全会议，主要是讨论上周安全工作存在的问题以及下周的计划，一般不会超过一小时，但更多的项目并不召开专门的安全会议，而是纳入整个项目的项目会。

8. 分包单位安全监管不到位

总承包单位和分包单位对分包工程的安全生产承担连带责任；分包单位应当服从总承包单位的安全生产管理，分包单位不服从管理导致生产安全事故的，由分包单位承担主要责任。

部分总包单位对专业分包或劳务分包队伍把关不严、安全培训教育不够重视、安全监督检查不严格，对分包队伍的安全管理工作疏于管理，也有相当一部分总包单位将工程进行分包以后以包代管。多数专业分包单位是业主直接选择或行业主管部门指定的，都拥有较为特殊的背景，基本上我行我素，不服从总包的管理，总包也没有很好的控制手段来制约它们，加上这些专业分包单位对自身的安全管理不重视，安全管理体系不健全，现场安全管理处在失控状态，导致分包队伍承建工程安全隐患突出。

9. 安全教育培训严重不足

现场从业人员整体素质偏低，缺乏系统培训，为安全隐患产生的最大根源。现场作业人员大多是农民工，他们安全意识淡薄，安全知识缺乏，自我保护能力比较低下，侥幸心理重，很容易出现群体违章或习惯性违章情况，这是安全生产中最大隐患。目前，绝大部分项目的新工人在进行之前的安全培训时间一般不会超过两小时，一般是以老师傅带的形式来进行，不组织专门的安全培训，有近六成的农民工没有接受过正规的安全培训。

尽管企业的培训资料比较齐全，但是班组长与工人接受过正规的培训非常少，企业在培训方面多数倾向于做表面文章。另一方面，现场工人来源于劳务分包企业，总包企业和劳务分包企业直接签订分包合同，总包只进行入场安全教育，不直接负责工人的安全培训。直接用工单位劳务分包企业应负责对工人进行系统安全培训，但大多数劳务分包企业对工人根本不进行培训，从农村招工过来直接到工地，工人对安全生产认识不足，缺乏应有的安全技能，盲目操作，违章作业，冒险作业，自我防护意识较差，导致事故频发。

10. 建设单位对建筑工程安全管理法规执行不力

当前，建筑市场中一些建设单位为了获得更多利益而忽视建筑工程安全管理法规，严重违反了建筑工程安全管理规定，将建筑工程项目分解为多个小项目，分包给多家的建筑施工单位。而且，建设单位还依靠权利逼迫建筑施工单位签订不公平的建筑工程合约。一些建设单位为了获得更大的经济利益，然而将建设工程项目直接承包给没有建筑施工资格的建筑施工单位或个人。

此外，建设单位还经常存在拖欠建筑施工单位工程款项的行为，以及拒付建筑施工单位安全管理费用等情况，建设单位由于工程款迟迟不能到位，建筑施工单位需要垫付巨大的工程施工资金款，而建筑施工单位由于资金的限制，其能够投入建筑工程安全管理的资金更少，导致建筑工程施工单位的安全管理条件变得更差，从而使得建筑工程单位安全管理的水平更低。且一些建设单位为了彰显政绩而大量压缩建筑工程施工单位的工期，其使得施工单位的本来紧凑的施工工期压得更紧，使得施工单位只能牺牲安全管理来进行赶施工进度。

11. 建筑安全管理机制不完善

现阶段，我国建筑业还没有真正形成有效、完善的安全管理机制，安全管理员配置存在严重不合理，体现在建筑安全管理员的安全意识较低、数量不够、权责不明确等，对建筑安全生产管理监管、防控不到位。另外，由于监管机制不健全，建筑必要的原材料、设备等不能够得到有效保证，在建筑工程施工过程中出现偷工减料现象，"豆腐渣"工程屡见不鲜，安全隐患的大幅滋生，导致了工程质量不合格，甚至造成建筑大型安全事故的发生。

12. 设备、原材料的隐患

由于缺乏严格、有效的建筑工程质量监管，导致了一系列安全隐患的产生。相关单位为了压缩设备、材料成本，在进行租赁采购相关机械设备、原材料时，会混入一些劣质机械设备、原材料，甚至在不进行日常检查的情况下实施操作，一些老化的机械设备、施工技术得不到及时更新，安全生产隐患大大增加，建筑工程质量大打折扣。

13. 监督执法力量不足

目前，我们各地工程安全监督机构，监管能力与日益增长的工程建设规模不相适应，建筑施工安全监督管理也较为薄弱，监督人员远远不能够满足工程规模急剧增长的需要，而且现有的建筑安全监督资源的配置也亟待进一步提高。

监督人员的专业结构、技术层次"青黄不接"。真正能够胜任工作，且懂技术熟悉专业的专业人员较少；工程安全监督执法是接受政府部门的委托而开展工作的，国家有关部门取消了监督费的收取，部分地区监督机构在人员编制、参与改革等问题上没有得到落实，造成日常工作经费不足，影响了安全监督机构的正常运转和生存。从监督执法检查的形式、内容以及手段上，不能有效地发挥安全监督执法的震慑力。

第三节 建筑工程项目安全管理优化

一、施工安全控制

（一）施工安全控制的特点

1. 控制面广

因为建筑工程规模较大，生产工艺比较复杂、工序多，在建造过程中流动作业多、高处作业多、作业位置多变、遇到的不确定因素多,安全控制工作涉及范围大、控制面广。

2. 控制的动态性

第一，由于建筑工程项目的单件性，使得每项工程所处的条件都会有所不同，所面临的危险因素和防范措施也会有所改变，员工在转移工地以后，熟悉一个新的工作环境需要一定的时间，有些工作制度和安全技术措施也会有所调整，员工同样有个熟悉的过程。

第二,建筑工程项目施工具有分散性。由于现场施工是分散于施工现场的各个部位，尽管有各种规章制度和安全技术交底的环节，但是面对具体的生产环境的时候，仍然需要自己的判断和处理，有经验的人员还必须适应不断变化的情况。

3. 控制系统交叉性

建筑工程项目是一个开放系统，受自然环境与社会环境影响很大，同时也会对社会和环境造成影响，安全控制需要把工程系统、环境系统及社会系统结合起来。

4. 控制的严谨性

由于建筑工程施工的危害因素较为复杂、风险程度高、伤亡事故多，所以预防控制措施必须严谨，如果有疏漏就可能发展到失控，而酿成事故，造成损失和伤害。

（二）施工安全控制程序

施工安全控制程序，包括确定每项具体建筑工程项目的安全目标，编制建筑工程项目安全技术措施计划，安全技术措施计划的落实和实施，安全技术措施计划的验证、持续改进等。

（三）施工安全技术措施一般要求

1. 施工安全技术措施必须在工程开工前制订

施工安全技术措施是施工组织设计的重要组成部分，应当在工程开工以前与施工组织设计一同进行编制。为保证各项安全设施的落实，在工程图样会审的时候，就应该特别注意考虑安全施工的问题，并在开工前制订好安全技术措施，使得有较充分的时间对用于该工程的各种安全设施进行采购、制作和维护等准备工作。

2. 施工安全技术措施要有全面性

根据有关法律法规的要求，在编制工程施工组织设计的时候，应当根据工程特点制订相应的施工安全技术措施。对于大中型工程项目、结构复杂的重点工程，除了必须在施工组织设计中编制施工安全技术措施以外，还应编制专项工程施工安全技术措施，详细说明有关安全方面的防护要求和措施，确保单位工程或分部分项工程的施工安全。对于爆破、拆除、起重吊装、水下、基坑支护和降水、土方开挖、脚手架、模板等危险性较大的作业，必须编制专项安全施工技术方案。

3. 施工安全技术措施要有针对性

施工安全技术措施是针对每项工程的特点制订的，编制安全技术措施的技术人员必须掌握工程概况、施工方法、施工环境、条件等一手资料，并且熟悉安全法规、标准等，才能制订有针对性的安全技术措施。

4. 施工安全技术措施应力求全面、具体、可靠

施工安全技术措施应该把可能出现的各种不安全因素考虑周全，制订的对策措施方案应力求全面、具体、可靠，这样才能真正做到预防事故的发生。但是，全面具体并不等于罗列一般通常的操作工艺、施工方法以及日常安全工作制度、安全纪律等。这些制度性规定，安全技术措施中不需要再做抄录，但必须严格执行。

5. 施工安全技术措施必须包括应急预案

由于施工安全技术措施是在相应的工程施工实施之前制订的，所涉及的施工条件和危险情况大都是建立在可预测的基础之上，而建筑工程施工过程是开放的过程，在施工期间的变化是经常发生的，还可能出现预测不到的突发事件或灾害（如地震、火灾、台风、洪水等）。所以，施工技术措施计划必须包括面对突发事件或者紧急状态的各种应急设施、人员逃生和救援预案，以便在紧急情况下，能及时启动应急预案，减少损失，保护人员安全。

6. 施工安全技术措施要有可行性和可操作性

施工安全技术措施应能够在每个施工工序之中得到贯彻实施，既要考虑保证安全要求，又要考虑现场环境条件和施工技术条件能够做得到。

二、施工安全检查

（一）安全检查内容

第一，查思想。检查企业领导和员工对安全生产方针的认识程度，建立健全安全生产管理和安全生产规章制度。

第二，查管理。主要检查安全生产管理是否有效，安全生产管理与规章制度是否真正得到落实。

第三，查隐患。主要检查生产作业现场是否符合安全生产要求，检查人员应深入作业现场，检查工人的劳动条件、卫生设施、安全通道，零部件的存放、防护设施状况、电气设备、压力容器、化学用品的储存，粉尘及有毒有害作业部位点的达标情况，车间内的通风照明设施，个人劳动防护用品的使用是否符合规定等。要特别注意对一些要害部位和设备加强检查，比如锅炉房、变电所以及各种剧毒、易燃、易爆等场所。

第四，查整改。主要检查对过去提出的安全问题和发生生产事故及安全隐患是否采取了安全技术措施和安全管理措施，进行整改的效果如何。

第五，查事故处理。检查对伤亡事故是否及时报告，对责任人是否已经做出严肃处理。在安全检查中，必须成立一个适应安全检查工作需要的检查组，配备适当的人力、物力；检查结束后，应编写安全检查报告，说明已经达标项目、未达标项目、存在问题、原因分析，做出纠正和预防措施的建议。

（二）施工安全生产规章制度的检查

为了实施安全生产管理制度，工程承包企业应当结合本身的实际情况，建立健全一整套本企业的安全生产规章制度，并且落实到具体的工程项目施工任务中。在安全检查的时候，应对企业的施工安全生产规章制度进行检查。施工安全生产规章制度一般应包括：安全生产奖励制度；安全值班制度；各种安全技术操作规程；危险作业管理审批制度；易燃、易爆、剧毒、放射性、腐蚀性等危险物品生产、储运使用的安全管理制度；防护物品的发放和使用制度；安全用电制度；加班加点审批制度；危险场所动火作业审批制度；防火、防爆、防雷、防静电制度；危险岗位巡回检查制度；安全标志管理制度。

三、建筑工程项目安全管理评价

（一）安全管理评价的意义

1. 开展安全管理评价有助于提高企业的安全生产效率

对于安全生产问题的新认识、新观念，表现在对事故的本质揭示及规律认识上，对于安全本质的再认识和剖析上，所以，应该将安全生产基于危险分析和预测评价的基础上。安全管理评价是安全设计的主要依据，其能够找出生产过程中固有的或潜在的危险、有害因素及其产生危险、危害的主要条件与后果，并且及时提出消除危险、有害因素的最佳技术、措施与方案。

开展安全管理评价，能够有效督促、引导建筑施工企业改进安全生产条件，建立健全安全生产保障体系，为建设单位安全生产管理的系统化、标准化以及科学化提供依据和条件。同时，安全管理评价也可以为安全生产综合管理部门实施监察、管理提供依据。开展安全管理评价能够变纵向单因素管理为横向综合管理，变静态管理为动态管理，变事故处理为事件分析与隐患管理，将事故扼杀于萌芽之前，总体有助于提高建筑企业的安全生产效率。

2. 开展安全管理评价能预防、减少事故发生

安全管理评价是以实现项目安全为主要目的，应用安全系统工程的原理和方法，对工程系统当中存在的危险、有害因素进行识别和分析，判断工程系统发生事故和急性职业危害的可能性及其严重程度，提出安全对策建议，进而为整个项目制订安全防范措施和管理决策提供科学依据。

安全评价与日常安全管理及安全监督监察工作有所不同，传统安全管理方法的特点是凭经验进行管理，大多为事故发生以后再进行处理。安全评价是从技术可能带来的负效益出发，分析、论证和评估由此产生的损失和伤害的可能性、影响范围、严重程度以及应采取的对策措施等。安全评价从本质上讲是一种事前控制，是积极有效地控制方式。安全评价的意义在于，通过安全评价，可以预先识别系统的危险性，分析生产经营单位的安全状况，全面的评价系统及各部分的危险程度和安全管理状况，可以有效地预防、减少事故发生，减少财产损失和人员伤亡或者伤害。

（二）管理评价指标构建原则

1. 系统性原则

指标体系的建立，首先应该遵循的是系统性原则，从整体出发全面考虑各种因素对安全管理的影响，以及导致安全事故发生的各种因素之间的相关性和目标性选取指标。同时，需要注意指标的数量及体系结构要尽可能系统全面地反映评价目标。

2. 相关性原则

指标在进行选取的时候，应该以建筑安全事故类型及成因分析为基础，忽略对安全影响较小的因素，从事故高发的类型当中选取高度相关的指标。这一原则可以从两方面进行判断：一是指标是否对现场人员的安全有影响；二是选择的指标如果出现问题，是否影响项目的正常进行及影响的程度。所以，评价以前要有层次、有重点地选取指标，使指标体系既能反映安全管理的整体效果，又能体现安全管理的内在联系。

3. 科学性原则

评价指标的选取应该科学规范。这是指评价指标要有准确的内涵和外延，指标体系尽可能全面合理地反映评价对象的本质特征。另外，评分标准要科学规范，应参照现有的相关规范进行合理选择，使评价结果真实客观地反映安全管理状态。

4. 客观真实性原则

评价指标的选取应该尽量客观，首先应当参考相关规范，这样保证了指标有先进的科学理论做支撑。同时，结合经验丰富的专家意见进行修正，这样保证了指标对施工现场安全管理的实用性。

5. 相对独立性原则

为了避免不同的指标间内容重叠，从而降低评价结果的准确性，相对独立性原则要求各评价指标间应保持相互独立，指标间不能有隶属关系。

（三）工程项目安全管理评价体系内容

1. 安全管理制度

建筑工程是一项复杂的系统工程,涉及业主、承包商、分包商、监理单位等关系主体，建筑工程项目安全管理工作需要从安全技术和管理上采取措施，才能确保安全生产的规章制度、操作章程的落实，降低事故的发生频率。

安全管理制度指标包括五个子指标：安全生产责任制度、安全生产保障制度、安全教育培训制度、安全检查制度与事故报告制度。

2. 资质、机构与人员管理

建筑工程建设过程中，建筑企业的资质、分包商的资质、主要设备及原材料供应商的资质、从业人员资格等方面的管理不严，不仅会影响到工程质量、进度，而且会容易引发建筑工程项目安全事故。

资质、机构与人员管理指标包括企业资质和从业人员资格、安全生产管理机构、分包单位资质和人员管理及供应单位管理这四个子指标。

3. 设备、设施管理

建筑工程项目施工现场涉及诸多大型复杂的机械设备和施工作业配备设施，由于施工现场场地和环境限制，对于设备、设施的堆放位置、布局规划、验收和日常维护不当容易导致建筑工程项目发生事故。

设备、设施管理指标包括设备安全管理、大型设备拆装安全管理、安全设施和防护管理、特种设备管理和安全检查测试工具管理这五个子指标。

4. 安全技术管理

通常来说，建筑工程项目主要事故有高处坠落、触电、物体打击、机械伤害、坍塌等。据统计，因高处坠落、触电、物体打击、机械伤害、坍塌这五类事故占事故总数的 85% 以上。造成事故的安全技术原因主要有安全技术知识的缺乏、设备设施的操作不当、施工组织设计方案失误、安全技术交底不彻底等。

安全技术管理指标包括六个子指标危险源控制、施工组织设计方案、专项安全技术方案、安全技术交底、安全技术标准、规范和操作规程及安全设备与工艺的选用。

第四节　建筑工程项目风险管理概述

一、风险

（一）风险的概念

风险一词代表发生危险的可能性或是进行有可能成功的行为。目前，大多数有风险的事件指的是有可能带来损失的危险事件，这些损失一般与某种自然现象及人类社会活动特征有关。

风险不仅是研究安全问题的前提，它通常还被看成不良影响客观存在的可能性，这种不良影响可能作用于个人、社会、自然，可能带来某种损失、使现状恶化、阻碍它们的正常发展（速度、形式等的发展）。技术类风险是一种状态，其基础是技术体系、工业或者交通设施，这种状态由技术原因引发，在危急情况时会以一种对人类和环境产生巨大反作用力的形式出现，或是在正常使用这些设施的过程中，以对人类或者环境造成直接或间接损失的形式出现。

（二）建筑工程项目风险

建筑工程项目的一次性特征使其不确定性要比一般的经济活动大许多，也决定了其不具有重复性项目所具有的风险补偿机会，一旦出现问题则很难补救。项目多种多样，每一个项目都有各自的具体问题，但是有些问题是很多项目所共有的。

建筑工程项目的不同阶段会有不同的风险，风险大多数随着项目的进展而变化，不确定性会随之逐渐减少。最大的不确定性存在于项目的早期，早期阶段做出的决策对以后阶段和项目目标的实现影响最大。项目各种风险中，进度拖延往往是费用超支、现金流出及其他损失的主要原因。

二、风险管理

（一）风险管理的概念

风险管理作为一门专门的科学管理技术是由西方国家首先提出的。作为一门新的管理科学，它既涉及一些数理观念，又涉及大量非数理的艺术观念。不同的学者有着不同的看法，但总的来说，风险管理能降低纯粹风险所带来的损失，是在风险发生之前的风险防范和风险发生之后的风险处置。

风险管理是指对组织运营中要面临的内部的、外部的可能危害组织利益的不确定性，采用各种方法进行预测、分析与衡量，制订并执行相应的控制措施，以获得组织利润最大化的过程。

从本质上来讲，风险管理是一种特殊的管理，也是一种管理职能，是在清楚自己企业的力量和弱点的基础上，对会影响企业的危险和机遇进行的管理。任何管理工作都是为实现某一特定目标而展开的，风险管理同样要围绕所要完成的目标进行。风险管理目标应该是在损失发生前保证经济利润的实现，在损失发生后有令人满意的复原。换个角度说，损失是不可避免的，风险就是这种损失的不确定性。就是要通过采取一些科学的方法、手段，把这种不确定的损失尽量转化为确定的、"合理"的损失。

（二）风险管理的过程

风险管理的过程一般由若干主要阶段组成，这些阶段不但相互作用，而且相互影响。具体来说，风险管理的过程一般可以分为六个环节：风险管理规划、风险识别、风险估计、风险评价、风险应对、风险监控。

1. 风险管理规划

把风险事故的后果尽量限制在可接受的水平上，是风险管理规划和实施阶段的基本任务。整体风险只要未超过整体评价基准就可以接受。对于个别风险，则可接受的水平因风险而异。风险后果是否可被接受，主要从两个方面考虑：即损失大小和为规避风险而采取的行动，如果风险后果很严重，但是规避行动不复杂，代价也不大，则此风险后果还是可被接受的。

风险规划是规划和设计风险管理活动的策略以及具体措施和手段。在制订风险管理规划之前，首先，要确定风险管理部门的组织结构、人员职责和风险管理范围，其次，主要考虑两个问题：第一，风险管理策略本身是否正确、可行。第二，风险管理实施管理策略的措施和手段是否符合总目标。

接下来是进入风险管理规划阶段，并把前面已经完成的工作归纳成一份风险管理规划文件。在制订风险管理计划时，应当避免用高层管理人员的愿望代替项目现有的实际能力。风险管理规划文件中应该包括项目风险形势估计、风险管理计划和风险规避计划。

2. 风险识别

风险识别就是企业管理人员就企业经营过程中可能发生的风险进行感知、预测的过程。首先，风险识别应根据风险分类，全面观察事物发展过程，并从风险产生的原因入手，将引起风险的因素分解成简单的、容易识别的基本单元，找出影响预期目标实现的主要风险。风险识别的过程分为三个步骤：确认不确定性的客观存在，建立风险清单，进行风险分析。

进行风险识别不仅要辨认所发现或推测的因素是否存在不确定性，而且确认此种不确定性是否是客观存在的。只有符合这两点的因素才可以视为风险。将识别出的所有风险一一列举就建立了风险清单。建立的风险清单必须全面客观，特别是不能遗漏主要风险。然后，将风险清单中的风险因素再分类，使风险管理者更好地了解，在风险管理中更有目的性，为下一步做好准备。

3. 风险估计

风险估计是在风险规划和识别之后，通过对所有不确定和风险要素的充分、系统而又有条理的考虑，确定事件的各种风险发生的可能性以及发生之后的损失程度。风险估计主要是对以下几项内容的估计。

（1）风险事件发生的可能性大小。

（2）可能的结果范围和危害程度。

（3）预期发生的时间。

（4）风险因素所产生的风险事件的发生概率的可能性。

在采取合理的风险处置之前，必须估计某项风险可能引起损失的影响。在取得致损事件发生的概率、损坏程度、保险费和其他成本资料的基础上，对风险做出合理的评估。

4. 风险评价

风险评价即是针对风险估计的结果，应用各种风险评价技术来判定风险影响大小、危害程度高低的过程。风险评价的方法必须与使用这种方法的模型和环境相适应，没有一种方法可以适合于所有的风险分析过程。所以在分析某一风险问题时，应该具体问题具体分析。

在风险评价的过程中，可以通过各种方法得出各种备选方案。另外，风险评价是协助风险管理者管理风险的：工具，并不能代替风险管理者的判断。所以风险管理者还要辩证地看待风险评价的结果。

风险评价过程中的一个重要工作就是风险预警。在对事件进行风险识别、分析和评估之后，就可得出事件风险发生的概率、风险损失大小、风险的影响范围以及主要的风险因素，针对风险评价的结果与已有的决策者所能承受的或公认的安全指标、风险指标进行比较，如果超过了决策者的忍受限度，则发出报警，提醒决策者尽快采取适当的风险控制措施，达到规避或降低风险的目的。

5. 风险应对

风险应对就是对风险事件提出处置意见和办法。通过对风险事件的识别、评估和分析，把风险发生的概率、损失严重程度以及其他因素综合考虑，就可得出事件发生风险的可能性及其危害程度，再与公认的安全指标相比较，就可确定事件的危险等级，从而决定应采取什么样的措施以及控制措施应采取到什么程度。

风险应对可以从改变风险后果的性质、风险发生的概率和风险后果大小三个方面提出以下多种风险规避与控制的策略，主要包括：风险回避、风险转移、风险预防、风险抑制、风险自留和风险应急。对不同的风险可采用不同的处置方法和策略，对同一个项目面临的各种风险，可以综合运用各种策略进行处理。

6. 风险监控

风险监控就是通过对风险规划、识别、估计、评价，应对全过程的监视与控制，从而保证风险管理达到预期的目标，它是风险管理实施过程中的一项重要工作。

风险监控就是要跟踪可能变化的风险、识别剩余风险与新出现的风险，在必要时修改风险管理计划，保证风险管理计划的实施，并评估风险管理的效果。

在风险监控过程中及时发现那些新出现的以及随着时间推延而发生变化的风险，然后及时反馈，并根据对事件的影响程度，重新进行风险规划、识别、估计、评价和应对。

（三）建筑工程项目风险类型

1. 政治风险

政治风险是指政治方面的各种事件和原因所带来的风险，主要包括战争、动乱、国际关系紧张、政策多变、政府管理部门的腐败与专制等。

2. 经济风险

经济风险主要指的是在经济领域中各种导致企业经营遭受厄运的风险，即在经济实力、经济形势及解决经济问题的能力等方面潜在的不确定因素构成经营方面的可能后果。有些经济风险是社会性的，对各个行业的企业都产生影响，如经济危机和金融危机、通货膨胀或通货紧缩、汇率波动等；有些经济风险的影响范围限于建筑行业内的企业，如国家基本建设投资总量的变化、房地产市场的销售行情、建材和人工费的涨落；还有的经济风险，是伴随工程承包活动而产生的，仅影响具体施工企业，如业主的履约能力等。

3. 社会风险

社会风险是指由不断变化的道德信仰、价值观，人们的行为方式、社会结构的变化等社会因素产生的风险。社会风险影响面极广，其涉及各个领域、各个阶层和各个行业。建设项目所在地的宗教信仰、社会治安，公众对项目建设行动的认知程度和态度，工作人员文化素质为社会风险的主要原因。

4. 工程风险

工程风险指的是一项工程在设计、施工与移交运行的各个阶段可能遭受的、影响项目系统目标实现的风险。工程风险主要由以下原因引起。

（1）自然风险。自然风险是指由于大自然的影响而造成的风险，主要原因有恶劣的天气情况、恶劣的现场条件、未曾预料到的工程水文地质条件、未曾预料到的一些不利地理条件、工程项目建设可能造成对自然环境的破坏、不良的运输条件可能造成供应的中断等。

（2）决策风险。决策风险主要是指在投资决策、总体方案确定、设计施工队伍的选择等方面，若决策出现偏差，将会对工程产生决定性影响。

（3）组织与管理风险。组织风险是指由于项目有关各方关系不协调以及其他不确定性而引起的风险。管理风险是指项目管理人员管理能力不强、经验不足、合同条款不清楚、不按照合同履约、工人素质低、劳动积极性低、管理机构不能充分发挥作用造成的风险。

（4）技术风险。技术风险即伴随科学技术的发展而来的风险。一般表现在方案选择、工程设计及施工过程中，由于技术标准的选择、计算模型的选择、安全系数的确定等方面出现偏差而形成的风险。

（5）责任风险。责任风险是指由于项目管理人员的过失、疏忽、侥幸、恶意等不当行为造成财产毁损、人员伤亡的风险。

5. 法律风险

法律风险是指法律不健全，有法不依，执法不严，相关法律的内容的频繁变化，法律对项目的干预，可能对相关法律未能全面、正确理解，工程中可能有触犯法律的行为等。

（三）建筑工程项目建设中对风险的应对处理

针对建筑工程项目的不同风险可以采取不同的应对措施，从而减少风险的发生，降低风险的损失后果，具体的措施主要从四个方面进行。

第一，是指风险的规避与预防，在对风险进行评估分析后，采取有效的措施避免风险的发生，制订具体的计划与措施规避风险的可能诱使条件，这种风险处理方式是指杜绝任何风险的发生。

第二，是指有些风险是不可以完全避免的，只有在施工实施的过程中，采取一定的措施尽可能地减少风险所带来的后果，例如经济损失以及安全事故等。

第三，要进行风险的改变与转移，有时候风险不可避，但又与机会并存时，可以将风险转移到可以承担的机构中，降低风险造成的不可控性。

第四，建筑工程项目的风险若是程度比较小，带来的后果损失也比较小时，若是这些细小的风险处理会导致更大的经济损失，如延长工期等，就对其不进行较大的处理，避免造成更大的损失。

（五）加强建筑工程项目风险管理的基本措施

加强对建筑工程项目风险管理的基本措施可以促进建筑工程建设的发展，主要的管理措施分为以下几点。

1. 加强建筑工程项目管理的设计规划阶段的风险

管理措施建筑工程项目管理的前期设计与规划阶段是控制与规避风险发生的重要阶段，在此，要综合各种风险可能出现的可能性，考虑到各种外在的风险以及内在的风险，加强对风险措施的可行性分析，确保建筑工程项目设计方案合理。

2. 加强建筑工程项目招投标的风险管理措施

建筑工程项目招投标的管理过程是项目管理的重要内容，对这一阶段的风险管理可以有效地提高项目的经济效益，加强招投标风险管理的主要措施为：要在招投标前进行基本的咨询与编制，确定建筑工程项目的实施工程量，从而合理地规划建筑工程项目实施施工的全部内容，要根据市场经济条件选择招投标的底价，规范招投标的规范管理，从而防止风险的发生。

3. 加强建筑工程项目实施施工过程中的风险管理

措施对建筑工程的施工过程进行风险管理措施的研究，及时监督管理，控制建筑工程的施工过程，把握好建筑工程的质量，重要的是要对建筑工程的施工过程加强非现场的管理，避免风险的发生。

4. 加强建筑工程项目竣工完成后的风险管理措施

在建筑工程项目竣工后，还要对其进行质量的验收，应加强对该阶段的风险管理，保证施工单位上交的资料与档案的科学、真实，保证工作的流程规范化的进行，降低风险的产生。

第五节 建筑工、程项目风险管理技术

一、建筑工程风险识别方法

（一）专家调查法

专家调查法又分为几类，比如专家个人判断法、德尔菲法、智暴法等。这些方法主要是通过各领域专家的专业理论以及丰富的实践经验的利用，对潜在风险进行预测和分析，并估计其产生的后果。德尔菲法的应用，最早是在 20 世纪 40 年代末的美国兰德公司，此方法的使用程序大致为：首先，进行与项目相关的专家选定工作，并与这些专家建立直接的咨询关系，利用函询的方式实现对专家意见的收集，之后对这些意见进行整合，再向专家进行反馈，并再度进行意见征询。如此反复，直到各专家的意见大致一致，就参考最后意见进行风险识别。德尔菲法在各个领域均具有非常广泛的应用，通常情况下，该方法也有着理想的应用效果。

（二）故障树分析法

此方法又被称为分解法，其是通过对图解形式的利用，对大的故障进行分解，使其细化为不同的小故障，或者分析引起故障的各种原因。在直接经验较少的风险辨识当中，这一方法的应用非常广泛。通过不断分解投资风险，使项目管理人员可以更加全面地认识与了解投资风险因素，并基于此采取具有针对性的措施以加强对主要风险因素的管理。当然，这一方法也存在一定的不足，就是在大系统中的应用出现漏洞与失误的可能性较大。

（三）情景分析法

这一方法能够对引起风险的关键因素及其影响程度进行分析。其通过图表或者曲线等形式，对由于项目的影响因素发生变化而导致整个项目情况发生变化及其后果进行描述，以此为人们的比较研究提供便利。

（四）财务报表法

财务报表可以帮助企业确定可能遭受的损失，或者是在特定的情况下面会产生的损失。对资产负载表、现金的流量表等相关资料进行分析，这样可以了解目前资产存在的风险。然后将这些报表与财务报表等结合起来，这样就能够了解企业在未来的发展过程中将会要遇到的风险。借助财务报表来识别风险，这就需要对报表里面的各项科目进行深刻的研究，并完成分析报告。这样才能够分析可能出现的风险，还需要进行调查，这样才能够补充完整财务信息。由于工程的财务报表和企业的财务报告存在相似性，因此，需要借助财务报表的特点进行工程风险的识别。

（五）流程图法

流程图法是经营活动根据一定的顺序进行划分，最终组成一个流程图系列，在每一个模块当中都标注出来潜在威胁，这样可为决策者提供一个相对的整体印象。在一般情况下，对于各阶段的划分较为容易，但是需要找出各个阶段当中的风险因素或者事件。因为工程的各个阶段是确定的，所以关键问题是识别各个阶段的风险因素或事件。因为流程图存在篇幅的限制，使用这种方法得到的风险识别结果比较宽广。

（六）初始清单法

如果对不同的工程进行风险识别的时候，需要从头做起，通常会存在以下三个方面的问题：一是时间和精力的花费大，但是识别的效率低；二是识别工作具有主观性，很有可能促发识别工作的随意性，导致识别解决不规范；三是识别工作的结果不能存储，这样就无法指导以后的风险识别工作。所以说，为了避免出现上面的缺陷，需要建立初步的风险清单。工程部门在建立初始清单的时候，具有如下两种路径。

一般情况下使用的是保险公司红字，其是风险管理学会公布的损失纵观表，也就是企业可能发生的风险表。然后将这个当作基础，风险管理员工再结合工程正在面临的危险把损失具体化，这样就建立了风险一览表。

通过比较合适的分解方法建立工程的初始清单。对于那些比较复杂的工程项目，一般需要对它的单个工程进行分解，然后再对单位工程进行维的分解，这样就能够比较容易地知道工程建设当中存在的主要风险。从初始清单的作用来看，对风险进行因素的分解是不够的，还需要对各种风险因素进行分解，将它们分解为风险事件。其实，初始的风险清单只是可以更加好地了解到风险的存在，不会遗漏重要的工程风险，但是这也不是最终的风险结论。在建立初始清单的时候，还需要结合具体的工程状况进行识别，这样就能够对清单进行补充和修正。所以说，需要参照相同工程建设的风险数据，或进行风险调查。

（七）经验数据法

经验数据法又叫作资料统计法，也就是根据已经建立的工程风险资料来识别工程风险。不一样的风险管理都存在自己的经验数据与资料。在工程建设当中，具有工程经验数据的主体比较多，可以是承包商，也可以是项目的业主等。但是由于业主的角度不一样，信息的来源也有所不同，所以刚开始的风险清单会存在差别。但是，工程建设风险是客观的事实，存在一定的规律，当存在足够的数据或资料的时候，这种差距就会大大减小，还有对工程的风险识别是一种初步的二维定性方法。所以说，在数据基础上面建立的风险清单，能够满足工程风险识别的需要。

二、建筑工程项目风险监控

（一）建筑工程项目投资风险监控

1. 建筑工程项目投资风险监控的地位

建筑工程投资风险监控，从过程的角度来看，处于建筑工程项目风险管理流程的末端，但这并不意味着项目风险控制的领域仅此而已。实际上，建筑工程项目投资风险监控是建筑工程项目投资风险管理的重要内容，一方面是对投资风险识别、分析和应对等投资风险管理的继续；另一方面通过投资风险监控采取的活动和获得的信息也对上述活动具有反馈作用，从而形成了一个建筑工程项目投资风险管理的动态过程。正因为如此，投资风险管理应该面向项目风险管理全过程。它的任务即根据整个项目风险管理过程规定的衡量标准，全面跟踪并评价风险处理活动的执行情况。缺乏建筑工程项目投资风险监控的风险管理是不完整的风险管理。

2. 建筑工程项目投资风险监控的意义

建筑工程项目投资风险监控是建筑工程项目风险管理中必不可缺的环节，在建筑工程项目投资风险监控中具有重要意义。

（1）有助于适应建筑风险投资情况的变化。风险的存在是由于不确定性造成的，即人们无法知道将来建筑工程项目发展的情况。但随着建筑工程项目的进展和时间的推移，这种不确定性逐渐变得清晰，原来分析处理的风险会随之发生变化。因此，建筑工程项目投资风险需要随时进行监控，以掌握风险变化的情况，并根据风险变化情况决定如何对其进行处理。

（2）有助于检验已采用的风险处理措施。已采取的风险处理措施是否适当，需要通过风险监控对其进行客观的评价。

若发现已采取的处理措施是正确的，则继续执行；如若发现已采取的处理措施是错误的，则尽早采取调整行动，以减少不必要的损失。

（3）适应新的风险，需要进行风险监控。采取风险处理措施后，建筑工程项目投资风险可能会留下残余风险或产生以前未识别的新风险。对于这些风险，需要进行风险监控以掌握其发展变化情况，并根据风险发展变化情况决定是否采取风险处理措施。

（二）建筑工程项目风险监控体系建设

1. 建筑工程项目风险监控体系建设内容

建筑工程项目风险监控体系，是指以建筑企业内部监督资源（纪检、审计、内部监管）为依据，借助外部工程技术、工程造价力量，对工程廉政、程序、投资、质量、进度、安全以及工程量清单造价控制等方面进行监审把关，以监控为手段，从工程项目监控角度进行流程设计，实现了对工程项目风险的全过程、全方位、立体式监控。

2. 建筑工程项目风险监控体系建设环节

（1）建立监管机构，提供工程项目监管的组织保障。根据建筑行业施工以及项目监管的需要，成立以企业负责人为领导的工程项目建设监督领导小组、下设办公室，办公室由内部纪检、内部审计、外聘技术、外聘造价等四个监督组组成。监督领导小组负责对各监督小组上报重大问题进行决策性研究、解决，对项目监督过程中出现的问题与工程建设各参与方进行协调。

（2）构建工程项目监控的机制保证。要严明纪律，加强对领导干部的监督监察，完善监督制度。以内部审计为出发点，强化审计监督。审计的职能就是做好企业运行管控，坚持以内审为抓手，不断强化审计的监督职能，实现企业管理流程的规范。以内部监管为基础，强化流程控制。规范为各项工作的前提，监督是各项工作的保障，而建立长效机制、规范运作流程，全方位全过程加强企业内部监管，其是保证企业健康持续发展的根本要求。

同时企业对工程建设的项目决策阶段、规划设计阶段、招标阶段、合同签订阶段、施工阶段、竣工验收阶段、竣工审计阶段、项目运行阶段进行全方位监控，形成完整的工程项目风险监控体系。从工程建设流程全方位系统性地设置风险监控点，并进行了细化与采用流程化程序进行规范。

三、建筑工程项目保险

（一）建筑工程项目保险的概念

1. 保险

保险本意是稳妥可靠保障；后延伸成一种保障机制，是用来规划人生财务的一种工具，是市场经济条件下风险管理的基本手段，是金融体系和社会保障体系的重要的支柱。

保险是指投保人根据合同约定，向保险人支付保险费，保险人对于合同约定的可能发生的事故因其发生所造成的财产损失承担赔偿保险金责任，或者被保险人死亡、伤残、疾病或者达到合同约定的年龄、期限等条件时承担给付保险金责任的商业保险行为。

2. 建筑工程项目保险

建筑工程保险是以承保土木建筑为主体的工程，于在整个建设期间，由于保险责任范围内的风险造成保险工程项目的物质损失和列明费用损失的保险。

（二）建筑工程项目保险的特征

第一，承保风险的特殊性。建筑工程保险承保的保险标的大部分都裸露于风险中。同时，在建工程在施工过程中始终处于动态过程，各种风险因素错综复杂，风险程度增加。

第二，风险保障的综合性。建筑工程保险，既承保被保险人财产损失的风险，又承保被保险人的责任风险，还可以针对工程项目风险的具体情况，提供运输过程中、工地外储存过程中、保证期间等各类风险。

第三，被保险人的广泛性。包括业主、承包人、分承包人、技术顾问、设备供应商等其他关系方。

第四，费率的特殊性。建筑工程保险采用的是工期费率，然而不是年度费率。

（三）建筑工程项目保险的作用

1. 具有防范风险的保障作用

建筑活动不同于其他工农业生产活动，建筑工程项目规模较大、建设周期长、投资量巨大，与人们的生命和财产息息相关，社会影响极其广泛，潜伏在整个建设过程中的危险因素更多，建筑企业和业主担负的风险更大。一方面，建筑工程受自然灾害的影响大；另一方面，随着生产的不断进步，新的机械设备、材料及施工方法不断推陈出新，工程技术日趋复杂，从而加大了工程投资者承担的风险。加上设计、工艺等方面的技术风险和政策法律、资金筹集等方面的非技术风险随时可能发生。而建筑工程保险就是着眼于在建筑过程中可能发生的不利情况和意外不测，从若干方面消除或补偿遭遇风险造成的一项特殊措施。

建筑工程项目保险能对建筑工程质量事故处理给予及时、合理的赔偿，避免由于工程质量事故而导致企业倒闭。尽管这种对于风险后果的补偿只能弥补整个建筑工程项目损失的一部分，但在特定的情况下，能保证建筑企业与业主不致因风险发生导致破产，从而使因风险给双方带来的损失降低到最低程度。

2. 有利于对建筑工程风险的监管

保险不仅是简单的收取保险费，也不仅是发生保险责任范围内的损失后赔偿的支付。在保险期内，保险管理机构要组织有关专家随着工程的进度对安全和质量进行检查，会因为利益关系而通过经济手段要求有关当事人进行很有效的控制，以避免或减少事故，并提供合理的防灾防损意见，有利于防止或减少事故的发生。发生保险责任范围内的损失以后，保险机构会及时进行勘查，按照工程实际损失给予补偿，为工程的尽快恢复创造条件。

3. 有利于降低处理事故纠纷的协调成本

建筑工程保险让可能发生事故的损失事先用合同的形式制订下来，事故处理就可以简单、规范，避免了无谓的纠纷，降低了事故处理本身的成本，参加保险对于投保人来讲，虽然将会为获得此种服务付出额外的一笔工程保费，但由此而提高了损失控制效率，使风险达到最小化。另外，工程施工期间发生事故是不可预测的，这些事故可能会导致业主与承包商之间或承包商与承包商之间对事故所造成的经济损失由谁承担而相互扯皮。如果工程全部参加保险，工程的有关各方都是共同被保险人。只要是保险责任范围内的约定损失，保险人均负责赔偿，无须相互追偿，从而减少纠纷，保证工程的顺利进行。

4. 有利于发挥中介机构的特殊作用，为市场提供良好的竞争环境

商业保险机制的确立，必然引入更强的监督机制，保险公司在自身利益的引导下，必然会对建筑工程各方当事人实行有效监督，必然会对投保的建筑企业进行严格的审查，对于一个保险公司不予投保的建筑企业，业主是不敢相信的，这就是中介机构在市场中发挥的特殊作用。

四、建筑工程项目风险评估控制

（一）建筑工程项目风险评估

1. 风险评估的定义

风险评估是指，在风险事件发生之前或者之后（但还没有结束），该事件给人们的生活、生命、财产等各个方面造成的影响和损失的可能性进行量化评估的工作。即，风险评估就是量化测评某一事件或事物带来的影响或损失的可能程度。

2. 风险评估的主要作用

（1）认识风险及其对目标的潜在影响。

（2）为决策者提供相关信息。

（3）增进对风险的理解，以利于风险应对策略的正确选择。

（4）识别那些导致风险的主要因素，以及系统和组织的薄弱环节。

（5）沟通风险和不确定性。

（6）有助于建立优先顺序。

（7）帮助确定风险是否可接受。

（8）有助于通过事后调查来进行事故预防。

（9）选择风险应对的不同方式。

（10）满足监管要求。

3. 风险评估的基本步骤

风险评估是由风险识别、风险分析和风险评价构成的一个完整过程。不同的风险评估技术和方法的具体步骤略有差别，但均是围绕风险识别、风险分析和风险评价这3个基本步骤进行。

（1）风险识别。风险识别是发现、举例与描述风险要素（风险因子）的过程，包括风险源、风险事件及其原因和潜在后果的识别。其目的是确定可能影响系统或组织目标得以实现的事件或情况。

（2）风险分析。风险分析是要增进对风险的理解，为风险评价和决定风险是否需要应对以及最适当的应对策略和方法提供信息支持。风险分析需考虑导致风险的原因和风险源、风险事件的后果及其发生的可能性、影响后果和可能性的因素、不同风险及其风险源的相互关系、风险的其他特性、是否存在控制措施及现有控制措施是否有效等。

（3）风险评价。风险评价包括将风险分析的结果与预先设定的风险准则相比较，或者在各种风险的分析结果之间进行比较，确定风险的等级。风险评价利用风险分析过程中获得的信息，考虑道德、法律和经济技术可行性等方面，对未来的行动进行决策。风险评价的结果应满足风险应对的需要，否则，应该进行进一步分析。

（二）建筑工程项目风险评估

1. 建筑工程项目风险评估的主要步骤

第一，建筑企业要针对工程概况收集相关数据，由于工程风险具有多层次性以及多样性，数据一定要保证真实、客观以及可靠；第二，通过构建风险分析模式，对收集的数据进行量化，进而对工程潜存的风险进行细致的评估；第三，通过风险分析模式能够帮助建筑企业对风险进行全面的评价，进而制订科学的风险管控措施。

2. 建筑工程项目风险评估的主要方法

风险评估方法很多，建筑企业要根据工程类型的不同，科学选择评估方法。目前，我国主要采用的风险评估方法主要有模型分析以及知识分析两种方法，其中知识分析法主要是建筑企业根据以往的施工经验，找出安全标准与安全状况所存在的差距；模型分析法主要是对收集的数据进行定量以及定性分析，进而对潜在的风险进行全面而系统的评估。

3. 建筑工程项目风险管控措施

（1）加强员工安全教育。在工程建设施工过程当中，可能会遭遇各种恶劣的施工环境，针对这种情况，建筑企业一定要做好安全教育工作，对现有员工进行安全培训和安全宣传，保证所有员工按照既定操作规程进行施工，防止在恶劣天气下出现安全事故，进而对人身安全以及工程建设带来影响。同时，建筑企业还要加大安全管控，如果发现违规操作以及违规指挥等问题，要立即给予纠正，对于情节严重的行为，要追究相关人员的安全责任，并给予一定的经济处罚。

（2）确保资金安全充足。建筑企业要针对汇率变动以及国家宏观调控等因素，确保资金安全充足，并且及时筹备资金，保证工程建设的有序以及顺利开展。同时，建筑企业还要针对恶劣天气制订科学的应急预案，对财力、物力以及人力进行合理调配，缩短工程应对恶劣天气的时间，减少经济损失以及人员伤害。

（3）做好工程施工管理。首先，建筑企业要进一步优化施工组织，对设计图纸进行严格审核，对施工材料进行检查复核工作；其次，如果在施工过程中出现技术变更的情况，要立即与设计部门进行沟通和交流，并且对成本预算进行分析；最后，加强施工过程中的安全管理，贯彻防范在先、预防为主的管理原则，对危险地点以及高危岗位进行重点管理，进而确保施工人员的安全。

（4）构建风险管理体系。建筑企业要加强风险管理，在组织施工之前开展调研工作，优化设计、合理布局，制订科学的施工方案以及成本预算，组建工程项目部，进一步完善工程管理机制。同时，建筑企业还要对可预见的风险进行有效评估和预测，做好风险应对预案以及具体措施，尽量消除并预防风险。

（三）建筑工程项目风险控制

1. 建筑工程项目风险控制含义

风险控制就是采取一定的技术管理方法避免风险事件的发生或在风险事件发生后减小损失．当前，建筑施工中的安全事故时有发生，成本急剧增加，其原因主要在于施工单位盲目赶进度、降成本，没有注意规避风险，风险控制的目的就是尽可能减小损失，在施工中一般采取事前预防和事后控制。

2. 建筑工程施工风险控制体系

施工风险控制的有效实施是建立在完备的施工控制体制之上的，建筑施工企业必须建立有效的动态风险管理体制，建筑企业要建立风险管理部门，利用阶段管理和系统规划，对施工的各个时期进行监督控制和决策，这主要应从以下几个方面入手。

（1）企业制度创新和建立风险控制秩序。企业的管理制度和组织形式的合理性是风险控制的基础，建筑施工企业必须建立灵活务实的制度形式。一般而言，施工风险的发生除了不可抗力之外，主要原因就是企业制度不健全和工作秩序混乱造成的，表现在管理出现盲区，决策得不到执行，权力交叉，工作推诿，责任不明，秩序混乱。

因此，有必要在公司的组织形式和管理制度上进行适合本企业的创新，以提高公司的活力。同时，建立明晰、井然的工作秩序，使决策得以顺利、有效地实施。

（2）在组织上建立以风险部门和风险经理为主体的监督机制。参照国外成熟的风险控制经验，在建筑工程项目施工过程中建立风险部门，并设立风险经理。其作用是对项目的潜在风险进行分析、控制和监督，并制订相应的对策方案，为决策者提供决策依据。

（3）明确风险责任主体，加强目标管理。建筑工程项目风险管理的关键点，在于确立风险责任主体及相关的责任、权利和义务。有了明确的责任、权利与义务，工作的广度、宽度和深度就一目了然，易于监督和管理。

（4）确定最优资本结构。建筑企业资本结构，是指负债和权益及形成资产的比例关系，即相应的人、资金、材料、设备机械和施工技术方法的资本存在形式，确定最优的资本结构形式，利用财务杠杆和经营杠杆，对于获取最满意利润具有决定性的意义。

（三）建筑工程项目风险控制措施

1. 风险回避

风险回避主要是中断风险源，使其不致发生或者遏制其发展。回避风险有时需要做出一些必要的牺牲，但是较之承担风险，这些牺牲与风险真正发生时可能造成的损失相比，要小得多，甚至微不足道。比如，回避风险大的项目，选择风险小或适中的项目。因此，在项目决策时要注意，放弃明显导致亏损的项目。对于风险超过自己承受能力、成功把握不大的项目，不参与投标、不参与合资。回避风险虽然是一种风险防范措施，但应该承认，这是一种消极的防范手段。因为回避风险固然能避免损失，但同时也失去了获利的机会。

2. 损失控制

损失控制是指要减少损失发生的机会或降低损失的严重性，使损失最小化。损失控制主要包括以下两方面的工作。

（1）预防损失。预防损失是指采取各种预防措施，以杜绝损失发生的可能。例如，房屋建造者通过改变建筑用料，以防止建筑物用料不当而倒塌；供应商通过扩大供应渠道，以避免货物滞销；承包商通过提高质量控制标准，以防止因质量不合格而返工或罚款；生产管理人员通过加强安全教育和强化安全措施，减少事故发生的机会等。在工程承发包过程中，交易各方均将损失预防作为重要事项。业主要求承包商出具各种保函，就是为了防止承包商不履约或履约不力；而承包商要求在合同条款中赋予其索赔权利，也是为了防止业主违约或发生种种不测事件。

（2）减少损失。减少损失主要指的是在风险损失已经不可避免地发生的情况之下，通过种种措施，以遏制损失继续恶化或限制其扩展范围，使其不再蔓延或者扩展，也就是使损失局部化。例如，承包商在业主付款误期超过合同规定期限的情况下，采取停工或撤出队伍并提出索赔要求，甚至提起诉讼；业主在确信某承包商无力继续实施其委托的工程的时候，立即撤换承包商；施工事故发生后采取紧急救护、安装火灾警报系统；投资者控制内部核算、制订种种资金运作方案等，都是为了达到减少损失目的。控制损失应采取主动，以预防为主，防控结合。

3. 风险分离

风险分离是指将各风险单位分隔开，以避免发生连锁反应或互相牵连。这种处理可以将风险限制在一定范围之内，从而达到减少损失的目的。

风险分离常用于承包工程中的设备采购。为尽量减少因汇率波动而造成的汇率风险，承包商可在若干不同的国家采购设备，采用多种货币付款。这样即使发生大幅度波动，也不致出现全面损失。

在施工过程中，承包商对材料进行分隔存放，也是一种风险分离的手段。因为分隔存放无疑分离了风险单位。各个风险单位不会具有同样的风险源，而且各自的风险源也不会互相影响。这样，就可避免材料集中存放于一处时，可能遭受同样的损失。

4. 风险分散

风险分散与风险分离不同，后者是对风险单位进行分隔、限制以避免互相波及，从而发生连锁反应；而风险分散则是通过增加风险单位，以减轻总体风险的压力，达到共同分担集体风险的目的。

对于一个工程项目而言，其风险有一定的范围，这些风险必须在项目参与者（如投资者、业主、项目管理者、各承包商、供应商等）之间进行分配。每个参与者都必须有一定的风险责任，这样才有管理和控制的积极性和创造性。风险分配通常在任务书、责任书、合同文件中定义。在起草这些文件时，必须对风险做出预计、定义和分配。只有合理地分配风险，才能调动各方面的积极性，才能有项目的高效益。

5. 风险转移

险转移是风险控制的另一种手段。在项目管理实践中，有些风险无法通过上述手段进行有效控制，项目管理者只好采取转移手段，以保护自己。风险转移并非损失转嫁，这种手段也不能被认为是一种损人利己、有损商业道德的行为。由于有许多风险确实对一些人可能会造成损失，但转移后并不一定同样给他人造成损失。其原因是各人的优劣势不一样，因而对风险的承受能力也不一样。

风险转移的手段，常用于工程承包中的分包、技术转让或财产出租。合同、技术或财产的所有人通过分包工程、转让技术或合同、出租设备或房屋等手段，将应由其自身全部承担的风险部分或全部转移至他人，从而可以减轻自身的风险压力。

第六章 BIM 技术在建筑施工中的应用研究

BIM 是英文 Building Information Modeling 缩写，国内最常见的叫法是"建筑信息模型"，尽管这个说法并不能完整和准确地描述 BIM 的内涵，但是已经被工程建设行业所广泛认同（如同 CAD 之于计算机辅助设计）。

第一节 BIM 在设计阶段

一、BIM 在设计阶段的价值

在设计阶段，由于设计工作本身的创意性、不确定性，设计过程中有很多未确定因素，专业内部及各专业之间需要进行大量的协调工作。在运用 CAD 及其他专业软件的设计过程中，由于各类软件本身的封闭性，在各专业内部及专业之间，信息难以及时交流。而 BIM 本身作为信息的集合体，就是通过数据之间的关系来传递信息，通过在模型中建立各种图元之间的关系，表达各种模型或者构件的全面详尽信息；同时，借助于 BIM 软件本身的智能化，建筑设计行业正在从软件辅助建模向智能设计方向发展。[4]BIM 的采用成为建筑设计行业跨越式发展的里程碑。

BIM 技术可以降低设计人员的工作量，提高设计效率。

（1）利用 BIM 模型提供的信息，可从设计初期开始对各个发展阶段的设计方案进行各种性能分析、模拟和优化，例如日照、风环境、热工、景观可视度、噪声、能耗、

---

[4] 赵伟,孙建军著.BIM 技术在建筑施工项目管理中的应用[M],3 页,成都:电子科技大学出版社,2019.03.

应急处理、造价等，从而得到具有最佳性能的建筑物。然而利用CAD完成这些工作，则需要大量的时间和人力物力投入，可以目前除了特别重要的建筑物有条件开展这项工作以外，绝大部分建筑物的所谓性能分析都还处于合规验算的水平，离主动、连续的性能分析还有很大差距。

（2）利用BIM模型对新形式、新结构、新工艺和复杂节点等施工难点进行分析模拟，从而可改进设计方案以利于现场施工实现，让原本在施工现场才能发现的问题尽早在设计阶段就得到解决，以达到降低成本、缩短工期、减少错误和浪费的目的。

（3）利用BIM模型的可视化特性和业主、施工方、预制商、设备供应商、用户等对设计方案进行沟通，提高效率，降低错误。

（4）利用BIM模型对建筑物的各类系统（建筑、结构、机电、消防、电梯等）进行空间协调，保证建筑物产品本身和施工图没有常见的错、漏、碰、缺现象。

（5）CAD能够帮助设计人员绘图，但不够智能，不能协同设计。随着建筑业的发展，设计所涵盖的面更广，工作量也更大，系统性也更强，所需求和产生的信息量巨大。随着BIM技术的出现，使建筑设计在信息化技术方面有了巨大的进步。BIM技术是通过数据之间的关系来传递信息，在模型中建立各种构件图元之间的关系，从而全面详尽地表达各种构件的信息。

（6）表达建筑物的图纸主要有平面图、立面图和剖面图三种。设计师一般利用CAD软件分别绘制不同的视图；利用BIM模型，不同的视图可以从同一个模型中得到。尤其是当改变其中一个门或一堵墙的类型的时候，通常设计师需要在平立剖、工程量统计等文件中逐个修改，而利用BIM，只要在模型中进行修改，就会体现在图纸、工程量中。传统设计中，除了平立剖图纸本身，结构计算、热工计算、节能计算、工程量统计等，都需要逐个修改模型参数进行重新计算来反映某个变化对各项建筑指标的影响。而利用BIM，这个变化对后续工作的影响评估将变成高度自动化。

通过使用BIM技术，设计师可以完成目前建设环境下（项目复杂、规模大、时间紧、设计费不高、竞争激烈）使用CAD几乎无法完成的工作，从而使得设计的项目性能和质量有根本性的提高。

二、BIM在设计阶段的实施流程

在二维CAD建筑设计中，各种图纸设计都是分开的，需要做很多重复工作，工作量大且专业间经常会出现不一致的错误，导致设计人员有很大一部分精力放在了这些繁杂环节上，而不是在设计工作上。在以三维技术为核心的BIM中，只要建立模型，每个专业内部、专业之间，按照统一规定来完成相应的工作就可以了，其他内容由BIM软件来完成，设计人员不需要将大部分的时间用在图纸绘制、专业协调等繁杂环节，而是将侧重点更多地放在设计工作的核心任务上。

将分析结果导入BIM软件后，不仅可得到各层平面的平法施工图，而且可以得到想要的任何一个截面或者构件的详图，进一步可计算各种材料的用量，进而估算成本。

目前各大设计院基本都是采用 CAD 软件作为设计绘图工具，极大提高了设计人员的工作效率，但从整个设计流程来看，这还远远不够。CAD 软件辅助设计的协调工作能力比较差，需要手动进行关联内容的修改，并且工作量很大，非常繁琐。而在 BIM 设计中，BIM 靠数据进行模型的建立和维护，BIM 中的数据必须通过协调一致性来维持数据的管理和操作，所以 BIM 设计中能够实现数据的智能化协调。二者相比，BIM 通过参数化管理以及 BIM 的协调一致性功能，对模型中的视图进行管理和操作相当简单和方便，例如，如果模型中门 A 和门 B 之间设定了距离为 2m，那么当两个门所在的墙移动后，门的距离还是不变，并且，具有相同属性的门之间的距离也是一样不变的，BIM 技术的这种数据联动性使 BIM 设计的修改和管理更加方便。

三、 BIM 在设计阶段的协同设计

在设计过程中，专业内部及各专业间的设计协同是令设计人员很头痛而且是很容易出错的事情。在 BIM 设计中，BIM 模型本身就是信息的集合体，依靠各专业提供数据和进行完善，BIM 模型也为各专业提供数据和服务。因此，协同性是 BIM 技术的自身特性。

采用 BIM 设计，可以促进各专业之间的配合能力。BIM 技术从三维技术上对建筑模型进行协调管理，它涵盖建筑的各个方面，从设计到施工、再到设备管理，互相结合，推动项目高质量快速发展。例如，建筑专业设计模型建立完成之后，可以利用建筑模型与相应的配套软件进行衔接，进行节能和日照等的分析；结构设计专业对相应的具体部位进行结构计算；设备则可以进行管道和暖通系统的分析。另外，在传统的 CAD 平面设计中，管线是一个很头疼的问题，各专业只针对自己专业进行设计和计算分析，没有考虑或者很难考虑将其他专业的设计图纸结合到一起时，管线会不会干扰正常施工或者会穿过主要结构构件等。但是在 BIM 中这个问题很容易解决，BIM 技术通过管线碰撞的方式，利用同一个建筑模型进行协调操作，方便快捷、准确率高。利用 BIM 平台，通过一个建筑模型，来协调处理建筑与结构、结构与设备、设备与建筑等之间的问题，方便直观、一目了然，而且会自动生成报告文件。这样就可以大大节省查找的工作时间，从而提高工作效率。BIM 技术可以简化设计人员对设计的修改，BIM 数据库可自动协调设计者对项目的更改，如平、立、剖视图，只修改一处，其他处视图可自动更新。BIM 技术的这种协调性能避免了专业不协调所带来的问题，使工作的流程更加畅通，效率更高，让建筑项目这个大的团队工作更加协调，工作更加快捷、省时省力。

此外，BIM 技术所涵盖的方面很广，不只适用于建筑本身，还可以伴随着建设项目的进展，对项目进行管理调节等。由于 BIM 技术的应用伴随着建筑的全生命过程，且以数据信息为基础，协调各专业之间的协作，所以可以在建设的各个阶段为各专业

间提供一个可以数据共享的系统，使各专业交流协作更方便，给设计人员带来极大的便利。在设计阶段，各专业间设计人员通过 BIM 模型交流；在施工阶段，通过 BIM 模型，设计人员与现场施工人员很容易交流解决施工中遇到的设计问题；在使用以及维修阶段，通过 BIM 模型，设计人员很容易指导物业管理人员解决遇到的问题。

四、BIM 在设计阶段的应用现状和发展趋势

目前，BIM 技术仍处于起步阶段，还需要做大量的工作。在设计领域仅仅是在逐步替代 CAD，远没有发挥出自身的优越性。以建筑结构设计为例，目前主要是通过有限元结构分析软件（如 PKPM）做建筑结构的设计和受力变形分析，将计算结构导入到二维软件（如 CAD）中进行结构施工图的绘制（比如平法）。而采用 BIM 技术时，首先要在 BIM 软件中建实体模型，之后将实体物理模型导入相应的结构分析软件，进行结构分析计算，再从分析软件中分析设计信息，进行动态的物理模型更新和施工图设计，从而将结构设计和施工图的绘制二者相统一，实现无缝连接，极大地提高了设计人员的工作效率。但目前应用中，BIM 技术还很不完善，结构设计在建立 BIM 模型时，不仅要输入大量数据（如单元截面特性、材料力学特性、支座条件、荷载和荷载组合等）来建立模型，还需考虑物理模型转化为二维施工图的形式、该物理模型能否导入第三方的结构分析软件进行模型的计算和分析等问题，因此，各类软件之间的双向无缝衔接等问题还制约着 BIM 技术于设计领域的应用。

随着 BIM 技术的快速发展以及相关软件的开发及完善，BIM 技术也将被设计行业进一步认可并大力推广应用。由于 BIM 的集成性，涉及的环节非常多，当前 BIM 技术在很多方面仍很薄弱或空缺，影响到了 BIM 在设计领域的应用。但这些问题将会被逐步解决，BIM 技术将逐渐成为设计行业的基础设计工具。

第二节　BIM 在招投标阶段应用

伴随着国家经济发展、政策导向调整，建筑行业中设计、施工招标投标日渐激烈。对投标方而言，不仅自身要有技术、管理水平，还要充分掌握招标项目的细节并展示给招标方，争取中标。投标方要在较短的投标时间内以较少的投标成本来尽可能争取中标，并不是一件容易的事情。随着 BIM 技术的推广应用，其为投标方带来了极大的便利。

一、 BIM 在招标投标阶段的应用

1. 基于 BIM 的施工方案模拟

借助 BIM 手段可直观地进行项目虚拟场景漫游，在虚拟现实中身临其境般地进行方案体验和论证。基于 BIM 模型，对施工组织设计进行论证，就施工中的重要环节进行可视化模拟分析，按时间进度进行施工安装方案的模拟和优化。对于一些重要的施工环节或采用新施工工艺的关键部位、施工现场平面布置等施工指导措施进行模拟和分析，以提高计划的可行性。在投标过程中，可通过对施工方案的模拟，直观、形象地展示给甲方。

2. 基于 BIM 的 4D 进度模拟

建筑施工是一个高度动态和复杂的过程，当前建筑工程项目管理中用于表示进度计划的网络计划，由于专业性强、可视化程度低，无法清晰描述施工进度以及各种复杂关系，难以形象地表达工程施工的动态变化过程。通过将 BIM 与施工进度计划相链接，将空间信息与时间信息整合在一个可视的 4D（3D+Time）模型中，可以直观、精确地反映整个建筑的施工过程和虚拟形象进度。4D 施工模拟技术可以在项目建造过程中合理制订施工计划、精确掌握施工进度，优化使用施工资源以及科学地进行场地布置，对整个工程的施工进度、资源和质量进行统一管理和控制，以缩短工期、降低成本、提高质量。此外，借助 4D 模型，施工企业在工程项目投标中将获得竞标优势，BIM 可以让业主直观地了解投标单位对投标项目主要施工的控制方法、施工安排是否均衡、总体计划是否合理等，从而对投标单位的施工经验与实力作出有效评估。

3. 基于 BIM 的资源优化与资金计划 [5]

利用 BIM 可以方便、快捷地进行施工进度模拟、资源优化，以及预计产值和编制资金计划。通过进度计划与模型关联，以及造价数据与进度关联，可实现不同维度（空间、时间、流水段）的造价管理与分析。

将三维模型和进度计划相结合，模拟出每个施工进度计划任务对应所需的资金和资源，形成进度计划对应的资金和资源曲线，便于选择更加合理的进度安排。

通过对 BIM 模型的流水段划分，可以按照流水段自动关联快速计算出人工、材料、机械设备和资金等的资源需用量计划。所见即所得的方式，不但有助于投标单位制定合理的施工方案，还能形象地展示给甲方。

总之，BIM 对于建设项目生命周期内的管理水平提升和生产效率提高具有不可估量的优势。利用 BIM 技术可以提高招标投标的质量和效率，有力地保障工程量清单的全面和精确，促进投标报价的科学、合理，加强招标投标管理的精细化水平，减少风险，进一步促进招标投标市场的规范化、市场化、标准化的发展。可以说，BIM 技术的全面应用，将为建筑行业的科技进步产生不可估量的影响，大大提高了建筑工程的集成

---

[5] 赵伟,孙建军著.BIM技术在建筑施工项目管理中的应用[M],107页,成都:电子科技大学出版社,2019.03.

化程度和参建各方的工作效率。同时,也为建筑行业的发展带来巨大效益,使规划、设计、施工乃至整个项目全生命周期的质量和效益得到显著提高。

二、 BIM 在招标投标阶段的应用价值

1. 提升技术标竞争力

BIM 技术的 3D 功能对技术标表现带来很大的提升,能够更好地展现技术方案。通过

BIM 技术的支持,可以让施工方案更为合理,同时也可展现得更好,获得加分。BIM 技术的应用,提升了企业解决技术问题的能力。建筑业长期停留在 2D 的建造技术阶段,很多问题不能被及时发现,未能第一时间给予解决,造成工期损失和材料、人工浪费,3D 的 BIM 技术有极强的优势来提升对问题的发现能力和解决能力。

2. 提升中标率

更精准的报价、更好的技术方案,无疑将提升投标的中标率。这方面已有很多的实践案例,越来越多的业主方将 BIM 技术应用列为项目竞标的重要考核项目。同时,更高的投标效率将让施工企业有能力参与更多的投标项目,也会增加中标的概率。施工企业将 BIM 技术的应用前移,特别必要。

3.BIM 技术帮助施工企业获得更好的结算利润

当前业主方的招标工程量清单一般并不精准。如果施工企业有能力在投标报价前对招标工程量清单进行精算,运用不平衡报价策略,将获得很好的结算利润,这也是合法的经营手段。

4. 便于改扩建工程投标

在建设领域中,除了新建工程,还有大量的改扩建工程。这些工程经常遇到的问题就是原有图纸与现有情况不符,难以准确投标,设计变更多,导致工期长、索赔多等问题。而采用 BIM 技术,在投标时依据旧有建筑模型确定工作内容,中标后在旧有建筑模型上设计,能够避免很多技术、索赔等方面问题。

第三节 BIM 在施工阶段

一、BIM 在施工阶段的价值

近几十年来，相比其他行业生产力水平的巨大进步，建筑施工行业没有根本性的提升。一般认为有两点主要原因：一是工程项目的复杂性、非标准化，各专业协同困难，不必要的工程项目成本消耗在管理团队成员沟通协调过程中；二是各参与方实时获取项目海量数据存在巨大困难。诸如此类的一系列问题导致延误、浪费、错误现象严重，虽然已经认识到这些问题，但是现在的管理技术、方法无法对其进行根本性解决。此外，建筑行业是高危行业，而在建筑施工过程中实现进度、成本、质量和安全信息的准确、高效传输与落实，保证各类控制指标得到实时监测，以及建设各参与方的信息共享与管理一体化是预防施工事故频发的可行方法。但是在现有的施工组织方案下，只有少量的信息能够从最高管理层到达一线作业人员，说明信息在传递中存在严重衰减现象。为了实现建筑施工的按期交付、低成本、高质量、低事故率等多个目标，迫切需要建立一套完善、系统的建筑工程施工数据管理模式。

BIM 技术是利用数字化技术在计算机中建立虚拟的建筑工程信息模型，并为该模型提供全面的、动态的建筑工程信息库。BIM 技术应用的核心价值不仅在于建立模型和三维效果，更在于整合建筑项目周期内的各个参与方的信息，形成信息丰富的 BIM 模型，便于各方查询和调用，给参与工程项目的各方带来不同的应用价值。BIM 作为一种应用于工程全生命周期的信息化集成管理技术，已逐步受到建筑行业各参与方的认可。

BIM 技术在我国施工阶段的应用，从原本只是简单地做些碰撞检查，到现在的基于 4D 的项目管理，可以看到 BIM 技术在施工阶段的应用越来越广、越来越深。BIM 技术在施工阶段的应用价值体现在哪里呢？下面主要从三个层面来了解。

最低层级为工具级应用，利用算量软件建立三维算量模型，可以快速算量，极大改善工程项目高估冒算、少算漏算等现象，提升预算人员的工作效率。

其次为项目级应用，BIM 模型为 6D（3D+ 建筑保修、设施管理、竣工信息）关联数据库，在项目全过程中利用 BIM 模型中的信息，通过随时随地获取数据为人机计划制订、限额领料等提供决策支持，通过碰撞检查避免返工，钢筋、木工的施工翻样等，可实现工程项目的精细化管理，项目利润可得到提高。

最高层次为 BIM 的企业级应用，一方面，可以将企业所有的工程项目 BIM 模型集成在一个服务器中，成为工程海量数据的承载平台，实现企业总部对所有项目的跟踪、监控与实时分析，还可以通过对历史项目的基础数据分析建立企业定额库，为未来项目投标与管理提供支持；另一方面，BIM 可以与 ERP（Enterprise Resource Planning 企业资源计划的简称）结合，ERP将直接从BIM数据系统中直接获取数据，避免了现场人员海量数据的录入，使ERP中的数据能够流转起来，有效提升企业管理水平。

由以上三个层面可以看出，BIM技术在施工阶段的价值具有非常广泛的意义，企业将这三个层面的价值内容完全发挥出来的时候，也是BIM技术价值最大化时候。

二、BIM在施工阶段的应用

大中型建筑工程在施工阶段一般具有工程复杂、工期紧、数据共享困难及专业多、图纸问题多、易造成返工等特点，项目管理难度很大。借助于BIM技术的可视化、模拟性等特点，加强事前、事中管理，可以有效促进质量、进度、成本、安全等管理工作。

（一）BIM技术在施工阶段工程项目质量管理中的应用[6]

项目管理人员在工程施工前通过建立的三维模型可发现设计中的错误和缺陷，提高图纸会审效率，从源头上避免工程质量问题；可以进行碰撞检查，及早解决专业间的协调问题。

1. 施工过程中进行施工模拟

（1）节点构造模拟。随着BIM技术的不断发展，其可视化程度高及模拟性强的特点给空间造型设计和施工组织设计等提供了强有力的技术支持，从而使得BIM技术的应用途径越来越多。工程中相对复杂的节点，如果只用二维CAD图纸的方式来表达，对施工来说是一种限制，不能与工程实际对接，同时也为后期工程施工方案的规划和选取带来了许多阻碍。

通过关键节点CAD平面图和利用BIM模型的三维可视化图对比，可以发现即使是一个比较简单的节点都要用几个二维图来表现，而利用BIM技术，一个节点用一个三维可视化图就可以清晰地表现。

（2）施工工艺模拟。利用BIM技术进行虚拟施工工艺动画展示，通过对项目管理人员进行培训、指导，确保项目的管理人员熟悉并掌握施工过程中可能会出现的各种施工工艺和施工方法，加深对施工技术的理解，为工程施工质量控制工作打下坚实的基础。

（3）预留洞口定位。利用BIM技术先在建模软件中对相关的管线进行排布，将排布后的管线模型上传到BIM多专业协同系统中，自动准确定位混凝土墙上的预留洞口，输出预留洞口报告进而指导施工。

利用BIM技术可视化程度高和虚拟性强的特点，把工程施工难点提前反映出来，减少施工过程中的返工现象，可提高施工效率和施工质量；模拟演示施工工艺，进行

[6] 赵伟,孙建军著.BIM技术在建筑施工项目管理中的应用[M].137页,成都:电子科技大学出版社,2019.03.

基于 BIM 模型的技术交底，可以提升各个参与方之间协同沟通的效率；模拟工作流程，优化了施工阶段的工程质量管理。

2. 现场质量管理

工程质量的数据信息是工程质量的具体表现，同时也是工程质量控制的依据。由于工程项目建设周期长、设计变更种类繁多，在现场质量管理过程中会产生大量的质量数据信息，按照传统的工作方式，项目管理人员想要随时掌握现场质量控制的动态数据并进行汇总分析是非常困难的。

目前，施工现场工程质量信息的采集主要是先通过现场管理人员手工进行记录，然后再保存到现场的计算机中或者保存为纸质版文件。这种质量数据信息采集与录入的方式会使得质量信息的获取过程变得漫长，造成质量信息汇总分析滞后。由于工程质量信息要进行二次录入，这样极容易降低工程质量信息的可靠性，使得真正可以利用的质量信息数量减少。

在 BIM 技术的支持下，项目管理人员通过手机、iPad 等智能移动终端对工程质量数据信息进行采集，并通过网络将信息实时上传到云平台中，并将信息与之前上传到云平台中的 BIM 模型进行关联，给项目管理人员设置相应的权限，这样既可以保证工程质量信息传递的即时性，又可以避免人为对数据的篡改，确保工程质量信息的真实性。

随着智能移动终端（如手机、iPad）的拍照功能日益强大，项目现场管理人员可利用智能移动终端上的软件随时将施工现场的各种质量问题拍下来，标注位置、问题性质等各种属性，通过无线 Wi-Fi 或者 4G 网络实时上传到云平台中，与 BIM 模型进行关联。一旦现场有照片传到 BIM 模型中，可及时通知施工现场的管理人员，随时进行查看，大大缩短了问题反馈时间。通过不断地积累和总结，可以逐渐形成一个由现场照片组成的直观的数据库，便于现场管理人员对图片信息进行再利用，加强其对现场质量控制的能力。

信息的价值不仅仅在于信息本身，而在于可通过对收集到的零散的信息进行分析和总结，为后期决策提供确切的依据。项目管理人员通过信息处理工具对工程质量从时间维度、空间维度和分部分项维度等进行对比分析，以期提早发现工程质量问题，分析问题产生的原因，制定工程质量问题的解决方案；通过对以往工程质量信息的汇总分析，形成工程质量控制的宝贵经验。利用 BIM 技术将采集到的工程质量验收记录、工程开工报告、报审文件、工程材料（设备、构配件）审查文件、设计变更文件、变更信息、巡视检查记录、旁站监督记录、工程质量事故处理文件、指令文件、监理工作报告等信息进行归纳和分析，分析工程质量问题产生的原因，并且提出防治措施，便于日后学习和借鉴。利用 BIM 技术，可直接提交电子版的质量检验报告和技术文件，审核时直接调用即可，避免了大量纸质文件翻阅和查找的工作，节省了工作时间，提高了工作效率。

3. 工程质量信息的获取和共享

可以通过建立企业质量管理数据库实现信息的共享，通过云端数据库加强质量信息的交流。针对国家、地区、企业和项目不同的要求，建立与之对应的数据库。针对我国不同地区工程项目质量相关的法律法规，建立与之对应的工程质量法律法规数据库，将相关地区的工程质量法律法规纳入其中，实现电子化存档，使得企业相关人员和项目管理人员对该地区工程质量标准和规范进行精确、快速地查找。此外，工程质量管理经验、工程质量问题以及工程质量问题防治措施的收集是工程质量信息收集的重点工作，项目管理人员通过对以上收集的信息进行归纳总结，建立属于企业自身的工程质量问题数据库、工程质量控制点数据库以及工程质量问题防治措施数据库，用于指导与协助施工过程中工程质量控制工作和事前质量控制工作。

（二）BIM技术在施工阶段工程项目进度管理中的应用

4D模型即在3D模型基础上，附加时间因素，这种建模技术应用于建筑施工领域，以施工对象的3D模型为基础，以施工的建造计划为其时间因素，可将工程的进展形象地展现出来，形成动态的建造过程模拟模型，用以辅助施工计划管理。比如，在Microsoft Project软件中完成计划之后，在Luban BIM Works软件中将其与BIM模型结合起来，形成4D进度计划。在Luban BIM Works中，可以把不同的形态设置成不同的显示状态，这样可以直观地检查出时间设置是否合理。

1. 项目进度动态跟踪

项目在进行一段时间后发现目标进度与实际进度间偏差越来越大，这时最早制定的目标计划起不到实际作用，项目管理人员需要重新计算和调整目标计划。利用BIM技术反复模拟施工过程来进行工程项目进度管理，让那些在施工阶段已经发生的或将来可能出现的问题在模拟的环境中提前发生，逐一进行修改，并提前制定相应解决办法，使进度计划安排和施工方案达到最优，再用来指导该项目的实际施工，从而保证工程项目按时完成。

2. 进度对比

关于计划进度与实际进度的对比一般综合利用横道图对比、进度曲线对比、模型对比完成。系统可同时显示多种视图，实现计划进度与实际进度间的对比。另外，通过项目计划进度模型、实际进度模型、现场状况间的对比，可以清晰地看到建筑物的成长过程，发现建造过程中的进度情况和其他问题，进度落后的构件还会变红发出警报，提醒管理人员注意。

3. 纠偏与进度调整

在系统中输入实际进展信息后，通过实际进展与项目计划间的对比分析，可发现较多偏差，并可指出项目中存在的潜在问题。为了避免偏差带来的问题，项目过程中需要不断地调整目标，并采取合适的措施解决出现的问题。项目时常发生完成时间、总成本或者资源分配偏离原有计划轨道的现象，需要采取相应措施，使项目发展与计划趋于一致。对进度偏差的调整以及目标计划的更新，均需考虑资源、费用等因素，采取合适的组织、管理、技术、经济等措施，这样才能达到多方平衡，实现进度管理的最终目标。

进度管理中应用 BIM 技术的优势如下。

（1）提升全过程协同效率。

（2）碰撞检测，减少变更和返工进度损失。

（3）加快支付审核。

（4）加快生产计划、采购计划的编制。

（5）提升项目决策效率。

（三）BIM技术在施工阶段工程项目成本管理中的应用

1. 建立成本BIM模型

利用建模软件建立成本 BIM 模型，基于国家规范与平法标准图集，采用 CAD 转化建模、绘图建模，辅以表格输入等多种方式，整体考虑构件之间的扣减关系，解决在施工过程中钢筋工程量控制和结算阶段钢筋工程量的计算问题。造价人员可以修改内置计算规则，借助其强大的钢筋三维显示，使得计算过程有据可依，便于查看和控制。报表种类齐全，可满足多方面需求。

2. 成本动态跟踪

项目应用以 BIM 技术为依托的工程投资数据平台，将包含投资信息（工程量数据、造价数据）的 BIM 模型上传到系统服务器，系统就会自动对文件进行解析，同时将海量的投资数据进行分类和整理，形成一个多维度、多层次的，包含可视化三维图形的多维结构化工程基础数据库。相关人员可远程调用、协同，对项目快速、准确按区域（根据区域划分投资主体）、按时间段（月、季度、特定时间等）进行分析统计工程量或者造价，使得项目的成本在可控范围内。

3. 工程量计划

（1）应用说明。项目开工前，根据施工图纸快速建立预算 BIM 模型，建模标准按照委托方确定的要求（清单或定额）制定。建模完成后可以获得整个项目的预算工程量。所有预算工程量可以按照楼层、构件、区域等进行快速划分统计，并把预算模型上传至数据系统进行内部共享，相关人员可以利用客户端对所需要的数据进行查询。

（2）应用价值。利用工程量数据，结合造价软件，成本部门可以测算出整个项目的施工图预算，作为整个项目总造价控制的关键。

工程部可以根据项目各层工作量结合项目总节点要求制订详细的施工进度计划。

例如,制订基础层的施工计划,相关人员就可在客户端中查询土方工程量,承台混凝土、钢筋和模板工程量,基础梁混凝土、钢筋和模板工程量等,并且能够以这些数据为依据结合施工经验制订出比较详细和准确的施工进度计划。

施工图预算 BIM 模型获得的工程量可以与今后施工过程中的施工 BIM 模型进行核对,对各层、各构件工程总量进行核对,对于工程量发生较大变化的情况可及时检查发现问题。

(3)相关部门岗位工程部与项目部包含:项目经理、技术主管、核算员等岗位人员。

4. 注意事项

(1)要确保建模的准确性。

(2)对图纸中未注明、矛盾或错误的地方及时提出并进行沟通。

(3)建模完成后需配套相关建模进行沟通与核对。

(4)混凝土工程量中未扣除钢筋鹿点体积。

(5)项目只涉及工程量数据,造价、构机价格以及取费等由项目人员完成。

预算工程量可以按照楼层、构件、区域等进行快速划分统计,并把预算模型上传至数据系统进行内部共享,相关人员可以利用客户端对所需要的数据进行查询。

(2)应用价值。利用工程量数据,结合造价软件,成本部门可以测算出整个项目的施工图预算,作为整个项目总造价控制的关键。

5. 人工和材料计划

(1)应用说明。算量 BIM 模型建立完成后,导入造价软件,根据定额分析出所需要的各专业人工和主要材料数量。将所有数据导入到 BIM 系统中,作为材料部采购上限进行控制。根据定额分析出来的人工和材料是定额消耗量,与实际消耗量存在差距,通常情况下偏大。所以可以分两步来解决这个问题:一是定额分析出来的人工和材料根据施工经验乘以特定系数后作为材料上限进行控制;二是根据现场实际施工测算情况对定额中的消耗量进行修改,形成企业定额,从中分析出来的人工和材料作为准确数量进行上限控制。

(2)应用价值。材料部门根据分析得到的材料数量进行总体计划,并且设置材料采购上限。如果项目上累计采购已经超出限制则进行预警。材料管控需同项目管理软件相结合,根据公司和管理要求对材料进行分层、分节点统计。工程部门可以根据分析得到的具体人工用量,提前预计施工高峰和低谷期,合理安排好施工班组。

(3)相关部门岗位。工程部和项目部包括:项目经理、技术主管、核算员等岗位人员。材料部包括:材料员等岗位人员。

(4)注意事项。机械使用量情况不进行分析,主要考虑大型机械不按台班计费,另外,小型机械由分包班组自行准备。其对项目管控的价值不大,因此不做考虑。

预算 BIM 模型分析出来的材料数量可以作为材料采购总体计划,每一阶段详细计划可以根据施工 BIM 模型来制定,一方面施工 BIM 模型更贴近于实际施工,另外施工

BIM 模型根据设计变更或图纸改版随时进行调整，比预算 BIM 模型的数据更可靠。

5. 模板摊销制定

（1）应用说明。根据已经建立的算量 BIM 模型，可以按接触面积测算出模板面积。使用客户端选择相应楼层，输入相应构件名称就可以快速查询到所需要的模板量。

（2）应用价值。工程部根据这些数据，按照模板摊销要求，可以测算出清水模板、库存模板、钢模板等的数量，并且对项目部制定相应的考核方案。

6. 施工交底

（1）应用说明。施工交底应用主要基于施工 BIM 模型进行，施工 BIM 模型是在预算 BIM 模型的基础上，根据施工方案以及现场实际情况进行编制的。因此，施工 BIM 模型用于日常交底工作将更准确。

（2）应用价值。工程部在日常与施工班组交底过程中选择需要交底的部位，进行三维显示，并且可以直接对交底部位进行打印，相关人员签字确认，并且交给具体施工人员，以保证交底工作不是流于形式。

7. 材料用量计划

（1）应用说明。施工 BIM 模型导入造价软件中后，可以分析出所需要的材料需求量。例如浇筑混凝土，根据施工预算 BIM 模型统计混凝土需求量应该为 $120m^3$，根据现场支模情况并且考虑扣除钢筋体积，估计 $110m^3$，可以满足需求，确定后就可以要求混凝土搅拌厂进行准备。同时这个量还可以作为最后的核对依据，如果实际浇筑超过了 $120m^3$，这时就要查找原因，是因为量不足还是因为其他情况。

（2）应用价值。工程现场管理人员原来是需要提前手工计算并进行统计，现在可以直接在系统中进行查询。一方面避免了手工计算不准确或人为的低级错误，另一方面避免了因时间紧导致手工

无法计算的情况。同时，设计变更调整也能及时共享到最新数据中。

8. 进度款审核申报

（1）应用说明。对于分包单位进度款的申报与审核，核算员可以通过算量软件调取各家分包单位的工作量，项目经理和工程部相关人员可以进入信息系统中进行审核确认。

（2）应用价值。提高核算人员填报分包工作量的准确性和及时性，避免因工作量误差引起矛盾，增加沟通成本。项目经理和工程部人员在签字时可以快速调取系统中的数据进行核对，做到管理决策有据可依、有据可查。

9. 施工过程中多算对比（工程量）

（1）应用说明。目前的条件可以满足项目的二算对比，即项目前期预算量与施工过程中实际量的对比。

（2）应用价值。施工过程中多算对比主要便于项目经理和总部进行管控，通过数据对比和分析，及时了解项目进展情况。对于数据变化大的项目应及时查找并解决其问题。

10. 设计变更调整

（1）应用说明。资料员拿到设变更后进行扫描并提交给核算员，并由核算员根据变更情况直接在BIM模型中进行修改，并把相关设计变更单扫描文件链接到模型变更部位。完成后上传到信息系统中进行共享。

（2）应用价值。保证相关部门查询到的数据是最新最准确的，包括材料采购申请以及月工作量审核等。调整后数据可以在客户端中和项目前期预算进行对比，可以快速了解设计变更后工程量的变化情况。

施工完成后的BIM模型可以作为分包结算的依据，并包含所有涉及的变更单。这样有效地加快了结算速度和准确性，避免了扯皮事件的发生。

11. 电子资料数据库建立

（1）应用说明。为了便于后期的运营维护，施工阶段需要把主要材料的供应商信息、设计变更单等相关资料加入到模型中。通过BIM算量软件可以添加供应商信息，其他图片或者文件可以通过链接模式关联到具体构件中。如大理石地面，可以注明供应商、尺寸、规格、型号、联系方式等，与之相关的设计变更单可以扫描后作为链接进行关联。

（2）应用价值。运营维护阶段，相关资料可以得到有效利用，例如地面大理石损坏，这时就可以查询到大理石的相关厂家信息，便于查询，可避免浪费时间去翻阅竣工图纸、变更单等。项目结算时，相关变更和签证可直接在模型中进行查询，避免结算时漏项。

（四）BIM技术在施工阶段工程项目安全管理中的应用

1. 安全教育

借助BIM技术可视化程度高的特点，利用BIM技术虚拟现场的工作环境，可进行基于BIM技术的安全培训。一些新来的工人对施工现场不熟悉，在熟悉现场工作环境之前受到伤害的可能性较高。有了BIM技术的帮助，可以使他们能够快速地熟悉现场的工作环境。基于BIM技术的安全培训不同于传统的安全培训，其避免了枯燥乏味的形式主义，将安全培训落到实处。在BIM技术辅助下的安全培训可以让工人更直观和准确地了解到现场的状况，以及他们将从事哪些工作，哪些地方需要特别注意，哪些地方容易出现危险等，从而便于为现场工人制定相应的安全工作策略和安全施工细则。这不仅强化了培训效果，提高了培训效率，还减少了时间和资金的浪费。

2. 安全模拟

施工阶段是工程项目涉及专业最多、交叉作业最多且最复杂的阶段，主要包括给水排水、电气、暖通、房屋建筑、道路等。可利用模型动画对施工现场情况进行演示并对工人进行安全技术交底，最大程度降低施工风险，确保安全施工。BIM 技术条件下的施工安全模拟可以将进度计划作为第四个维度挂接到三维模型上，合理地安排施工计划，使得各作业工序、作业面、人员、机具设备和场地平面布置等要素合理有序地聚集在一起。项目施工过程中，要保证作业面安全及公共安全，以动画的形式展示项目构件的安装顺序（包括永久结构、临时结构、主要机械设备和卸料场地），清晰明确地展示项目将以何种方式施工，这是降低施工安全风险的关键因素。可利用 BIM 模型协调计划，消除冲突和歧义，改进培训效果，从而增强项目安全系数。模型可以帮助识别并消除空间上存在的碰撞及潜在的安全风险，这种风险在以往常常是被忽略的。此外，模型必须时常更新以确保其有效性。另外，利用 BIM 技术进行安全规划和管理，BIM 模型和 4D 模拟还可以被用来做以下安全模拟：塔吊模拟；临边、洞口防护；应急预案。其中，4D 模拟、3D 漫游和 3D 渲染可以被用来标识各种危险以及同工人沟通安全管理计划。

3. 现场安全监测与处理

在施工现场的安全监测方面，移动客户端可以发挥重要的作用。通过移动客户端，可在施工现场使用手机或平板电脑拍摄现场安全问题，把现场发现的安全问题进行统一管理，将有疑问的照片上传到信息系统，与 BIM 模型相关位置进行关联，方便核对和管理，便于在安全、质量会议上解决问题，从而大大提高了工作效率。采用客户端进行现场安全监测与处理的优势如下。

（1）安全问题的可视化。现场安全问题通过拍照来记录，一目了然，可根据记录逐一消除。

（2）问题直接关联到 BIM 模型上。采用 BIM 模型关联模式，方便管理者对现场安全问题准确掌控。

（3）方便的信息共享。管理者在办公室就可随时掌握现场的安全风险因素。

（4）有效的协同共享，提高各方的沟通效率。各方可根据权限，查看属于自己的安全问题。

（5）支持多种手持设备的使用。

（6）简单易用，便于快速实施；实施周期短，便于维护；手持设备端更是好学、易用。

三、BIM 在施工阶段的应用现状和发展趋势

BIM 技术在工程项目中质量控制成效显著，优化了设计模型，加强了施工过程中工程质量信息的采集和管理，使得施工过程的每一阶段都留有痕迹，丰富了工程质量信息采集的途径，提高了工程施工质量控制水平和效率。在进度管理方面，可实时跟踪项目进度的进展情况，一旦发现偏差，立即予以解决，提高了项目进度管理的效率，

并可对利用BIM技术进行工程项目进度管理的优势进行总结，形成企业的宝贵经验。通过对项目成本BIM模型建立、工程量分析、成本动态跟踪和材料采购控制四个方面的应用，解决了施工过程中的成本问题，提出了相应的对策建议，加强了项目管理人员对成本实时跟踪和管控的能力，提高了成本管理效率，并促进了工程项目信息化、过程化、精细化的成本管理。根据BIM技术的特点，结合项目把BIM技术应用到安全管理中，可减少施工过程中可能会出现的安全问题，提高施工安全性。

BIM技术将结合3D扫描技术、云端建筑能耗分析技术、预制技术、大数据管理以及计算机辅助加工技术高速发展。随着技术发展和科技的进步，3D扫描仪的价格慢慢下降，使得建筑企业将考虑购买3D扫描仪，用于收集施工现场的数据资料并汇总到云端的BIM模型中。另外，随着越来越多的数据被上传到云端数据库中，项目管理人员将可以访问一个富含各种数据的BIM模型，所以，如何有效组织、合理管理、充分分享这些模型将变得至关重要。此外，由于上传到云端，数据信息的安全保密工作也很重要。

第四节　BIM在运营管理阶段

很多商场的自动扶梯旁都有"小心碰头"的标志，这多半是设计不当所致。为什么没有在设计时就发现这个问题呢？在当运营方接手建筑之后，就很难去改变了（涉及楼板结构和电梯设备），只能挂牌子警示。而如果在设计阶段就通过BIM可视化工具进行运营的模拟，则可以提前发现并解决这类问题。

一、　BIM在运营阶段应用现状

我国工程建设行业从2003年开始引进BIM技术后，大型的设计院、地产开发商、政府及行业协会等都积极响应并协同在不同项目中不同程度上使用了BIM技术，如上海中心大厦、银川火车站、中央音乐学院音乐厅等典型项目。

虽然近几年BIM在我国有了显著发展，但是BIM在项目中的应用阶段来看，还普遍处在设计和施工阶段，应用到商业运营阶段的案例很少。BIM在商业运营阶段的应用还未被广泛挖掘，这和运营相关的BIM软件开发有很大的关系。BIM的发展离不开软件的支持，现如今，我国主要的BIM软件还是以引用国外研发的软件为基础，自主研发的BIM软件主要还集中在设计和造价方面，运营方面的软件研发还处于原点。

目前，我国引用一些国外的运营软件进行了初级的商业运营管理工作，实践中发现运营阶段的BIM软件与其他阶段的软件交互性较差，造成BIM技术在运营阶段未得到充分应用，同时使得运营阶段在商业建设项目的全生命周期内处于孤立状态。为深化 BIM 技术在我国商业运营中的应用，2012 年 5 月 24 日，同济大学建筑设计研究院主办了"2012 工程建设及运营管理行业 BIM 的应用论坛"，为以 BIM 为核心的商业运营管理在国内的快速发展奠定了基础。

运营阶段作为商业项目投资回收和盈利的主要阶段，节约成本、降低风险、提升效率，达到稳定有效的运营管理成为业主们追求的首要目标。显然，传统的运营模式已经不能适应当今信息引领时代的浪潮，也不可对大型设施项目中大量流动的人群进行有力的安全保证，传统的运营管理技术在未来将不能满足业主们的期望。总体来说，传统运营管理的弊端主要体现在成本高、缺乏主动性和应变性，及总控性差三个方面。

1. 劳动力成本和能源消耗的成本大

传统的运营管理是在对人的管理的基础上，建立运营管理团队，运营团队是商业项目的核心竞争力，它要求业务人员具有全方位的素质和能力，从而做到信息最快捷地传送和问题最有效地解决，但在这个快速扩张的市场中，人才的培养和流失就是很大的问题，特别是项目团队中的核心成员。并且随着劳动力成本的不断增加，给业主带来了相当大的资金压力，传统的运营管理造成了劳动力成本大幅度的增加。传统运营管理中的能源耗费量大也造成了运营成本的增加。应用传统的运营管理技术很难得到比较准确的建筑能耗统计数据和确切的设备能耗量，致使运营团队在制定节能减排目标和相关工作计划时，缺乏有效的建筑能耗数据依据，从而让运营成本增加。

2. 运营管理缺乏主动性和应变性

传统的运营管理处在被动状态上，对于将要出现的隐患缺少预见性，对突发事件缺少快速的应变性。一个商业地产项目涉及供暖系统、通风系统、排水系统、消防系统、通信系统、监控系统等大量的系统需要管理和维护，如水管破裂找不到最近的阀门，电梯没有定期更换部件造成坠落，发生火灾后因疏散不及时造成人员伤亡等，这样业主总处于被动。问题出现了才解决的传统运营管理模式，造成的不仅仅是经济上的损失，更是消费者对业主在品质上的不信任、信誉上的不保障，这些损失往往是很难挽回的。

3. 总部对项目运营管理的控制性差

随着商业开发项目在国内的蓬勃发展，来自全国各地的各个项目信息繁杂，增加了总部的管理压力。传统的运营管理，管理人员定期整理项目信息，并以报表、图形、文本等形式把运营信息传达给总部，再等待总部各方面的决策。

信息以这种方式传递，使总部不能及时地了解项目最新的运营信息，不能给予总部最快捷的决策支持，不能发挥总部管控的最大效力，更使得总部不能对各个项目运营进行实时控制。

二、 BIM 在运营阶段应用的意义

在建筑设施的生命周期中，运营维护阶段所占的时间最长，花费也最高，虽然运维阶段非常重要，但是所能应用的数据与资源却相对较少。传统的工作流程中，设计、施工建造阶段的数据资料往往无法完整地保留到运维阶段，例如建设途中多次的设计变更，但变更信息通常不会在完工后妥善整理，造成运维上的困难。BIM 技术的出现，让建筑运维阶段有了新的技术支持，大大提高了管理效率。

BIM 是针对建筑全生命周期各阶段数据传递的解决方案。将建筑项目中所有关于设施设备的信息，利用统一的数据格式存储起来，包括建筑项目的空间信息、材料、数量等。利用此数据标准，在建筑项目的设计阶段，即使用 BIM 进行设计，建设中如果有设计变更也可以及时反映在此档案中，维护阶段则能得到最完整、最详细的建筑项目信息。

在传统建筑设施维护管理系统中，多半还是以文字的形式列表展现各类信息，但是文字报表有其局限性，尤其是无法展现设备之间的空间关系。当 BIM 导入到运维系统中，可以利用 BIM 模型对项目整体做了解，此外模型中各个设施的空间关系，建筑物内设备的尺寸、型号、直径等具体数据，也都可以从模型中完美展现出来，这些都可以作为运维的依据，并且可合理、有效地应用在建筑设施维护与管理上。

BIM 是指一个有物理特性和功能设施信息的建筑模型。因此 BIM 的条件必须是提供一个共享的知识信息资源库，在建筑设施的设计上有着正确的资料，让建筑生命周期的管理得以提早开始进行。BIM 在建筑设施维护管理方式上也跟以往有很大的不同。传统运维管理往往仅有设备资料库展开的清单或列表，记录每个设备的维护记录，而应用了 BIM 之后，借助 BIM 中的空间信息与 3D 可视化的功能，可以达成以往无法做到的事情。

（1）提供空间信息：基于 BIM 的可视化功能，可快速找到该设备或是管线的位置以及与附近管线、设备的空间关系。

（2）信息更新迅速：由于 BIM 是构件化的 3D 模型，新增或者移除设备均非常快速，也不会产生数据不一致的情形。

三、 BIM 在现代运营管理中的价值

1. 提供空间管理

空间管理主要应用在照明、消防、安防等系统和设备的空间定位。BIM 获取各系统和设备的空间位置信息，把原来编号或者文字表示变成三维图形位置，直观形象且方便查找。比如获取大楼的安保人员位置；消防报警时，在 BIM 模型上快速定位所在位置，并查看周边的疏散通道和重要设备等。其次，应用于内部空间设施可视化。利用 BIM 建立一个可视三维模型，所有数据和信息都可以从模型中获取调用。如装修的

时候，可快速获取不能拆除的管线、承重墙等建筑构件的相关属性。

在应用软件方面，由 Autodesk 创建的基于 DWF 技术平台的空间管理，能在不丢失重要数据以及接收方无需了解原设计软件的情况下，发布和传送设计信息。在此系统中，Autodesk FMDesktop 可以读取由 Revit 发布的 DWF 文件，并可自动识别空间和房间数据，而 FMDesktop 用户无需了解 Revit 软件产品，使企业不再依赖于劳动密集型、手工创建多线段的流程。设施管理员使用 DWF 技术将协调一致的可靠空间和房间数据从 Revit 建筑信息模型迁移到 Autodesk FMDesktop。然后，生成专用的带有彩色图的房间报告，以及带有房间编号、面积、入住者名称等的平面图。

2. 提供设施管理

在设施管理方面，主要包括设施的维修、空间规划和维护操作。美国国家标准与技术协会（NIST）于 2004 年进行了一次调查，业主和运营商在持续设施运营和维护方面耗费的成本几乎占总成本的三分之二。传统的运维模式耗时长，如需要通过查找大量建筑文档，才能找到关于热水器的维护手册。然而 BIM 技术的特点是，能够提供关于建筑项目的协调一致的、可计算的信息，且该信息可共享和重复使用，业主和运营商因此可降低成本的损失。此外，还可对重要设备进行远程控制。把原来商业地产中独立运行的各设备汇总到统一的平台上进行管理和控制。通过远程控制，可充分了解设备的运行状况，为业主更好地进行运维管理提供良好条件。设施管理在地铁运营维护中会起到重要的作用，在一些现代化程度较高、需要大量高新技术的建筑中，如大型医院、机场、厂房等，也会被广泛的应用。

3. 提供隐蔽工程管理

在建筑设计、施工阶段会有一些隐蔽工程信息，随着建筑物使用年限的增加，人员更换频繁，隐蔽工程的安全隐患日益突显，有时会直接导致悲剧发生。如 2010 年南京市某废旧塑料厂在进行拆迁时，因对隐蔽管线信息了解不全，工人不小心挖断了地下埋藏的管道，引发了剧烈的爆炸。基于 BIM 技术的运维可以管理复杂的地下管网，如污水管、排水管、网线、电线以及相关管井，并且可以在图上直接获得相对位置关系。当改建或二次装修时可以避开现有管网位置，便于管网维修、更换设备和定位。内部相关人员可以共享这些信息，有变化可随时调整，保证信息的完整性及准确性。

4. 提供应急管理

基于 BIM 技术的管理较传统运维方式盲区更少。公共建筑、大型建筑和高层建筑等作为人流聚集区域，对突发事件的响应能力非常重要。传统的突发事件处理仅仅关注响应和救援，而通过 BIM 技术的运维管理对突发事件的管理包括：预防、警报和处理。以消防事件为例，管理系统可以通过喷淋感应器感应信息；如果发生着火事故，在商业广场的 BIM 信息模型界面中，就会自动触发火警警报；着火区域的三维位置和房间立即进行定位显示；控制中心可以及时查询相应的周围环境和设备情况，为及时疏散人群和处理灾情提供重要信息。类似的还有水管、气管爆裂等突发事件：通过 BIM 系统可以迅速定位，查到阀门的位置，避免了在众多图纸中寻找信息，提高了处理速度和准确性。

5. 提供节能减排管理

通过 BIM 结合物联网技术，使得日常能源管理监控变得更加方便。通过安装具有传感功能的电表、水表、煤气表后，可实现建筑能耗数据的实时采集、传输、初步分析、定时定点上传等基本功能，并且具有较强的扩展性。系统还可以实现室内温湿度的远程监测，分析房间内的实时温湿度变化，配合节能运行管理。在管理系统中可以及时收集所有能源信息，并且通过开发的能源管理功能模块，对能源消耗情况进行自动统计分析，例如各区域、各户主的每日用电量、每周用电量等，并对异常能源使用情况进行警告或者标识。

四、BIM 在运维阶段的实现方式

方式一：分步走。第一步先建立 BIM 模型或数据库，第二步做 BIM 运维。可能第一步与第二步并不衔接，先得到一个具有相关数据接口和达到相关深度的 BIM 模型，积累基础数据，等到成熟的时候再实施第二步。

方式二：一步到位。这一类项目必须要有明确的运维目标和可实现途径。这一思路的局限性在于其适用范围，并不是所有项目都需要做 BIM 运维。

鉴于 BIM 技术的重要性，我国从"十五"科技攻关计划中已经开始了对 BIM 技术相关研究的支持。经过多年的发展，在设计和施工阶段已经被广泛应用，而在设施维护中的应用案例并不多，尚未被广泛应用。但相关专家一致认为，在运维阶段，BIM 技术需求非常大，尤其是其对于商业地产的运维将创造巨大的价值。

随着物联网技术的高速发展，BIM 技术于运维管理阶段的应用也迎来了一个新的发展阶段。物联网被称为继计算机、互联网之后世界信息产业的第三次浪潮。业内专家认为，物联网一方面可以提高经济效益，节约成本；另一方面可以为全球经济的复苏提供技术动力。目前，美国、欧盟、日本、韩国等都在投入巨资深入研究探索物联网。我国也高度关注、重视物联网的研究，工业和信息化部会同有关部门，在新一代信息技术方面开展研究，已形成支持新一代信息技术发展的政策措施及相关标准。将物联网技术和 BIM 技术相融合，并引入到建筑全生命周期的运维管理中，将带来巨大经济效益。

第七章 现代建筑工程施工技术

第一节 建筑施工组织设计

一、建筑施工程序

建筑施工是建筑施工企业的基本任务，建筑施工的成果是完成各类工程项目的最终产品。将各方面的力量，各种要素如人力、资金、材料、机械、施工方法等科学地组织起来，使工程项目施工工期短、质量好、成本低，迅速发挥投资效益，提供优良的工程项目产品，这是建筑施工组织设计的根本任务。建筑施工程序是指工程项目整个施工阶段所必须遵循的顺序，它是经多年经验总结的客观规律，一般是指从接受施工任务直到交工验收所包括的各主要阶段的先后次序。施工程序可划分为以下几个阶段。

1. 投标与签订合同阶段

建筑施工企业承接施工任务的方式有：建筑施工企业自己主动对外接受的任务或者建设单位主动委托的任务；参加社会公开的投标后，中标而得到的任务；国家或上级主管单位统一安排，直接下达的任务。在市场经济条件下，建筑施工企业和建设单位自行承接和委托的施工任务较多，采用招标投标的方式发包和承包。建筑施工任务是建筑业和基本建设管理体制改革的一项重要措施。

无论以哪种方式承接施工项目，施工单位均必须同建设单位签订施工合同。签订了施工合同的施工项目，才算是落实的施工任务。当然，签订施工合同的施工项目，必须是经建设单位主管部门正式批准的，有计划任务书、初步设计和总概算，已列入年度基本建设计划，落实了投资的建筑项目，否则不能签订施工合同。

施工合同是建设单位与施工单位签订的具有法律效力的文件。双方须严格履行施工合同,任何一方因不履行施工合同而给对方造成的损失,都要负法律责任和进行赔偿。

2. 施工准备阶段

施工准备工作是建筑施工顺利进行的根本保证。施工准备工作主要有:技术准备、物资准备、劳动组织准备、施工现场准备和施工场外准备。当一个施工项目进行了图纸会审,编制和批准了单位工程的施工组织设计、施工图预算和施工预算,组织好材料、半成品和构配件的生产和加工运输,组织好施工机具进场,搭设了临时建筑物,建立了现场管理机构,调遣了施工队伍,拆迁完原有建筑物,搞好了"三通一平",进行了场区测量和建筑物定位放线等准备工作后,施工单位即可以向主管部门提出开工报告。

3. 施工阶段

施工阶段是一个自开工至竣工的实施过程。在施工中,施工企业努力做好动态控制工作,保证质量目标、进度目标、造价目标、安全目标、节约目标的实现;管好施工现场,实行文明施工;严格履行施工合同,处理好内外关系,管好施工合同变更及索赔;做好记录、协调、检查、分析工作。施工阶段的目标是完成合同规定的全部施工任务,达到验收、交工的条件。

4. 竣工验收阶段

竣工验收阶段也可称为结束阶段。其包括:工程收尾;进行试运转;接受正式验收;整理、移交竣工文件,进行工程款结算,总结工作,编制竣工总结报告;办理工程交付手续;解体项目经理部等。其目标是对项目成果进行总结、评价,对外结清债权债务,结束交易关系。

5. 后期服务阶段

后期服务阶段是施工项口管理的最后阶段,即在竣工验收之后,按合同规定的责任期进行用后服务、回访与保修。它包括:为保证工程正常使用而做必要的技术咨询和服务;进行工程回访,听取使用单位的意见,总结经验教训,观察使用中的问题并进行必要的维护、维修和保修;进行沉降、抗震等性能观察等。

二、建筑施工组织设计的概念

建筑施工组织设计是以施工项目为对象编制的,用以指导施工的技术、经济和管理的综合性文件。

建筑施工组织设计的任务是对具体的拟建工程(建筑群或单个建筑物)的施工准备工作和整个施工过程,在人力和物力、时间和空间、技术和组织上,作出一个全面且合理,符合好、快、省、安全要求的计划安排。

建筑施工组织设计为对拟建工程施工的全过程实行科学管理提供重要手段。通过建筑施工组织设计的编制，可以全面考虑拟建工程的各种具体条件，扬长避短地拟定合理的施工方案，确定施工顺序、施工方法、劳动组织和技术经济的组织措施，统筹合理地安排拟定施工进度计划，保证拟建工程按期投产或交付使用；也可为拟建工程的设计方案在经济上的合理性、技术上的科学性和实施工程的可能性进行论证提供依据；还可以为建设单位编制基本建设计划和施工企业编制施工计划提供依据。依据建筑施工组织设计，施工企业可以提前掌握人力、材料和机具使用上的先后顺序，全面安排资源的供应与消耗；合理地确定临时设施的数量、规模和用途，以及临时设施、材料和机具在施工场地上的布置方案。

建筑施工组织设计是施工准备工作的一项重要内容，同时也是指导各项施工准备工作的重要依据。

三、建筑施工组织设计的原则与依据

1. 建筑施工组织设计的原则

（1）符合施工合同或招标文件中有关工程进度、质量、安全、环境保护、造价等方面的要求；

（2）积极开发、使用新技术和新工艺，推广应用新材料和新设备；

（3）坚持科学的施工程序和合理的施工顺序，采用流水施工和网络计划等方法，科学配置资源，合理布置现场，采取季节性施工措施，实现均衡施工，达到介理的经济技术指标；

（4）采取技术与管理措施，推广建筑节能和绿色施工；

（5）与质量、环境和职业健康安全三个管理体系有效结合。

2. 建筑施工组织设计的依据

（1）与工程建设有关的法律、法规和文件。

（2）国家现行有关标准和技术经济指标。

（3）工程所在地区行政主管部门的批准文件、建设单位对施工的要求。

（4）工程施工合同或招标投标文件。

（5）工程设计文件。

（6）工程施工范围内的现场条件，工程地质以及水文地质、气象等自然条件。

（7）与工程有关的资源供应情况。

（8）施工企业的生产能力、机具设备状况、技术水平等。

四、建筑施工组织设计的作用和分类

（一）建筑施工组织设计的作用

（1）建筑施工组织设计作为投标书的核心内容和合同文件的一部分，用于指导工程投标与签订施工合同。

（2）建筑施工组织设计是施工准备工作的重要组成部分，同时又是做好施工准备工作的依据，进而保证各施工阶段准备工作的及时进行。

（3）建筑施工组织设计是根据工程各种具体条件拟定的施工方案、施工顺序、劳动组织和技术组织措施等，是指导开展紧凑、有序施工活动的技术依据，它明确施工重点和影响工期进度的关键施工过程，并且提出相应的技术、质量、安全、文明等各项目标及技术组织措施，提高综合效益。

（4）建筑施工组织设计所提出的各项资源需用量计划，直接为组织材料、机具、设备、劳动力需用量的供应和使用提供数据，协调各总包单位与分包单位、各工程、各类资源、资金、时间等方面在施工程序、现场布置和使用上的相应关系。

（5）通过编制建筑施工组织设计，可以合理利用与安排为施工服务的各项临时设施，可以合理地部署施工现场，确保文明施工和安全施工。

（6）通过编制建筑施工组织设计，可以将工程的设计与施工、技术与经济、施工全局性规律和局部性规律、土建施工与设备安装、各部门各专业之间有机结合，统一协调。

（7）通过编制建筑施工组织设计，可以分析施工中的风险和矛盾，及时研究解决问题的对策、措施，从而提高了施工的预见性，减少盲目性。

（二）建筑施工组织设计的分类

建筑施工组织设计是一个总的概念.根据建设项目的类别、工程规模、编制阶段、编制对象和范围的不同，在编制的深度和广度上也会有所不同。

1. 按编制阶段的不同分（如图 7-1 所示）

图 7-1　建筑施工组织设计的分类

2. 按编制对象范围的不同分类

建筑施工组织设计按编制对象范围的不同，可以分为施工组织总设计、单位工程施工组织设计和分部分项工程施工组织设计三种。

（1）施工组织总设计以一个建设项目或者一个建筑群为对象编制，对整个建设工程的施工过程的各项施工活动进行全面规划、统筹安排和战略部署，是全局性施工的技术经济文件。施工组织总设计最主要的作用是为施工单位进行全场性的施工准备和组织人员、物资供应等提供依据。施工组织总设计的主要内容有工程概况、施工部署和施工方案、施工准备工作计划、各项资源需用量计划、施工总进度计划、施工总平面图、技术经济指标分析。

（2）单位工程施工组织设计是以一个单位工程为对象编制的；是用于直接指导施工全过程的各项施工活动的技术经济文件；是指导施工的具体文件；是施工组织总设计的具体化。由于它是以单位工程为对象编制的，可在施工方法、人员、材料、机械设备、资金、时间、空间等方面进行科学合理的规划．使施工在一定的时间、空间和资源供应条件下，有组织、有计划、有秩序地进行，实现质量好、工期短、资金省、消耗少、成本低的良好效果。单位工程施工组织设计的主要内容包括工程概况、施工方案、施工进度计划、施工准备工作计划、各项资源需用量计划、施工平面图、技术经济指标、安全文明施工措施。

（3）分部分项工程施工组织设计或作业计划针对某些较重要，技术复杂，施工难度大或采用新工艺、新材料、新技术施工的分部分项工程。其用来具体指导这些工程的施工，如深基础、无黏结预应力混凝土、大型安装、高级装修工程等，其内容具体详细，可操作性强，可直接指导分部分项工程施工的技术计划，包括施工方案、进度计划、技术组织措施等，一般在单位工程施工组织设计确定施工方案后，由项目部技术负责人编制。

五、建筑施工组织设计的内容

建筑施工组织设计的内容是根据不同工程的特点和要求，以及现有的和可能创造的施工条件，从实际出发，决定各种生产要素（材料、机械、资金、劳动力和施工方法等）的结合方式。建筑施工组织设计应包括编制依据、工程概况、施工部署、施工进度计划、施工准备与资源配置计划、主要施工方法、施工现场平面布置及主要施工管理计划等基本内容。

在不同设计阶段编制的建筑施工组织设计文件，内容和深度不尽相同，其作用也不一样。一般来说，施工组织条件设计是概略的施工条件分析，提出创造施工条件和建筑生产能力配备的规划；施工组织总设计是对施工进行总体部署的战略性施工纲领；单位工程施工组织设计则是详尽的实施性的施工计划，用来具体指导现场施工活动。

六、建筑施工组织管理计划

建筑施工组织管理计划应包括进度管理计划、质量管理计划、安全管理计划、环境管理计划、成本管理计划及其他管理计划等内容。各项管理计划的制订，应当根据项目的特点有所侧重。

（一）进度管理计划

1. 项目施工进度管理

项目施工进度管理应按照项目施工的技术规律与合理的施工顺序，保证各工序在时间上和空间上的顺利衔接。

2. 进度管理计划

进度管理计划应包括下列内容：

（1）对项目施工进度计划进行逐级分解，通过阶段性目标的实现保证最终工期目标的完成。

（2）建立施工进度管理的组织机构并明确职责，制定相应管理制度。

（3）针对不同施工阶段的特点，制定进度管理的相应措施，包括施工组织措施、技术措施和合同措施等。

（4）建立施工进度动态管理机制，及时纠正施工过程中的进度偏差，并制定特殊情况下的赶工措施。

（5）根据项目周边环境特点，制定相应的协调措施，减少外部因素对施工进度的影响。

（二）质量管理计划

质量管理计划可参照《质量管理体系要求》（GB/T19001—2016），在施工单位质量管理体系的框架内编制。

质量管理计划应包括下列内容：

（1）按照项目具体要求确定质量目标并进行目标分解，质量指标应该具有可测量性。

（2）建立项目质量管理的组织机构并明确职责。

（3）制定符合项目特点的技术保障和资源保障措施，通过可靠的预防控制措施，保证质量目标的实现。

（4）建立质量过程检查制度，并且对质量事故的处理作出相应规定。

（三）安全管理计划

安全管理计划可参照《职业健康安全管理体系要求及使用指南》（GB/T45001—2020），在施工单位安全管理体系的框架内编制。

安全管理计划应包括下列内容：

（1）确定项目重要危险源，制定项口职业健康安全管理口标。

（2）建立有管理层次的项目安全管理组织机构并明确职责。

（3）根据项口特点，进行职业健康安全方面的资源配置。

（4）建立具有针对性的安全生产管理制度和职工安全教育培训制度。

（5）针对项目重要危险源，制定相应的安全技术措施；对达到一定规模的危险性较大的分部分项工程和特殊工种的作业应制订专项安全技术措施的编制计划。

（6）根据季节、气候的变化制定相应的季节性安全施工措施。

（7）建立现场安全检查制度，并对安全事故的处理作出相应规定。

现场安全管理应符合国家和地方政府部门的要求。

（四）环境管理计划

环境管理计划可参照《环境管理体系要求以及使用指南》（GB/T24001—2016）在施工单位环境管理体系的框架内编制。

环境管理计划应包括下列内容：

（1）确定项目重要环境因素，制定项目环境管理目标。

（2）建立项目环境管理的组织机构并明确职责。

（3）根据项目特点进行环境保护方面的资源配置。

（4）制定现场环境保护的控制措施。

（5）建立现场环境检在制度，并且对环境事故的处理作出相应的规定。

现场环境管理应符合国家和地方政府部门的要求。

（五）成本管理计划

成本管理计划应以项目施工预算和施工进度计划为依据编制。

成本管理计划应包括下列内容：

（1）根据项目施工预算，制定项目施工成本目标。

（2）根据施工进度计划，对项目施工成本目标进行阶段分解。

（3）建立施工：成本管理的组织机构并明确职责，制定相应的管理制度。

（4）采取合理的技术、组织和合同等措施，控制施工成本。

（5）确定科学的成本分析方法，制定必要的纠偏措施与风险控制措施。

必须正确处理成本与进度、质量、安全和环境等之间的关系。

（六）其他管理计划

（1）其他管理计划应包括绿色施工管理计划，防火保安管理计划，合同管理计划，组织协调管理计划，创优质工程管理计划，质量保修管理计划，以及对施工现场人力资源、施工机具、材料设备等生产要素的管理计划等等。

（2）其他管理计划可根据项目的特点和复杂程度加以取舍。

（3）各项管理计划的内容应有目标，有组织机构，有资源配置，有管理制度和技术、组织措施等。

第二节 建筑工程测量

一、建筑工程测量的任务

建筑工程测量属于工程测量学范畴，它是建筑工程在勘察设计、施工建设和组织管理等阶段，应用测量仪器和工具，采用一定的测量技术和方法，根据工程施工进度和质量要求，完成应进行的各种测量工作。建筑工程测量的主要任务如下：

（1）大比例尺地形图的测绘，将工程建设区域内的各种地面物体的位置、性质及地面的起伏形态，依据规定的符号和比例尺绘制成地形图，为工程建设的规划设计提供需要的图纸和资料。

（2）施工放样和竣工测量，把图上设计的建（构）筑物按照设计的位置在实地标定出来，作为施工的依据；配合建筑施工，进行各种测量工作，保证施工质量；开展竣工测量，为工程验收、日后扩建和维修管理提供资料。

（3）建（构）筑物的变形观测，对一些大型的、重要的或位于不良地基上的建（构）筑物，在施工运营期间，为确保安全，需要了解其稳定性，定期进行变形观测，同时，变形观测可作为对设计、地基、材料、施工方法等的验证依据和起到提供基础研究资料的作用。

二、建筑工程测量的作用

建筑工程测量在工程建设中有着广泛的应用，它服务于工程建设的每一个阶段。

（1）在工程勘测阶段，测绘地形图为规划设计提供各种比例尺的地形图和测绘资料。

（2）在工程设计阶段，应用地形图进行总体规划和设计。

（3）在工程施工阶段，要将图纸上设计好的建（构）筑物的平面位置和高程按设计要求测设于实地，以此作为施工的依据；在施工过程中用于土方开挖、基础和主体工程的施工测量；在施工中还要经常对施工和安装工作进行检验、校核，以保证所建工程符合设计要求；工程竣工后，还要进行竣工测量。施工测量及竣工测量可供日后扩建和维修之用。

（4）在工程管理阶段，对建（构）筑物进行变形观测，以保证工程的安全使用。

总而言之，在工程建设的各个阶段都需要进行测量工作，并且测量的精度与速度直接影响到整个工程的质量和进度。

三、建筑工程测量的工作内容

地面点的空间位置是以地面点在投影平面上的坐标(x, y)和高程（H）决定的。然而，在实际工作中 x、y、H 的值一般不是直接测定的，而是表示观测未知点与已知点之间相互位置关系的基本要素，利用已知点的坐标和高程，用公式推算未知点的坐标和高程。

如图 7-2 所示，设 A、B 为坐标、高程已知的点，C 为待定点，欲确定 C 点的位置，即求出 C 点的坐标和高程。若观测了 8 点和 C 点之间的高差 h_{BC}、水平距离 D_{BC} 和未知方向与已知方向之间的水平角岛，则可利用公式推算出 C 点的坐标（x_C, y_C）和高程 H_C。

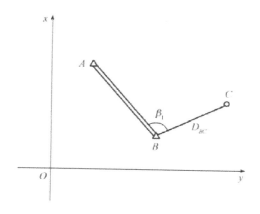

图 7-2　测量基本工作示意

由此可知，确定地面点位的基本要素是水平角、水平距离与高差。高差测量、角度测量、距离测量是测量工作的基本内容。

四、建筑工程测量的基本原则

无论是测绘地形图还是施工放样，都会不可避免地产生误差。如果从一个测站点开始，不加任何控制地依次逐点施测，前一点的误差将传递到后一点，逐点累积，点位误差将越来越大，达到不可容许的程度。此外，逐点传递的测量效率也很低。因此，测量工作必须按照一定的原则进行。

1. "从整体到局部，先控制后碎部" 的原则

无论是测绘地形图还是施工放样，在测量过程中，为了减少误差的累积，保证测区内所测点的必要精度，首先应在测区选择一些有控制作用的点（称为控制点），将它们的坐标和高程精确测定出来，然后分别以这些控制点作为基础，测定出附近碎部点的位置。这样，不仅可以很好地限制误差的积累，还可以通过控制测量将测区划分为若干个小区，同时展开几个工作面施测碎部点，加快测量进度。

2. "边工作边检核" 的原则

测量工作一般分外业工作和内业工作两种。外业工作的内容包括应用测量仪器和工具在测区内所进行的各种测定和测设工作；内业工作是将外业观测的结果加以整理、计算，并绘制成图以便使用，测量成果的质量取决于外业，但外业又要通过内业才能得出成果。

为了防止出现错误，无论外业或内业，都必须坚持 "边工作边检核的原则"，即每一步工作均应进行检核，前一步工作未作检核，不得进行下一步工作。这样，不仅可大大减少测量成果出错的概率，同时，由于每步都有检核，还可以及早发现错误，减少返工重测的工作量，从而保证了测量成果的质量和较高的工作效率。

五、建筑工程测量的基本要求

测量工作是一项严谨、细致的工作，可谓"失之毫厘，谬以千里"。因此，在建筑工程测量过程中，测量人员必须坚持"质量第一"的观点，以严肃、认真的工作态度，保证测量成果的真实性、客观性和原始性，同时要爱护测量仪器和工具，在工作中发扬团队精神，并做好测量工作的记录。

第三节　土方工程与浅基础工程施工

一、土方工程施工

土方.工程是建筑工程施工的首项工程，主要包括土的开挖、运输与填筑等施工，有时还要进行排水、降水和土壁支护等准备与辅助工作。土方工程具有量大面广、劳动繁重和施工条件复杂等特点，受气候、水文、地质、地下障碍等因素影响较大，不确定因素较多，存在较大的危险性。因此，在施工前必须做好调查研究，选用合理的施工方案，采用先进的施工方法和施工机械，以保证工程的质量和安全。

常见的土方工程施工包括平整场地、挖基槽、挖基坑、挖土方、回填土等。

（1）平整场地。平整场地是指工程破土开工前对施工现场厚度在300mm以内地面的挖填和找平。

（2）挖基槽。挖基槽是指挖土宽度在3m以内且长度大于宽度3倍时设计室外地坪以下的挖土。

（3）挖基坑。挖基坑是指挖土底面积在20m² 以内且长度小于或者等于宽度3倍时设计室外地坪以下的挖土。

（4）挖土方。凡是不满足上述平整场地、挖基槽、挖基坑条件的土方开挖，均为挖土方。

（5）回填土。回填土可分为夯填和松填。基础网填土和室内回填土通常都采用夯填。

二、浅基础工程施工

基础的类型与建筑物的上部结构形式、荷载大小、地基的承载能力、地基土的地质与水文情况、基础选用的材料性能等因素有关，构造方式也因基础样式及选用材料的不同而不同。浅基础一般指基础埋深为3 ~ 5m，或者基础埋深小于基础宽度的基础，且通过排水、挖槽等普通施工即可建造的基础。

　　浅基础按受力特点可分为刚性基础和柔性基础。用抗压强度较大，而抗弯、抗拉强度较小的材料建造的基础，比如砖、毛石、灰土、混凝土、三合土等基础均属于刚性基础。用钢筋混凝土建造的基础叫作柔性基础。

　　浅基础按构造形式分为单独基础、带形基础、交梁基础、筏板基础等。单独基础也称为独立基础，是柱下基础的常用形式，截面可做成阶梯形或锥形等。带形基础是指长度远大于其高度和宽度的基础，常见的是墙下条形基础，材料有砖、毛石、混凝土和钢筋混凝土等。交梁基础是在柱下带形基础不能满足地基承载力要求时，将纵横带形基础连成整体而成，使基础纵、横两向均具有较大的刚度。当柱或者墙体传递荷载过大，且地基土较软弱，采用单独基础或条形基础都不能满足地基承载力要求时，往往需要将整个房屋底面做成整体连续的钢筋混凝土板，作为房屋的基础，称为筏板基础。

　　浅基础按材料不同可分为砖基础、毛石基础、灰土基础、碎砖三合土基础、混凝土和钢筋混凝土基础。

（一）常见刚性基础施工

　　刚性基础所用的材料，如砖、石、混凝土等，其抗压强度较高，但抗拉及抗剪强度偏低。因此，用此类材料建造的基础，应保证其基底只受压，不受拉。因为受到压力的影响，基底应比基顶墙（柱）宽些。根据材料受力的特点，不同材料构成的基础，其传递压力的角度也不同。刚性基础中的压力分布角 α 称为刚性角。在设计中，应尽量使基础大放脚与基础材料的刚性角一致，以确保基础底面不产生拉应力，最大限度节约基础材料刚性基础如图 7-3 所示。

（a）　　　　　　　　　　　（b）

图 7-3　刚性基础

（a）基础受力在刚性角范围以内；（b）基础宽度超过刚性角范用而破坏

1. 毛石基础

毛石基础是用强度较高而未风化的毛石砌筑的。毛石基础具有强度较高、抗冻、耐水、经济等特点。毛石基础的断面尺寸多为阶梯形，并常与砖基础共用作为砖基础的底层。为保证黏结紧密，每一阶梯宜用三排或三排以上的毛石砌筑，由于毛石基础尺寸较大，毛石基础的宽度及台阶高度不应小于400mm。

施工要点如下：

（1）毛石基础应采用铺浆法砌筑，砂浆必须饱满，叠砌面的粘灰面积（砂浆饱和度）应大于80%。

（2）砌筑毛石基础的第一皮石块应坐浆，并把石块的大面朝下，毛石基础的转角处、交接处应采用较大的平毛石砌筑。

（3）毛石基础宜分皮卧砌，各皮石块间应利用毛石自然形状经敲打修整使其能与先砌毛石基本吻合、搭砌紧密；毛石应上下错缝，内外搭砌，不得采用先砌外面侧立毛石、后中间填心的砌筑方法。

（4）毛石基础的灰缝厚度宜为20～30mm，石块间不得有相互接触现象。石块间较大的空隙应当先填塞砂浆后用碎石块报实，不得采用先摆碎石块后塞砂浆或干填碎石块的方法。

（5）毛石基础的扩大部分.如做成阶梯形，上级阶梯的石块应该至少压砌下级阶梯石块的1/2，相邻阶梯的毛石应相互错缝搭砌；对于基础临时间断处，应留阶梯形斜槎，其高度不应超过1.2m。

2. 砖基础

砖基础具有就地取材、价格便宜、施工简便等特点，在干燥与温暖地区应用广泛。

施工要点如下：

（1）砖基础一般下部为大放脚，上部为基础墙。大放脚有等高式和间隔式，即等高式大放脚是每砌两皮砖，两边各收进1/4砖长（60mm）；间隔式大放脚是知砌两皮砖及一皮砖，交替砌筑，两边各收进1/4砖长（60mm），但最下面应为两皮砖，如图7-4所示。

（a）等高式　　　　　（b）间隔式

图7-4　砖基础

（2）砖基础大放脚一般采用一顺一丁砌筑形式，即一皮顺砖与一皮丁砖相间，上、下皮竖向灰缝相互借开60mm。在砖基础的转角处、交接处，为错缝需要应该砌配砖（3/4砖、半砖或1/4砖）。

（3）砖基础的水平灰缝厚度和竖向灰缝厚度宜为10mm，水平灰缝的砂浆饱满度不得小于80%。

（4）砖基础底面标高不同时，应从低处砌起，并应由高处向低处搭砌；当设计无要求时，搭砌长度不应小于砖基础大放脚的高度。

（5）砖基础的转角处和交接处应同时砌筑，当不能同时砌筑时应留成斜槎。基础墙的防潮层应采用1：2的水泥砂浆。

3. 混凝土基础

混凝土基础具有坚固、耐久、耐水、刚性角大、可以根据需要任意改变形状的特点，常用于地下水水位较高、受冰冻影响的建筑。混凝土基础台阶宽高比为1：1～1：1.5，实际使用时可将基础断面做成梯形或者阶梯形，如图7-5所示。

混凝土或毛石
混凝土基础

图7-5 混凝土基础

（二）常见柔性基础施工

刚性基础受其刚性角的限制，若基础宽度大，相应的基础埋深也应加大，这样会增加材料消耗和挖方量，也会影响施工工期。在混凝土基础底部配置受力钢筋，利用钢筋受拉使基础承受弯矩，如此也就不受刚性角的限制，因此，钢筋混凝土基础也称为柔性基础。采用钢筋混凝土基础比采用混凝土基础可节省大量的混凝土材料和挖土工程量，如图7-6所示。常用的柔性基础包括独立柱基础、条形基础、杯形基础、筏形基础、箱形基础等。

图 7-6 柔性基础

（a）混凝土基础与钢筋混凝土基础的比较；（b）基础配筋

钢筋混凝土基础断面可做成梯形，高度不小于 200mm，也可以做成阶梯形，每踏步高 300-500mm。通常情况下，钢筋混凝土基础下面设有 C10 或 C15 素混凝土垫层，厚度为 100mm；无垫层时，钢筋保护层厚度为 75mm，以保护受力钢筋不锈蚀。

1. 独立柱基础

常见的独立柱基础的形式有矩形、阶梯形、锥形等等。

施工工艺流程：清理，浇筑混凝土垫层→绑扎钢筋→支设模板→清理→浇筑混凝土→已浇筑完的混凝土，应在 12h 左右覆盖和浇水→拆除模板。

2. 条形基础

常见条形基础的形式有锥形板式、锥形梁板式、矩形梁板式等。

条形基础的施工工艺流程和独立柱基础的施工工艺流程十分近似。

施工要点如下：

（1）当基础高度在 900mm 以内时，插筋伸至基础底部的钢筋网上，并在端部做成直弯钩；当基础高度较大时，位于柱四角的插筋应伸至基础底部。其余的钢筋伸至锚固长度即可。插筋伸出基础部分的长度应按柱的受力情况及钢筋规格确定。

（2）钢筋混凝土条形基础，在 T 形、L 形与"十"字交接处的钢筋沿一个主要受力方向通长设置。

（3）浇筑混凝土时，时常观察模板、螺栓、支架、预留孔洞和预埋管有无位移情况，一经发现应停止浇筑，待修整和加固模板后再继续浇筑。

3. 杯形基础

杯形基础如图 7-7 所示。

图 7-7　杯型基础

1- 垫层；2- 杯形基础；3- 杯口；4- 钢筋混凝土柱

施工要点如下：

（1）将基础控制线引至基槽下，做好控制桩，并核实准确。

（2）将垫层混凝土振捣密实，表面抹平。

（3）利用控制桩定位施工控制线、基础边线到垫层表面，复查地基垫层标高及中心线位置，确定无误后，绑扎基础钢筋。

（4）自下往上支设杯形基础第一层、第二层外侧模板并且加固，外侧模板一般用钢模现场拼制。

（5）支设杯芯模板，杯芯模板一般用木模拼制。

（6）进行模板与钢筋的检验，做好隐蔽验收记录。

（7）施工时应先浇筑杯底混凝土，在杯底一般有 50mm 厚的细石混凝土找平层，应仔细留出。

（8）分层浇筑混凝土。浇筑混凝土时，须防止杯芯模板上浮或向四周偏移，注意控制坍落度（最好控制在 70～90mm）及浇筑下料速度，在混凝土浇筑到高于上层侧模 50mm 左右时，稍做停顿，在混凝土初凝之前，接着在杯芯四周对称均匀下料振捣。特别注意混凝土必须连续浇筑，在混凝土分层时须把握好初凝时间，保证基础的整体性。

（9）杯芯模板的拆除视气温情况而定。在混凝土初凝后终凝前，将模板分体拆除或用撬棍撬动杯芯模板进行拆除，须注意拆模时间，以免破坏杯口混凝土，并及时进行混凝土养护。

4. 筏形基础

筏形基础如图 7-8 所示。

（a）梁板式

（b）平板式

图 7-8　筏形基础

施工要点如下：

（1）根据在防水保护层弹好的钢筋位置线，首先铺钢筋网片的长向钢筋，后铺短向钢筋，钢筋接头尽量采用焊接或机械连接，要求接头在同一截面相互错开50%，同一根钢筋在35d（d为钢筋直径）或500mm的长度内不得存在两个接头。

（2）绑扎地梁钢筋。在平放的梁下层水平主筋上，用粉笔画出箍筋间距，箍筋叮主筋垂直放置，箍筋转角与主筋交点均要绑扎，主筋与箍筋非转角部分的相交点呈梅花形交错绑扎，箍筋的接头即弯钩叠合处沿地梁水平筋交错布置绑扎。

（3）根据确定好的柱和墙体位置线，把暗柱和墙体插筋绑扎就位，并和底板钢筋点焊牢固，要求接头均相错50%。

（4）支垫保护层。底板下垫块保护层厚度为35mm，梁柱主筋保护层厚度为25mm，外墙迎水面厚度为35mm，外墙内侧及内墙厚度均为15mm，保护层垫块间距厚度为600mm，呈梅花形布置。当设计有特殊要求时，按照设计要求施工。

（5）砌筑砖胎膜前，待垫层混凝土达到25%设计强度后，垫层上放线超出基础底板外轮廓线40mm，砌筑时要求拉通线，采用一顺一丁及"三一"砌筑方法，在转角处或接口处留出接槎口，墙体要求垂直。

（6）模板要求板面平整、尺寸准确、接缝严密；模板组装成型后进行编号，安装时用塔式起重机将模板初步就位，然后根据位置线加水平和斜向支撑进行加固，并调整模板位置，使模板的垂直度、刚度、截面尺寸符合要求。

（7）基础混凝土一次性浇筑，间歇时间不能过长，混凝土浇筑顺序由一端向另一端浇筑.采用踏步式分层浇筑、分层振捣，以使水泥水化热尽量散失；振捣时要快插慢拔，逐点进行，对边角处多加注意，不得漏振，且尽量避免碰撞钢筋、芯管、止水带、预埋件等，每一插点要掌握好振捣时间，一般为20～30s，时间过短不易振实，时间过长易引起混凝土离析。

（8）混凝土浇筑完后要进行多次抹面，并且覆盖物料布，以防表血出现裂缝，在终凝前移开塑料布再进行搓平，要求搓压三遍，最后一遍抹压要掌握好时间，以终凝前为准，终凝时间可用手压法把握；混凝土搓平完成后，立即用塑料布覆盖，浇水养护时间为14d。

5. 箱形基础

箱形基础如图7-9所示。

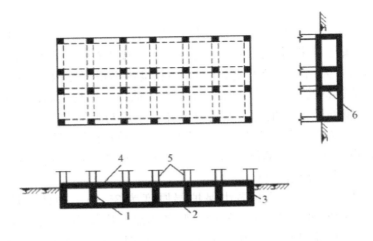

图 7-9 箱形基础

1- 内横墙；2- 底板；3- 外墙；

4- 顶板；5- 柱；6- 内纵墙

施工要点如下：

（1）箱形基础基坑开挖。基坑开挖时应验算边坡稳定性，并且注意对基坑邻近建筑物的影响；基坑开挖时如有地下水，应当采用明沟排水或井点降水等方法，保持作业现场的干燥；基坑检验后，应立即进行基础施工。

（2）基础施工时，基础底板，顶板及内、外墙的支模、钢筋绑扎和混凝土浇筑可进行分次连续施工。

（3）箱形基础施工完毕应立即用填土，尽量缩短基坑暴露时间，并且做好防水工作，以保持基坑内的干燥状态，然后再分层回填并夯实。

第四节　砌筑工程施工

一、脚手架工程及垂直运输设施施工

1. 脚手架工程施工

脚手架是砌筑过程中堆放材料和工人进行操作的临时设施。当砌体砌到一定高度时（即可砌高度或一步架高度，一般为 1.2m）。砌筑质量和效率将会受到影响，这就需要搭设脚手架。砌筑用脚手架必须满足以下基本要求：脚手架的宽度应满足工人操作、材料堆放及运输要求，一般为2m，且不得小于1.5m；脚手架结构应有足够的强度、刚度和稳定性，保证在施工期间的各种荷载作用下，脚手架不变形、不摇晃和不倾斜；脚手架应构造简单、

便于装拆和搬运，并能多次周转使用；过高的外脚手架应有接地和避雷装置。

脚手架的种类很多，按其搭设位置可分为外脚手架和里脚手架两大类；按其所用材料可分为木脚手架、竹脚手架和钢管脚手架；按其构造形式可分为多立杆式脚手架、门式脚手架、悬挑式脚手架及吊脚手架等。目前，脚手架的发展趋势是采用高强度金属制作的、具有多种功用的组合式脚手架，其可以适应不同情况下作业的要求。

2. 垂直运输设施施工

砌筑工程所需的各种材料绝大部分需要通过垂宜运输设施运送到各施工楼层，可以，砌筑工程的垂直运输工程量很大。目前，担负垂直运输建筑材料和供人员上、下的常用垂直运输设施有井架、龙门架、施工升降机等等。

（1）井架是施工中最常用、最简便的垂直运输设施，它稳定性好，运输量大。除用型钢或钢管加工的定型井字架外，还可以用多种脚手架材料现场搭设井架。井架内设有吊篮，一般的井架多为单孔井架，但也可构成双孔或多孔井架，以满足同时运输多种材料的需要，如图7-10所示。

（2）龙门架是由支架与横梁组成的门形架。在门形架上安装滑轮、导轨与吊篮、安全装置、起重锁、缆风绳等部件构成一个完整的龙门架，如图7-11所示。

图 7-10 井架

图 7-11 龙门架的基本构造

（3）施工升降机又称为施工外用电梯，多数为人货两用，少数专供货用。施工升降机按其驱动方式可分为齿条驱动与绳轮驱动两种。齿条驱动施工升降机又可分为单吊箱（笼）式和双吊箱（笼）式两种，并且装有可靠的限速装置，适用于 20 层以上的建筑工程；绳轮驱动施工升降机为单吊箱（笼）式，无限速装置，轻巧便宜，适用于 20 层以下的建筑工程。

二、砖砌体施工

砖砌体施工通常包括找平、放线，摆砖样，立皮数杆，盘角，挂线，砌筑，刮缝、清理等工序。

1. 找平、放线

砌砖墙前，应在基础防潮层或楼层上定出各层的设计标高，并用 M7.5 的水泥砂浆或 C10 的细石混凝土找平，使各段墙体的底部标高都在同一水平标高上，以利于墙体交接处的搭接施工和确保施工质量。外墙找平时，应采用分层逐渐找平的方法，确保上、下两层与外墙之间不出现明显的接缝。

根据龙门板上给定的定位轴线或基础外侧的定位轴线桩，将墙体轴线、墙体宽度线、门窗洞口线等引测至基础顶面或楼板已并弹出墨线。二楼以上各层的轴线可以用经纬仪或垂球（线坠）引测。

2. 摆砖样

摆砖样是在放线的基础顶面或楼板上，按选定的组砌形式进行干砖试摆，应做到灰缝均匀、门窗洞口两侧的墙面对称，并且尽量使门窗洞口之间或与墙垛之间的各段墙长为 1/4 砖长的整数倍，以便减少砍砖、节约材料、提高工效和施工质量。摆砖用的第一皮揭底砖的组砌一般采用"横丁纵顺"的顺序，即横墙均摆丁砖，纵墙均摆顺砖，并可按下式计算丁砖层排砖数 n 和顺砖层排砖数 N：

窗口宽度为 B（mm）的窗下墙排砖数为

$n=（B-10）÷125$，$N=（B-135）÷250$

两洞口间净长或至墙垛长为 L 的排砖数为

$n=（B+10）÷125$，$N=（L-365）÷250$

计算时取整数，井根据余数的大小确定是加半砖、七分头砖，还是减半砖井加七分头砖。如果还出现多于或少于 30mm 以内的情况，可用减小或增加竖缝宽度的方法加以调整，灰缝宽度为 8 ~ 12mm 是允许的。也可采用同时水平移动各层门窗洞口的位置，使之满足砖模数的方法，但最大水平移动距离不得大于 60mm，而且承重窗间墙的长度不应减小。

每一段墙体的排砖块数和竖缝宽度确定后，就可以从转角处或纵、横墙交接处向两边排放砖，排完砖并经检查调整无误后，即可依据摆好的砖样与墙身宽度线，从转角处或纵、横墙交接处依次砌筑第一皮摆底砖。

常用的砌体的组砌形式有全顺、两平一侧、全丁、一顺一丁、梅花丁和三顺一丁，如图 7-12 所示。

（a） （b） （c） （d） （e） （f）

图 7-12 砌体的组砌形式

（a）全顺；（b）两平一侧；（c）全丁；（d）一顺一丁；（e）梅花丁；（f）三顺一丁

3. 立皮数杆

皮数杆是指在其上划有每皮砖厚、灰缝厚及门、窗、洞口的下口、窗台、过梁、圈梁、楼板、大梁、预埋件等标高位置的一种木制标杆，它是砌墙过程中控制砌体竖向尺寸和各种构配件设置标高的主要依据。

皮数杆一般设置在墙体操作而的另一侧，立于建筑物的四个大角处，内、外墙交接处，楼梯间及洞口较多的地方，并且从两个方向设置斜撑或用锚钉加以固定，以确保垂直和牢固，如图 7-13 所示。皮数杆的间距为 10 ～ 15m，超过此间距时中间应增设皮数杆。支设皮数杆时，要统一进行找平，使皮数杆上的各种构件标高与设计要求一致。每次开始砌砖前，均应检查皮数杆的垂直度和牢固性，以防有误。

图 7-13　皮数杆设置示意图
1- 皮数杆；2- 准线；3- 竹片；4- 圆钢钉

4. 盘角

盘角又称立头角，是指墙体正式砌砖前，在墙体的转角处由高级瓦工先砌起，并始终高于周围墙面 4 ～ 6 皮砖，作为整片墙体控制垂度和标高的依据。盘角的质量有接影响墙体施工质量，可以，必须严格按皮数杆标高控制每一皮墙面高度和灰缝厚度，做到墙角方正、墙面顺直、方位准确、每皮砖的顶面近似水平，并要"三皮一靠，五皮一吊"，确保盘角质量。

5. 挂线

挂线是指以盘角的墙体为依据，在两个盘角中间的墙外侧挂通线。挂线应用尼龙线或棉线绳拴砖坠重拉紧，使线绳水平、无下垂。墙身过长时，在中间除设置皮数杆外，还应砌一块"腰线砖"或者再加一个细钢丝揽线棍，用以固定挂通的准线，使之不下垂和内外移动。

盘角处的通线是靠墙角的灰缝卡挂的，为避免通线陷入水平灰缝内，应采用不超过 1mm 厚的小别棍（用小竹片或包装用薄铁皮片）别在盘角处堵面与通线之间。

6. 砌筑

砌筑砖墙通常采用"三一"法或者挤浆法，并要求传外侧的上楞线与准线平行、水平且离准线 1mm，不得冲（顶）线，砖外侧的下楞线与已砌好的下皮砖外侧的上楞线平行并在同一垂直面上，俗称"上跟线、下靠楞"；同时，还要做到砖平位正、挤揉适度、灰缝均匀、砂浆饱满。

7. 刮缝、清理

清水墙砌完一段高度后，应及时进行刮缝和清扫墙面，以利于墙面勾缝整洁和干净。刮砖缝可采用 1mm 厚的钢板制作的凸形刮板，刮板突出部分的长度为 10 ~ 12mm，宽度为 8mm。清水外墙面一般采用加浆勾缝，用 1：1.5 的细砂水泥砂浆勾成凹进墙面 4 ~ 5mm 的凹缝或平缝；清水内墙面一般采用原浆勾缝，所以不用刮板刮缝，而是随砌随用钢溜子勾缝。下班前，应将施工操作面的落地灰和杂物清理干净。

三、石砌体施工

1. 毛石砌块施工

砌筑毛石基础的第一皮石块应坐浆，并将石块的大面向下；砌筑料石基础的第一皮子块应用丁砌层坐浆砌筑。毛石砌体的第一皮及转角处、交接处和洞口应用较大的平毛石砌筑。每个楼层（包括基础）砌体的最上一皮宜选用较大的毛石砌筑。

毛石基础的扩大部分如做成阶梯形，上级阶梯的石块应至少压砌十级阶梯石块的 1/2，相邻阶梯的毛石应相互错缝搭砌，如图 7-14 所示。

毛石基础必须设置拉结石，拉结石应均匀分布，且在毛石基础同皮内每隔 2m 左右设置一块。拉结石的长度：如基础宽度小于或等于，100mm，应与基础宽度相等；如基础宽度大于 400mm，可以用两块拉结石内外搭接，搭接长度不应小于 150mm，且其中一块拉结石的长度不应小于基础宽度的 2/3。

图 7-14 阶梯形毛石基础

2. 料石砌块施工

料石基础砌体的第一皮应用丁砌层坐浆砌筑，料石砌体也应上下错缝搭砌，砌体厚度不小于两块料石宽度时，如同皮内全部采用顺砌，每砌两皮后，应砌一皮丁砌层；如同皮内采用丁顺组砌，丁砌石应交错设置，其中距不应大于 2m。

料石砌体灰浆的厚度，根据石料的种类确定：细石料砌体不宜大于 5mm；半细石料砌体不宜大于 10mm；粗石料和毛石料砌体不宜大于 20mm。料石砌体砌筑时，应放置平稳。砂浆铺设厚度应略高于规定的灰缝厚度，砂浆的饱满度应大于 80%。

料石砌体转角处及交接处也应同时砌筑，必须留设临时间断时，应砌成踏步槎。

用料石和毛石或砖的组合墙中，料石砌体和毛石砌体或砖砌体应同时砌筑，并每隔 2 皮或 3 皮料石层用丁砌层与毛石砌体或者砖砌体拉结砌合。丁砌料石的长度宜与组合墙厚度相同。

四、小型砌块砌体施工

1. 施工准备

运到现场的小砌块，应分规格分等级堆放，堆垛上应设标记，堆放现场必须平整，并做好排水工作。小砌块的堆放高度不应超过 1.6m，堆垛之间应保持适当的通道。

基础施工前，应用钢尺校核建筑物的放线尺寸，其允许偏差不应超过表 7-1 所示的规定。

表 7-1　建筑物放线尺寸允许偏差

长度 L、宽度 B 的尺寸 /m	允许偏差 /mm
L（B）≤ 30	±5
30 < L（B）≤ 60	±10
60 < L（3）≤ 90	±15
L（B）> 90	±20

砌筑基础前，应对基坑（或基槽）进行检查，符合要求后，方可开始砌筑基础。

普通混凝土小砌块不宜浇水；当天气干燥炎热时，可在小砌块上喷水将其稍加润湿；轻集料混凝土小砌块可洒水，但不宜过多。

2. 砂浆制备

砂浆的制备通常应符合以下要求：

（1）砌体所用砂浆应按设计要求的砂浆品种、强度等级进行配置，砂浆配合比应经试验确定。采用质量比时，其计量精度为：水泥 ±2%，砂、石灰膏控制在 ±5% 以内。

（2）砂浆应采用机械搅拌。搅拌时间：水泥砂浆和水泥混合砂浆不得少于 2min；掺用外加剂的砂浆不得少于 3min；掺用有机塑化剂的砂浆应为 3 ~ 5min。同时，还应具有较好的和易性和保水性。一般而言，稠度以 5 ~ 7cm 为宜。

（3）砂浆应搅拌均匀，随拌随用水泥砂浆和水泥混合砂浆应当分别在 3h 内使用完毕；当施工期间最高气温超过 30℃时，应分别在拌成后 2h 内使用完毕。细石混凝土应在 2h 内用完。

（4）砂浆试块的制作：在每一楼层或 250m³ 砌体中，每种强度等级的砂浆应至少制作一组（每组六块）；当砂浆强度等级或者配合比有变更时，也应制作试块。

3. 砌体施工

砌块砌体施工的主要工序是：铺灰→砌块吊装就位→校正→灌缝和镶砖。

（1）龄期不足 28d 及潮湿的小砌块不得进行砌筑。

（2）应在建筑物四角或楼梯间传角处设置皮数杆，皮数杆间距不宜超过 15m。皮数杆上画出小砌块高度和水平：灰缝的厚度以及砌体中其他构件标高位置。相对两皮数杆之间拉准线，依准线砌筑。

（3）应尽量采用主规格小砌块，并应清除小砌块表面污物剔除外观质量不合格的小砌块和芯柱用小砌块孔洞底部的毛边。

（4）小砌块应底面朝上反砌。

（5）小砌块应对孔错缝搭砌。当个别情况下无法对孔砌筑时，普通混凝土小砌块的搭接长度不应小于 90mm，轻集料混凝土小砌块的搭接长度不应小于 120mm；当不能保证此规定时，应在水平灰缝中设置钢筋网片或拉结钢筋，钢筋网片或者拉结钢筋的长度不应小于 700mm，如图 7-15 所示。

（a）斜槎

（b）直槎

图 7-15 小砌块灰缝中的拉结钢筋

（6）小砌块应从转角和纵、横墙交接处开始，内、外墙同时砌筑，纵、横墙交错连接，墙体临时断处应砌成斜槎，斜槎长度不应小于高度的 2/3（一般按一步脚手架高度控制）；如留斜槎有困难，除外墙转角处及抗震设防地区，其墙体临时间断处不应留有槎外，可以从墙面伸出 200mm 砌成阴阳槎，并且沿墙高每三皮砌块（600mm）设拉结钢筋或钢筋网片．接槎部位宜延至门窗洞口，如图 7-16 所示。

（a）斜槎   （b）直槎

图 7-16　混凝土小砌块墙接槎

（7）小砌块外墙转角处，应使小砌块隔皮交借搭砌，小砌块端面外露处用水泥砂浆补抹平整。小砌块内、外墙 T 形交接处，应隔皮加砌两块 290mm×190mm×190mm 的辅助小砌块，辅助小砌块位于外墙上，开口处对齐。

（8）小砌块砌体的灰缝应横平竖直，全部灰缝应填满砂浆；水平灰缝的砂浆饱满度不得低于 90%；竖向灰缝的砂浆饱满度不得低于 80%。砌筑中不得出现瞎缝、透明缝。

（9）小砌块的水平灰缝厚度和竖向灰缝宽度应当控制为 8 ~ 12mm。砌筑时，铺灰长度不得超过 800mm，严禁用水冲浆灌缝。

（10）当缺少辅助小砌块时，墙体通缝不应超过两皮砌块。

（11）承重墙体不得采用小砌块与烧结砖等其他块材混合砌筑；严禁使用断裂小砌块或壁肋中有竖向凹形裂缝的小砌块砌筑承重墙体。

（12）对设计规定的洞口、管道、沟槽和预埋件等，应在砌筑时预留或预埋，严禁在砌好的墙体上打凿。在小砌块墙体中不得预留水平沟槽。

（13）小砌块砌体内不宜设脚手眼。如必须设置，可用 190mm×190mm×190mm 的小砌块侧砌，利用其孔洞作脚手眼，砌筑完后用强度等级为 C15 的混凝土填实脚手眼。但在墙体下列部位不得设置脚手眼：

①过梁上部，与过梁成 60° 角的三角形以及过梁跨度 1/2 范围内；

②宽度不大于 800mm 的窗间墙；

③梁和梁垫下，及其左右各 500mm 的范围内；

④门窗洞口两侧 200mm 内，和墙体交接处 400mm 的范围内；

⑤设计规定不允许设置脚手眼的部位。

（14）施工中需要在砌体中设置的临时施工洞口，其侧边离交接处的墙面不应小于 600mm，并在洞口顶部设过梁，填砌施工洞口的砌筑砂浆强度等级应提高一级。

（15）砌体相邻工作段的高度差不得大于一个楼层高或 4m。

（16）在常温条件下，普通混凝土小砌块日砌筑高度应当控制在 1.8m 以内；轻集料混凝土小砌块日砌筑高度应控制在 2.4m 以内。

第五节　混凝土结构工程施工

一、混凝土结构简介

混凝土结构是以混凝土为主制成的结构，包括素混凝土结构、钢筋混凝土结构和预应力混凝土结构等。混凝土结构是我国建筑施工领域应用最广泛的一种结构形式。无论是在资金投入还是在资源消耗方而，混凝土结构工程对工程造价、建设速度的影响为十分明显。

二、混凝土结构工程的种类

混凝土结构工程按施工方法，可分为现浇混凝土结构工程和装配式混凝土结构工程两类。现浇混凝土结构工程是在建筑结构的设计部位架设模板、绑扎钢筋、浇筑混凝土、振捣成型，经养护使混凝土达到设计规定强度后拆模。整个施工过程均在施工现场进行。现浇混凝土结构工程整体性好、抗震能力强、节约钢材，且无须大型的起重机械，但工期较长，成本较高，易受气候条件影响。

装配式混凝土结构工程是在预制构件厂或者施工现场预先制作好结构构件，在施工现场用起重机械把预制构件安装到设计位置，在构件之间用电焊、预应力或现浇的手段使其连接成整体。装配式混凝土结构工程具有降低成本、现场拼装、降低劳动强度和缩短工期的优点，但其耗钢量较大，而且施工时需要大型的起重设备。

三、混凝土结构工程的组成及施工工艺流程

混凝土结构工程由钢筋工程、模板工程和混凝土工程三部分组成。混凝土结构工程施

工时，要由模板、钢筋、混凝土等多个工种相互配合进行，所以，施工前要做好充分的准备，施工中合理组织，加强管理，使各工种紧密配合，以加快施工进度。现浇混凝土结构工程施工工艺流程如图 7-17 所示。

图 7-17　现浇混凝土结构工程施工工艺流程

四、模板工程的基本要求

现浇混凝土结构所用的模板技术已迅速向多样化、体系化方向发展，除木模板外，已形成组合式、工具式和永久式三大系列工业化模板体系。无论采用哪一种模板，模板及其支架都必须满足下列要求：

（1）保证工程结构和构件各部分结构尺寸与相互位置的正确性。

（2）具有足够的承载能力、刚度和稳定性，能可靠地承受新浇筑混凝土的重力和侧压力，以及在施工过程中所产生的其他荷载。

（3）构造简单，装拆方便，能多次周转使用，并便于钢筋的绑扎、安装和混凝土的浇筑、养护等工艺要求。

（4）模板的接缝不应漏浆。

（5）模板的材料宜选用钢材、木材、胶合板、塑料等，模板的支架材料宜选用钢材等，各种材料的材质应符合相关的规定。

（6）当采用木材时，其树种可根据各地区实际情况选用，材质不宜低于Ⅲ等材。

（7）模板的混凝土接触面应涂隔离剂，不宜采用油质类等影响结构或妨碍装饰工程施工的隔离剂。严禁隔离剂沾污钢筋。

（8）对模板及其支架应定期维修，钢模板及钢支架应防止锈蚀。

（9）在浇筑混凝土前，应对模板工程进行验收。安装模板和浇筑混凝土时，应对模板及其支架进行观察和维护。发生异常情况时，应按照施工技术方案及时进行处理。

（10）模板及其支架拆除的顺序及安全措施应按照施工技术方案执行。

五、钢筋工程现场安装要求

1. 钢筋的现场绑扎安装

（1）绑扎钢筋时应熟悉施工图纸，核对成品钢筋的级别、直径、形状、尺寸和数量，核对配料表和料牌。如有出入，应予以纠正或者增补。同时，准备好绑扎用钢丝、绑扎工具、绑扎架等。

（2）钢筋应绑扎牢固，防止移位。

（3）对形状复杂的结构部位，应研究好钢筋穿插就位的顺序及与模板等其他专业配合的先后次序。

（4）基础底板、楼板和墙的钢筋网绑扎，除靠近外围两行钢筋的相交点全部绑扎外，中间部分交叉点可间隔交错扎牢；双向受力的钢筋则需全部扎牢。相邻绑扎点的钢丝扣要呈八字形，以兔网片歪斜变形。钢筋绑扎接头的钢筋搭接处，应在中心和两端用钢丝扎牢。

（5）结构采用双排钢筋网时，上、下两排钢筋网之间应设置钢筋撑脚或混凝土支柱（墩），每隔 1m 放置一个，墙壁钢筋网之间应绑扎 φ6 ～ φ10 钢筋制成的撑钩，间距约为 1.0m，相互错开排列；大型基础底板或设备基础，应用 φ16 ～ φ25 钢筋或型钢焊成的支架来支撑上层钢筋，支架间距为 0.8 ～ 1.5m；梁、板纵向受力钢筋采取双层排列时，两排钢筋之间应垫以 φ25 以上的短钢筋，以保证间距正确。

（6）梁、柱箍筋应与受力筋垂直设置，箍筋弯钩叠合处应沿受力钢筋的方向张开设置，箍筋转角与受力钢筋的交叉点均应扎牢；箍筋平直部分和纵向交叉点灯间隔扎牢，以防止骨架歪斜。

（7）板、次梁与主筋交叉处，板的钢筋在上，次梁的钢筋居中，主梁的钢筋在下；当有圈梁或垫梁时，主梁的钢筋应放在圈梁上。受力筋两端的搁置长度应保持均匀一致。框架梁牛腿及柱帽等钢筋，应当放在柱的纵向受力钢筋内侧，同时要注意梁顶面受力筋之间的净距为 30mm，以利于浇筑混凝土。

（8）预制柱、梁、屋架等构件常采取底模上就地绑扎．此时应先排好箍筋，再穿入受力筋；然后，绑扎牛腿和节点部位的钢筋，以降低绑扎的困难性和复杂性。

2. 绑扎钢筋网与钢筋骨架安装

（1）钢筋网与钢筋骨架的分段（块），应根据结构配筋特点及起重运输能力而定。一般钢筋网的分块面积以 6 ～ 20m² 为宜，钢筋骨架的分段长度以 6 ～ 12m 为宜。

（2）为防止钢筋网与钢筋骨架在运输和安装过程中发生歪斜变形，应采取临时加固措施。

（3）钢筋网与钢筋骨架的吊点，应当根据其尺寸、质量及刚度而定。宽度大于 1m 的水平钢筋网宜采用四点起吊，跨度小于 6m 的钢筋骨架宜采用两点起吊，跨度大、刚度差的钢筋骨架宜采用横吊梁（铁扁担）四点起吊。为防止吊点处钢筋受力变形，可采取兜底吊或加短钢筋措施。

（4）焊接网和焊接骨架沿受力钢筋方向的搭接接头，宜位于构件受力较小的部位，如承受均布荷载的简支受弯构件，焊接网受力钢筋接头宜放置在跨度两端各 1/4 跨长范围内。

（5）受力钢筋直径 ≥ 16mm 时．焊接网沿分布钢筋方向的接头宜辅以附加钢筋网，其每边的搭接长度为 15d（d 为分布钢筋直径），但是不小于 100mm。

3. 焊接钢筋骨架和焊接网安装

（1）焊接钢筋骨架和焊接网的搭接接头，不宜位于构件的最大弯矩处，焊接网在非受力方向的搭接长度宜为 100mm；受拉焊接骨架和焊接网在受力钢筋方向的搭接长度应符合设计规定；受压焊接骨架与焊接网在受力钢筋方向的搭接长度，可取受拉焊接骨架和焊接网在受力钢筋方向的搭接长度的 0.7 倍。

（2）在梁中，焊接骨架的搭接长度内应配置箍筋或短的槽形焊接网。箍筋或网中的横向钢筋间距不得大于 5d。在轴心受压或偏心受压构件中的搭接长度内，箍筋或横向钢筋的间距不得大于 10d。

（3）在构件宽度内有若干焊接网或焊接骨架时，其接头位置应错开。在同一截面内搭接的受力钢筋的总截面面积不得超过受力钢筋总截面面积的 50%；在轴心受拉及小偏心受拉构件（板和墙除外）中，不得采用搭接接头。

（4）焊接网在非受力方向的搭接长度宜为 100mm。当受力钢筋直径 ≥ 16mm 时，焊接网沿分布钢筋方向的接头宜辅以附加钢筋网，其每边的搭接长度为 15d。

六、混凝土工程施工基本流程

混凝土工程施工包括配料、搅拌、运输、浇筑、振捣和养护等施工过程，如图 7-18 所示，其中的任一过程施工不当，都会影响混凝土的质量。混凝土施工不但要保证构件有设计要求的外形，且要获得要求的强度、良好的密实性和整体性。

图 7-18　混凝土工程施工过程示意

七、预应力混凝土工程施工要求

（一）先张法施工

先张法是在浇筑混凝土前张拉预应力筋，并且将张拉的预应力筋临时固定在台座或钢模上，然后再浇筑混凝土的施工方法。待混凝土达到一定强度（一般不低于设计强度等级的75%），保证预应力筋与混凝土有足够的黏结力时，放张预应力筋，借助混凝土与预应力筋的黏结，让混凝土产生预压应力。

先张法适用于生产小型预应力混凝土构件，其生产方式有台座法和机组流水法。台座法是构件在专门设计的台座上生产，即预应力筋的张拉与固定、混凝土的浇筑与养护及预应力筋的放张等工序均在台座上进行。机组流水法是利用特制的钢模板，构件连同钢模板通过固定的机组，按流水方式完成其生产过程。

先张法的施工设备主要有台座、夹具与张拉设备等。

先张法施工工艺如图7-19所示。

图 7-19　先张法施工工艺

（二）后张法施工

后张法是先制作混凝土构件（或者块体），并在预应力筋的位置预留相应的孔道，待混凝土强度达到设计规定数值后，在孔道内穿入预应力筋（束），用张拉机具进行张拉，并用锚具将预应力筋（束）锚固于构件的两端，张拉力即由锚具传给混凝土构件，使之产生预压应力，张拉锚固之后在孔道内灌浆。图 7-20 所示为预应力混凝土后张法示意图。

图 7-20　预应力混凝土后张法示意
（a）制作混凝土构件；（b）张拉钢筋；（c）锚固和孔道灌浆
1- 混凝土构件；2- 预留孔道；3- 预应力筋；4- 千斤顶；5- 锚具

后张法施工工艺如图 7-21 所示。

图 7-21　后张法施工工艺

第六节　建筑屋面防水工程施工

建筑屋面防水工程按其构造可分为柔性防水屋面、刚性防水屋面、上人屋面、架空隔热屋面、蓄水屋面、种植屋面和金属板材屋面等。屋面防水可以多道设防，将卷材、涂膜、细石防水混凝土复合使用，也可将卷材叠层施工。《屋面工程质量验收规范》（GB50207—2012）根据建筑物的性质、重要程度、使用功能要求及防水层耐用年限等，把屋面防水分为四个等级，不同的防水等级有不同的设防要求，见表7-2。屋面工程应根据工程特点、地区自然条件等，按照屋面防水等级设防的要求，进行防水构造设计。

表7-2　屋面防水等级和设防要求

项目	屋面防水等级			
	Ⅰ	Ⅱ	Ⅲ	Ⅳ
建筑物类别	特别重要或者对防水有特殊要求的建筑	重要的建筑和高层建筑	一般的建筑	非永久的建筑
防水层合理使用年限	25 年	15 年	10 年	5 年
防水层选用材料	宜选用合成高分子防水卷材、高聚物改性沥青防水卷材、金属板材、合成高分子防水涂料、细石混凝土等材料	宜选用合成高分子防水卷材、高聚物改性沥青防水卷材、金属板材、合成高分子防水涂料、高聚物改性沥青防水涂料、细石混凝土、平瓦、油毡瓦等材料	宜选用三毡四油沥者防水卷材、高聚物改性沥青防水卷材、合成高分子防水卷材、金属板材、高聚物改性沥青防水涂料、合成高分子防水涂料、细石混凝土、平瓦、油毡瓦等材料	可选用二毡三油沥青防水卷材、高聚物改性沥青防水涂料等
设防要求	三道或三道以上防水设防	两道防水设防	一道防水设防	一道防水设防

一、卷材防水屋面

卷材防水屋面属于柔性防水屋面，其优点是：质量小，防水性能较好，尤其是防水层，具有良好的柔韧性，能适应一定程度的结构振动和胀缩变形；其缺点是：造价高，特别是沥青卷材易老化、起鼓，耐久性差，施工的工序多，工效低，维修工作量大，产生渗漏时修补、找漏困难等。

卷材防水屋面一般由结构层、隔汽层、保温层、找平层、防水层与保护层组成。其中，隔汽层和保温层在一定的气温条件和使用条件下可不设。

二、涂膜防水屋面

涂膜防水屋面是在屋面基层上涂刷防水涂料，经固化之后形成一层有一定厚度和弹性的整体涂膜，从而达到防水目的的一种防水屋面形式。

防水涂料的特点：防水性能好，固化后无接缝；施工操作简便，可适应各种复杂的防水基面；与基面黏结强度高；温度适应性强；施工速度快，易于修补等。

三、刚性防水屋面

刚性防水屋面用细石混凝土、块体材料或补偿收缩混凝土等材料作屋面防水层，依靠混凝土密实并采取一定的构造措施，以达到防水的目的。

刚性防水屋面所用材料虽然容易取得、价格低廉、耐久性好、维修方便，但是对地基不均匀沉降、温度变化、结构振动等因素都非常敏感，容易产生变形开裂，口防水层与大气直接接触，表面容易碳化和风化，如果处理不当，极易发生渗漏水现象，所以，刚性防水屋面适用于Ⅰ～Ⅲ级的屋面防水，不适用于设有松散材料保温层及受较大振动或冲击的与坡度大于15%的建筑屋面。

第七节　装饰工程施工

一、抹灰工程

（一）抹灰工程的分类

抹灰工程按使用的材料及其装饰效果，可分为一般抹灰和装饰抹灰。

1. 一般抹灰

一般抹灰是指采用石灰砂浆、水泥混合砂浆、水泥砂浆、聚合物水泥砂浆、麻刀灰、纸筋石灰和石膏灰等抹灰材料进行的抹灰工程施工。按建筑物标准和质量要求，一般抹灰可分为以下两类：

（1）高级抹灰。高级抹灰由一层底层、数层中层和一层面层组成。抹灰要求阴阳角找方，设置标筋，分层赶平、修整。表面压光，要求表面光滑、洁净，颜色均匀，线角平直，清晰美观，无抹纹。高级抹灰用于大型公共建筑物、纪念性建筑物与有特殊要求的高级建筑物等。

（2）普通抹灰。普通抹灰由一层底层、一层中层和一层面层（或一层底层和一层面层）组成。抹灰要求阳角找方，设置标筋，分层赶平、修整。表面压光，要求表面洁净，线角顺直、清晰，接槎平整。普通抹灰用于一般居住、公用和工业建筑及建筑物中的附属用房，如汽车库、仓库、锅炉房、地下室、储藏室等。

2. 装饰抹灰

装饰抹灰是指通过操作工艺及选用材料等方面的改进，让抹灰更富于装饰效果，其主要有水刷石、斩假石、干粘石和假面砖等。

（二）抹灰层的组成

为了使抹灰层与基层黏结牢固，防止起鼓开裂，并且使抹灰层的表面平整，保证工程质量.抹灰层应分层涂抹。抹灰层的组成如图 7-29 所示。

（1）底层。底层主要起与基层黏结的作用，厚度一般为 5 ~ 9mm。

（2）中层。中层起找平作用，砂浆的种类基本与底层相同，只是稠度较小，每层厚度应控制为 5 ~ 9mm。

（3）面层。面层主要起装饰作用，要求面层表面平整、无裂痕、颜色均匀。

（三）抹灰层的总厚度

抹灰层的平均总厚度要根据具体部位及基层材料而定。钢筋混凝土顶棚抹灰厚度不大于 15rnrn；内墙普通抹灰厚度不大于 20mm，高级抹灰厚度不大于 25mm；外墙抹灰厚度不大于 20mm；勒脚及凸出墙面部分不大于 25mm。

二、饰面工程

饰面工程是在墙、柱表面镶贴或安装具有保护和装饰功能的块料而形成的饰面层。块料的种类可以分为饰面板和饰面传两大类。

1. 饰面板安装

饰面板工程是将天然石材、人造石材、金属饰面板等安装到基层上，以形成装饰面的一种施工方法。建筑装饰用的天然石材主要有大理石和花岗石两大类，人造石材一般有人造大理石（花岗石）和预制水磨石饰面板。金属饰面板主要有铝合金板、塑铝板、彩色涂层钢板、彩色不锈钢板、镜面不锈钢面板等。

2. 饰面砖镶贴

饰面砖有釉面瓷砖、外墙面砖、陶瓷锦砖等。饰面砖在镶贴前应当根据设计对釉面砖和外墙面砖进行选择，要求挑选规格一致、形状平整方正、不缺棱掉角、不开裂和脱釉、无凹凸扭曲、颜色均匀的面砖以及各配件。按标准尺寸检查饰面砖，分出符合标准尺寸和大于或小于标准尺寸三种规格的饰面砖，同一类尺寸应用于同一层或同一墙面上，以做到接缝均匀一致。陶瓷锦砖应根据设计要求选择好色彩和图案，统一编号，便于镶贴时按编号施工。

三、楼地面工程

楼地面工程是人们工作和生活中接触最频繁的一个分部工程，其反映楼地面工程档次和质量水平，具有地面的承载能力、耐磨性、耐腐蚀性、抗渗漏能力、隔声性能、弹性、光洁程度、平整度等指标，以及色泽、图案等艺术效果。

1. 楼地面的组成

楼地面是房屋建筑底层地坪与楼层地坪的总称，由面层、垫层和基层等部分构成。

2. 楼地面的分类

（1）按面层材料划分，楼地面可分为土、灰土、三合土、菱苦土、水泥砂浆混凝土、水磨石、陶瓷马赛克、木、砖和塑料地面等等。

（2）按面层结构划分，楼地面可分为整体面层（如灰土、菱苦土、三合土、水泥砂浆、混凝土、现浇水磨石、沥青砂浆和沥青混凝土等）、块料面层（如缸砖、塑料地板、拼花木地板、陶瓷马赛克、水泥花砖、预制水磨石块、大理石板材、花岗石板材等）和涂布地面等。

四、涂饰工程

涂饰敷于建筑物表面并与基体材料很好地黏结，干结成膜后，既对建筑物表面起到一定的保护作用，又具有建筑装饰的效果。

1. 涂料质量要求

（1）涂饰工程所用的涂料和半成品（包括施涂现场配制的），均应有品名、种类、颜色、制作时间、储存有效期、使用说明和产品合格证书、性能检测报告及进场验收记录。

（2）内墙涂料要求耐碱性、耐水性、耐粉化性良好，以及有一定的透气性。

（3）外墙涂料要求耐水性、耐污染性和耐候性良好。

2. 腻子质量要求

涂饰工程使用的腻子的塑性和易涂性应满足施工要求，干燥后应坚固，无粉化、起皮和开裂，并按基层、底涂料和面涂料的性能配套使用。此外，处于潮湿环境的腻子应具有耐水性。

3. 涂饰工程施工方法

（1）刷涂。刷涂宜采用细料状或云母片状涂料。刷涂时，用刷子蘸上涂料直接涂刷于被涂饰基层表面，其涂刷方向和行程长短应一致。涂刷层次一般不少于两度。在前一度涂层表面干燥后再进行后一度涂刷。两度涂刷间隔时间与施工现场的温度、湿度有关，一般不少于 2 ~ 4h。

（2）喷涂。喷涂宜采用含粗填料或云母片的涂料。喷涂是借助喷涂机具将涂料呈雾状或粒状喷出，分散沉积在物体表面上。喷射距离一般为 40 ~ 60cm，施工压力为 0.4 ~ 0.8MPa。喷枪运行中喷嘴中心线必须与墙面垂宜，喷枪和墙面平行移动，运行速度保持一致。室内喷涂一般先喷顶后喷墙，两遍成活，间隔时间约为 2h；外墙喷涂一般为两遍，较好的饰面为三遍。

（3）滚涂。滚涂宜采用细料状或者云母片状涂料。滚涂是利用涂料根子蘸匀适量涂料，在待涂物体表面施加轻微压力上下垂宜来回滚动，避免歪扭呈蛇形，以保证涂层厚度、色泽、质感一致。

（4）弹涂。弹涂宜采用细料状或云母片状涂料。先在基层刷涂 1 道或 2 道底色涂层，待其干燥后进行弹涂。弹涂时，弹涂器的出口应垂直对正墙面，距离为 300 ~ 500mm，按一定速度自上而下、自左至右地弹涂。注意弹点密度均匀适当，上下左右接头不明显。

第八章　现代智能建筑施工技术

随着信息技术的飞速发展，信息技术革命已深刻影响到了社会的各行各业。

第一节　智能建筑创新能源使用和节能评估

　　建筑是人类生活的基本场所，随着社会的发展，人口不断增长，城市的建筑规模也在不断增大，大型的建筑群也雨后春笋般增长，建筑产业在社会总能耗量中的比重增加。因此，为了缓解大型建筑的建设对我国造成的经济压力，我国开始建设智能化体系的建筑，通常简称为"职能建筑"。智能建筑在节能环保方面有着功不可没的作用。文章将对智能建筑的节能进行系统的分析，对以后建筑建设中的节能提供有效的措施。

　　建筑是人类生存的基本场所，但也消耗了大量的人力、物力和财力。目前，智能建筑的建设已经被人们所认可，得到了相关建筑部门的重视。我国高度重视能源的节约问题，中国近年来能源消耗严重，必须采取有效的措施减少能源的消耗。现在，我国的建筑中，只有极少数的建筑可以达到国家规定的节能标准，其中大多数的建筑都是高耗能的，能源的消耗和浪费给我国的经济造成了严重的负担。一系列事实表明，建筑的能耗问题制约着我国的经济发展。

一、我国智能建筑的先进观念

　　所谓智能建筑，指的是当地环境的需要、全球化环境的需要、社团的需要和使用者个人的需要的总和。智能建筑遵循的是可持续发展的思想，追求人与自然的和谐发展，减轻建筑在建设过程中的能耗高的问题，并且降低建筑建设过程中污染物的产生。智能建筑体现出一种智能的配备，指在建筑的建设过程中采取一种对能源的高效利用，体现出以人为本的宗旨。中国在发展智能建筑时，广泛借鉴美国在节约资源能源和环境保护方面所采取的严厉措施，节能和环保已经成为我国建设智能建筑的一项重要宗旨。如果违背了节能环保的原则，智能建筑也就不能称之为智能建筑了。建设智能建筑是我国贯彻可持续发展方针的一项币：大的举措，注重生态平衡，注重人与人、人与自然和谐相处。但是，我国现在的职能建筑还是有一定缺陷的，并没有从根本上做到低能耗、低污染，由此可看出只有通过对智能建筑的不断研究，充分实践，才能挖掘出智能建筑的真正内涵所在，真正实现能源的节约和可持续发展的理念。

二、智能建筑可持续发展理念的分析

智能建筑影响着人们的生活和发展，从目前中国的科技发展水平来看，"人工智能"还没有达到人类的智能水平，智能建筑具有个性化的节能系统而著名，这样的建筑物主要是满足我国能源节约的需要而研究的。但是要想真正意义上实现智能的职能，我国在建设智能建筑的时候不仅仅要落实科学发展观的基本理念，也要运用生态学的知识来分析建筑与人之间的关系，建筑与环境之间的关系。

可持续发展战略是我国重要的发展理念，其要求既能满足当代人的需要，又不对后代的人满足需要构成威胁。可持续发展观是人类经历的工业时代，人们片面追求经济利益而忽视了环境保护造成不良后果后而进行的反思。在建筑的建设过程中，大量的森林被砍伐用作建筑材料，有些建筑所用的材料还是不可再生的资源，这对人类的发展和后代的生存构成了很大的威胁。

因此，我国为了体现建筑在建设过程中的可持续发展战略，智能建筑应运而生。智能建筑是一种绿色的建筑，体现了人与自然的和谐相处。

三、制约职能建筑发展的因素

（1）社会环境与社会意识的影响，我国的建筑业在发展过程中没有实质性的纲领，尤其是在智能建筑上，盲口的追求节能，在节能的同时也消耗了大量的财力，实际上没有节省下能源。我国对智能建筑的认识还不够全面，而国外对于智能建筑的认识就相对全面些，因此，引进国外对于智能建筑的相关见解，能够促进我国智能建筑的建设，实现能源的节约与能源的充分利用。这对我国实现智能建筑的可持续性具有重要意义。

（2）我国在智能建筑的建设方面的总体布局与设计、深化布置与具体的实施方案不协调，甚至产生了严重脱节的现象。

这样，在智能建筑的建设过程中，就会出现很多意想不到的状况，使智能建筑的建设难以达到预期的目标。

（3）我国智能建筑在工程的规划、管理、施工、质量控制方面，没有相应的法律法规进行约束与规范。

我国智能建筑在建设的过程中没有清晰和明确的思路，施工人员没有受到法律法规的约束，对生态、节能、环保的重视程度不够。

（4）我国智能建筑没有在自主创新的思路上进行建设，缺乏自主知识产权。

我国总是在一味借鉴他人的经验，智能建筑建设过程中所采用方法不得当。

（5）我国智能建筑的建设没有其他的配套措施。

我国的建筑在建设完毕后，没有相应的标准对建筑物进行评估。

四、创新节能思路和方法

（一）积极探索新节能改造服务道路

节能改造是维系整个建筑行业有效发展的重要途径，从我国建筑行业真实情况中发现，智能建筑创新能源发展要想真正地实现低碳化、就要不断地加强宣传活动，积极鼓励节能减排，并且要积极推广新能源的利用，比如风能、太阳能，有效地控制不可再生能源的消费和利用，目前不可再生能源的利用在建筑行业中仍旧占据主导地位，不可再生能源的利用要严重超过可再生能源的利用，为此，需要将宣传活动积极转化为实践活动，比如开放低碳试点，遏制高耗能产业的扩大，控制能源的消费和生产，大力发展能耗低、效益高、污染少的产业与产品，从低碳交易、工业节能、建筑节能等各个方面进行深入研究，建立完善的低碳排放创新制度，目前已经有多数地方实现了节能发展。

（二）结合市场规律优化节能改造

就智能建筑创新能源使用进行分析，实现建筑节能已经成为发展中的重要任务，比如从当前建筑生命周期来分析，最主要的能耗来源于建筑运行阶段。因此，就我国400多亿平方米的存量建筑而言，有效降低建筑运行能耗至关重要。为此，需要加强对市场规律的研究，对市场动态为导向，不断地优化区域能源规划。

（三）空调等设备的节能

在智能建筑中应降低室内温度，室内温度严格按照国家规定的标准进行调制，夏季温度应保持在 24 ~ 28℃，冬季温度应保持在 18 ~ 22℃。在国家规定的幅度内，可以采用下限标准进行节能，空调的设定要控制在最小风量，在夏季和冬季，风量越大，反而产生的热量就越多，所以把风量调到最小，可以实现能源的节约。空调在提前遇冷是要关闭新风，在新的建筑中，空调在开启时要关闭所有的风阀，这样可以减少风力带来的负荷对能源的消耗，空调温度的设计要根据不同的区域进行不同的设定，例如在大酒店，博物馆等较大的空间内，可将温度调节到比在其他的室内稍微低的温度，在较小的区域内，如在教师等地方，一定要严格执行国家标准进行空调温度的调节。

　　智能建筑是我国进行建筑的建设所追求的永恒主题，智能建筑在中国的市场还是十分广阔的，通过正确的分析和处理，采用正确的方法与思想观念理解、开发正能建筑，对中国建筑业的发展具有重要的意义。中国只有在狭隘的发展模式中走出来，真正地理解了智能建筑发展的精髓所在，才可切实地实现智能建筑的可持续的良性发展。

第二节　智能建筑施工与机电设备安装

　　在城市发展进程中引入了很多最前卫的技术手段并获得了大面积的运用，同时人们对各类生活及工作设备的标准也在逐步提升，随着智能建筑概念的引入，各种城市建造的快速进步，让现今的建筑项目增加了不少的困难，相对应的智能手段与智能技术的运用也在不断的提升与增多。建筑安装技术的创新演化出大量的智能型建筑，让其设备变为智能建筑作业中的核心与关键点，更是强化质量的前提。

　　智能建筑是融合信息与建筑技术的产物。其以建筑平面为基础，集中引入了通信自动化、建筑设备自动化与办公自动化。在智能建筑中机电设备是必不可少的一部分，只有使机电设备的安装质量佳，才能保证智能建筑的总体质量。所以，只有监管好机电设备的安装质量，才能使智能建筑的总体质量大幅提升。

一、在智能建筑作业中机电设备安装极易产生的问题

（一）机电安装中存在螺栓连接问题

　　在智能建筑施工中，螺栓连接是最基础也是非常重要的装配，螺栓连接施工质量影响着电气工程电力传导，所以，在开展螺栓连接施工的时候，必须要加强对施工质量的控制。在对螺栓进行连接的时候，如果连接不紧固，那么将会导致接触电阻的产生，在打开电源后，机电设备会因为电阻的存在，而出现突然发热现象，不仅会给机电设备的正常运行带来极大的影响，严重的甚至会导致安全事故的发生，加大建筑使用的安全隐患。

（二）电气设备故障

　　在对机电设备进行安装的时候，电力设备产生问题关键体现于：一是在电气设备安装过程中，隔离开关部位接触面积不合理，和标准不相符，导致隔离开关容易氧化，

进而加大电气事故发生概率；二是在电气设备安装过程中，没有对断路器的触头进行合理的安装，导致断路器的接触压力与相关标准不相符，进而预留下严重的安全隐患；三是在安装电力设备时，未通过科学检查就进行安装，很多存在质量问题的电力设备都直接安装使用，这些电力设备在实际运行的时候，很难保持良好的运行状态，容易导致电力安全事故的发生；四是电气设备在实际安装与调试的时候，相关工作人员没有严格遵循安装规范与调试标准来进行操作，从而导致电气设备的故障率大大增加，进而引发电气安全事故。

（三）机电设备安装产生的噪声大

现如今，随着我国建设行业发展速度的不断加快及人们生活水平的逐渐提高，人们对建筑环保性也提出了更高的要求，所以，在升展智能建筑施工的时候，必须要始终保持环保性原则，对于各种污染问题进行控制。不过由于智能建筑在开展机电设备安装施工的时候，会使用到大量的施工设备，而这些设备在运行时，会向外界传出大量的噪音，这些噪音的存在，会给周边居民的正常生活带来极大的影响，使周边环境受到严重的噪声污染。

二、智能建筑施工中机电设备安装质量监控策略

（一）严把配电装置质量关

在整个智能建筑中，配电装置发挥着至关重要的作用。所以，必须要加强对配电装置的重视，并严把配电装置质量关，从而保证配电装置在使用过程中能够保持良好的运行状态，确保智能建筑的使用安全。在配电装置采购阶段，采购人员必须要加强对配电装置的质量检测，确保其质量能够符合相关标准要求后，才能予以采购，如果配电装置的质量不达标，则坚决不予应用。在智能建筑中的楼道里安装变压器、高压开关柜以及低压开关柜等装置的时候，往往会遇到一些技术问题，这些技术问题很大程度的影响了装置功能的正常发挥。为了使这些技术问题得到有效解决，在开展配电装置安装作业的时候，相关技术人员必须要加强对整定电流的重视，确保电流大小与相关标准吻合，不能过大也不能过小。同时，在安装过程中，还应当加强对图纸的审核，及时发现并解决事故隐患。

（二）确保电缆铺设质量

电力工程在建设过程中，所需要的电缆线是非常多的，且种类也非常繁多。而电缆线是电能输送的重要载体，其质量如果不达标的话，那么将会给电力系统的正常运行带来很人影响，严重的还可能会导致火灾事故以及触电事故的发生。由于不同电缆

有着不同的作用，且电力荷载也是不同的，所以，在开展电缆铺设施工的时候，必须要合理选择电缆，如若施工人员没有较强的技术能力或者粗心大意，不以类型划分，也没有经过严苛的审核，很容易导致在运营进程中电缆出现超负荷运行，给电缆的正常使用带来极大的影响，削弱了电缆设施的使用性能以及防火等级，给工程施工埋下非常大的安全隐患。智能建筑在实际使用的时候，会应用到大量的电力能源，如果电缆的质量不达标，或者电缆铺设不规范的话，那么将很可能出现电缆烧毁现象，从而引发火灾事故，给周边人员的人身安全及电力系统的正常运行带来非常大的威胁，因此，必须要加强对电缆铺设质量的重视。

（三）加强配电箱和弱电设备的安装质量监控

配电箱主要控制着电能的接收与分配，为了使项目中动力、照明及弱电负荷都能正常运作，需要重视起配电箱的工作性能。现今的智能建筑项目中，使用的配电箱型号比较繁杂且数目较多，而且多数配电箱还受限于楼宇、消防等弱电设施，箱内原理繁杂、上筑下级设置合严格。另外，电力系统的专业标准与施工队伍的资质高低不一，在设计过程中，容易受到各种不利因素的影响，设计的合理性及可行性无法得到有效保障。在实际施工的时候，如果施工单位只依照设计图纸而没有重视修改部分，或者在安装时不严把技术关而直接对号入座，这样根本达不到有关专业标准。因此，业主、监理方要依据设计修改通知间来逐一审核现场的配电箱，将其中存有的错误给改正过来，比如开关容量偏大或偏小、网路数不够等，要严苛配合好电力设备的上下级容量，如果达不到技术标准，就会使系统运营与供电不稳，最终引发事故。

如今，智能建筑发展态势良好，要使其实现更好地应用发展，需要对其中机电设备安装质量加大保障力度，实行有效的质量监控、确保机电设备安装施工达到质量目标，充分发挥其自身的功能，实现各个控制系统的稳定和高效运行。

第三节　科技智能化与建筑施工的关联

工程建设中钢筋混凝土理论与现代建设技术在 100 多年的发展时间里，就让世界发生了翻天覆地的变化，一座座摩天大楼拔地而起，大桥、隧道、地铁随处可见，我们相信建筑时代高科技的发展一定会带来意想不到的改变。施工建设与科技智能化相结合是以后发展的必然趋势。我们期待更高的科技运用来带动更多的工程建设发展。

一、施工中所运用到的高科技手段

环保是当今全世界都在倡导以及普及的一个话题，施工建设和环境保护更是密不可分的，施工建设含义很广，像盖楼、修路都包含其中，最早的施工现场都是尘土飞扬，噪声不断，试问哪个工地能不破土破路，这样的施工必然造成扬尘及周边的噪音指标超高。为了高校控制扬尘，各个施工单位集思广益，运用高科技技术，将除尘降噪运用到各个施工现场。例如，2017 年 8 月曾见到山东潍坊某某小商品城建项目施工现场，数辆不同类型的运输车辆和塔吊车辆依序在工地出口进行等待检测冲洗轮胎，防止带泥上路，设在出入口的电子监设备自动筛查各车辆轮胎尘土情况，自动辨别冲洗时间及冲洗次数，大大节省人力物力，并且有效地控制了轮胎泥土的碾洒落等情况，提高环保的同时也高效的控制了施

工成本，节约了人员成本，防止了怠工情况的发生，同时也更便捷、快速地处理了车辆等待问题，提高了工作效率。这就是高科技与低工作相结合带来的便捷、高效和低成本。

高科技与施工相结合解决不可解决的施工问题，并节约施工成本。工程建设中有一项叫修缮工程，顾名思义就是修复之前的建筑中部分破损或者有误的一些施工项目。但像国家级保护建筑，修复往往会十分困难，首先是修复后的施工部位必须与周围的建筑相融合不能看出明显的修复痕迹，再次就是人为制造岁月对施工材料洗礼后带来的沧桑，最后是修复的同时保护周围的原有建筑部能遭到二次破坏，这样的问题对施工人员及机械就提出了很高的要求。

此时 3D 打印技术就进入了工程师的脑海中，3D 打印技术是一种以数字模型为基础，运用粉末状金属或非金属材料，通过逐层打印的方式来构造物体空间形态的快速成型技术。由于其在制造工艺方面的创新，被认为是"第三次工业革命的重要生产工具"。3D 是"three dimensiens"简称，3D 打印的思想起源于 19 世纪末的美国，并在 20 世纪 80 年代得以发展和推广。3D 打印技术一般应用于模具制造、工业设计等领域，目前已经应用到许多学科领域，各种创新应用正不断进入大众的各个生活领域中。

在建筑设计阶段，设计师们已开始使用 3D 打印机将虚拟中的三维设计模型直接打印为建筑模型，这种方法快速、环保、成本低、模型制作精美并且最大程度地还原了原始的风貌。与此同时节省了大量的施工材料，并且使得修复的成功率提高很多。

缩短施工工期的同时节省减少施工成本，3D 打印建造技术在工程施工中的应用在当前形势下有重要意义。我国逐渐步人老龄化社会，在劳动力越来越紧张的形势下，3D 打印建造技术有利于缩短工期，降低劳动成本和劳动强度，改善工人的工作环境。另一方面，建筑的 3D 打印建造技术也有利于减少资源浪费和能源消耗，有利于推进我国的城市化进程和新型城镇建设。但 3D 打印建造技术也存在很多问题，目前采用的 3D 打印材料都是以抗性能为主，抗拉性能较差，一旦拉应力超过材料的抗拉强度，极易出现裂缝。正是因为存在着这个问题，所以目前 3D 打印房子的楼板只能采用钢筋混

凝土现浇或预制楼板。但是对于还原历史风貌建筑，功效还是十分显著的。

二、增加人员安全系数

建筑业依赖人工，如何解放劳动力，让工序简单，质量可控，当下国内建筑业在提倡"现代工业化生产"。简单来说：标准化设计、工厂化生产、装配化施工、一体化装修、信息化管理，绿色施工，节能减排，这些都是建筑产业转型升级的目标》关于这一点，国家相关部门当然十分重视的，也是必然趋势。

随着建筑业劳动成本逐年增加，承包商都叫苦不迭，怨声载道，再加上将来的年轻人不愿上工地做农民工，再这样走下去建筑施工业持续发展会十分困难，此时就要依靠先进的机械化生产了，机械力取代劳动力的时日就可指日可待了。

高科技现代化节约人力物力，可应用于各个行业，比如芯片镭射技术；作为质量检测的技术，十分方便，材料报验、工序报验等工作更是方便许多，与此同时也大大地提高检测的准确率；BIM技术作为国外推行了十多年的好技术，指导各个专业施工很方便，而且可直接给出料单以及施工计划，当然省时省力。

其实，真正导致建筑业不先进的地方是管理与协作模式，这是建筑业效率低下的主要原因，也许解放双手，更新劳动力的科技化，为后期建筑业的发展趋势也是缩短工期节约成本提高质量的必然要求。

三、高科技对工程建设不但高效节能，还可以节约工程成本避免资源浪费

如今的中国，已位居建筑业的榜首国家，根据统计，去年我国建筑业投资就过亿美元，但是这并不是我们值得自豪的骄人战绩，其负面效应正在日益显露出来，随着国家刺激经济的措施推动及地方政府财政的需求，土地、原材料成本的上升，造成了部分城市住宅的有价无市，房屋空置率持续上升；另外还造成能源和资源的浪费，使中国亦成为世界头号能耗大国，频繁的建造造成的环境污染更是日益严重，而且许多耗费巨资的建筑，却往往是些寿命短、质量差的"豆腐渣"工程，我们为造成这样的局面寻找出众多原因，但是目前我国建筑工程中，仍然多地依赖传统工艺和材料，缺少在施工过程中运用高科技必然是其中最主要的原因之一。

首先，我国建筑能耗占社会总能耗的总量大、比例高。我们在施工过程中大多采用传统的建筑材料，保温隔热性能得不到保证，目前我国建筑达不到节能标准，建筑能耗已经占据全社会总能耗的首位。

其次，地价、楼价飙升，楼宇拆迁进度加快，导致部分设计单位、施工企业对建筑物耐久性考虑较少，而施工中采用的技术手段过于传统，工程质后得不到保证，建

筑物使用寿命降低，据统计，我国建筑平均使用寿命约28年，而部分发达国家像英国、美国等建筑平均使用寿命可长达70～132年之久。

最后，若依然使用传统方法，对于高速运转的当今社会来讲，工程质量、安全便可能得不到更有力的保障，目前我国的建筑业只是粗放型的产业，技术含量不高，超过80%的从业人员均是农民工群体，缺乏应有的质量意识和安全意识，然而质量事故、安全事故也屡有发生。

若在不久的将来，高科技替代人工建筑，将农民工培养成机械高手，利用机械的手段实施建设，即使有意外的发生，也可以大大减少伤亡率，保证工人的生命安全，降低工程质量的人为偏差，更加高效地保证建筑质量。

工程建设中钢筋混凝土理论和现代建设技术在100多年的发展时间里，就让世界发生了翻天覆地的变化，一座座摩天大楼拔地而起，大桥、隧道、地铁随处可见，我们相信，

高科技的发展对建筑时代的来临一定会给我们带来意想不到的改变，哥本哈根未来研究学院名誉主任约翰帕鲁坦的一句话值得我们深思：我们的社会通常会高估新技术的可能性，同时却又低估它们的长期发展潜力。施工建设和科技智能化相结合是以后发展的必然趋势，我们期待更高的科技运用来带动更多的工程建设发展。

第四节　综合体建筑智能化施工管理

建筑智能化是以建筑体为平台，实现对信息的综合利用，是信息形成一定架构，进入对应系统，得到具体利用。那么对应就要有对应的管理人员予以管理，实现信息优化组合。综合体建筑则是在节省投资基础上实现建筑最多的功能，功能之间能够有效对接，形成紧密的建筑系统，综合体建筑智能化施工，也就意味着现代建筑设计方案和现代智能管理技术融合，是骨架和神经的充分结合，赋予了建筑体一定的智能，本论文针对综合体建筑智能化施工管理展开讨论，希望能够找到具体工作中难点，并找到优化的途径，使得工程更加顺畅地进行，提高建筑的品质。

伴随着我国环保经济的发展，建筑体设计趋于集成化、智能化，即一个建筑容纳多种功能，实现商业、民居、休闲、购物、体育运动等等功能，节省土地资源降低施工成本提升投资效益。而智能化的体现主要在于综合布线系统为代表的十大系统的合理设计和施工，实现对建筑体功能的控制。这就决定了该工程管理是比较复杂的，做好施工管理将决定了总体工程的品质。

一、综合体建筑智能化施工概念及意义

顾名思义以强电、弱电、暖通、综合布线等施工手段对综合体建筑智能化设备予以链接，使得综合建筑体具有的商业、民居、休闲、购物、体育运动、地下停车等功能得以实现。这样的施工便是综合体建筑智能化施工。也就是综合体建筑是智能化施工的平台，智能化施工是通过系统布线，将建筑工程各功能串联起来，赋予建筑以智能，让各系统即联合又相对独立，提升建筑体的资源调配能力。建筑行业在我国属于支柱产业，其对资源的消耗是非常明显的，实现建筑集成赋予建筑智能，是建筑行业一直在寻求的解决方案，只是之前因为科技以及经验所限，不能达成这个愿望。而今在"互联网+"经济模式下，综合体建筑智能化施工，是将建筑和互联网结合的产物，对我国建筑业未来的发展具有积极的引导与促进作用。

二、综合体建筑智能化施工管理技术要求

任何工程的施工管理第一个目标就是质量管理综合体建筑智能化施工，管理，因为该工程具有多部门、多工种、多技术等特点，导致其管理技术要求更高，对管理人才也提出了更加严格的要求。在实际的管理当中，管理人才除了对工程主体的质量检查，还要控制智能化设备的质量。然后要对设计图纸进行会审，做好技术交底，并且能尽量避免设计变更，确保工程顺利开展，其中监控系统是负责整个建筑的安全，对其进行严格检测具有积极意义。

（一）控制施工质量

综合体建筑存在设计复杂性，其给具体施工造成了难度，如若管理不善很容易导致施工质量下降，提升工程安全风险，甚至于减弱建筑的功能作用。为了规避这个不良结果，需要积极地推出施工质量管理制度，落实施工安全质量责任制，让安全和质量能够落实到具体每个人的头上。而作为管理者控制施工质量需要从两方面入手，第一要控制原材料，第二要控制施工技术。从主客观上对建筑品质进行把控。首先要严格要求采购部门，按照要求采购原材料以及设备和管线，所有原材料必须在施工工地实验室进行实验，满足标准才能进入施工阶段。而控制施工技术的前提是，需要管理者及早介入图纸设计阶段，能够明确各部分技术要求，然后进行正确彻底的技术交底。最重要的是，在这个过程中，项目经理、工程监理能够就工程实际情况提出更好的设计方案，让设计人员的设计图纸更接近客观现实，避免之后施工环节出现变更。为了保证技术标准得到执行，管理人员要在施工过程中对各分项工程进行质量监测，严格要求各个工种按照施工技术施工，否则坚决返工，并给予严厉处罚。鉴于工程复杂技术繁复，笔者建议管理者成立质量安全巡查小组，以表格形式对完成或在建的工程进行检查。

（二）智能化设备检查

综合体建筑的智能性是智能化设备赋予的，这个道理作为管理人员必须要明晰，如此才能对原材料以及智能化设备同等看待，采用严格的审核方式进行检查，杜绝不合格产品进入工程。智能化设备是实现综合建筑体的消防水泵、监控探头、停车数控、楼宇自控、音乐设备、广播设备、水电气三表远传设备、有线电视以及接收设备、音视频设备、无线对讲设备等等。另外，还有将各设备连接起来的综合布线所需的配线架、连接器、插座、插头及适配器等等。当然控制这些设备的还有计算机，这些都列在智能化设备范畴之内。它们的质量直接关系到了综合体建筑集成以及智能水平。具体检查要依据设备出厂说明，参考其提供的参数进行调试，以智能化设备检查表一个个来进行功能和质量检查，确保所有智能化设备功能正常。

（三）建筑系统的设计检查

施工之前对设计图纸进行检查，是保证施工效果的关键。对于综合体建筑智能化施工管理来说，除了要具体把握设计图纸，寻找其和实际施工环境的矛盾点，同时也要检查综合体建筑各部分主体和智能化设备所需预留管线是否科学合理。总而言之，建筑系统的设计检查是非常复杂的，是确保综合体建筑商业、民居、体育活动、购物等功能发挥的基础。需要工程监理、项目经理、各系统施工管理、技术人员集体参加，对工程设计图纸进行会审，以便于对设计进行优化，或者发现设计问题及时调整。首先要分辨出各个建筑功能板块，然后针对监控、消防、三气、音乐广播、楼宇自控等一一区分并捋清管线，防止管线彼此影响，并一一标注，方便在施工中分辨管线，避免管线复杂带来的混杂。

（四）监控系统检测

综合体建筑涉及了民居、商业、停车场等建筑体，需要严密的监控系统来保证环境处在安保以及公安系统的监控之为了保证其符合工程要求,需要对其进行系统检测。在具体检测中要对系统的实用性进行检测，即检查监控系统的清晰度、存储量、存储周期等等。确保系统具有极高的可靠性，一旦发生失窃等案例，能够通过存储的视频来寻找线索，方便总台进行监控，为公安提供详细的破案信息。不仅如此，系统还要具有扩展性，就是系统升级方便，与其他设备能有效兼容。最终要求系统设备性价比高，即用最少的价格实现最多的功能和性能。同时售后方便，系统操作简单，方便安保人员操作和维护。

三、综合体建筑智能化施工管理难点

综合体建筑本身就比较复杂，对其进行智能化施工，使得管理难度直线上升。其中主要的管理难点是因为涉及空调、暖气、通风、消防、水电气、电梯、监控等等管道以及设备安装，施工技术变得极为复杂，并且有的安全是几个部门同时进行，容易发生管理上的混乱。

（一）施工技术较为复杂

比如空调、暖气和通风属于暖通工程，电话、消防、计算机等则是弱电工程，电梯则是强电工程，另外还有综合布线工程，等等，这些都涉及了不同的施工技术。正因为如此给施工管理造成了一定的影响。目前为了提升施工管理效果需要管理者具有弱电、强电、暖通等施工经验。这也注定了管理人才成为实现高水平管理的关键。

（二）难以协调各行施工

首先主体建筑工程和管线安装之间就存在矛盾。像综合体建筑必须要在建筑施工过程中就要预留管线管道，这个工作需要工程管理者来进行具体沟通。这个是保证智能化设备和建筑主体融合的关键。其次便是对各个工种进行协调，确保工种之间有效对接，降低彼此的影响，确保工程尽快完成。但是在实际管理中，经常存在建筑主体和管线之间的矛盾，导致这个结果的是因为沟通没有到位，是因为项目经理、工程监理没有积极地参与到设计图纸环节，使得设计图纸与实际施工环境不符，造成施工变更，增加施工成本。此外，在综合布线环节就非常容易出现问题，管线混乱缺乏标注，管线连接错误，导致设备不灵。

四、 体建筑智能化施工管理优化

优化综合体建筑智能化施工管理，就要对影响施工管理效果的技术以及管理形式进行调整，实现各部门以施工图纸为基础有条不紊展开施工的局面，提升施工速度确保施工质量，实现综合体建筑预期功能作用。

（一）划分技术领域

综合性建筑智能化施工管理非常繁复，暖通工程、强电工程、弱电工程、管线工程等等，每个都涉及不同技术标准，而且有的安装工程涉及设备安装、电焊操作、设备调试，要进行不同技术的施工，给管理造成非常大影响。为提高管理效果，就必须先将每个工程进行规划，计算出所需工种从而进行科学调配，如此也方便施工技术的融入和监测比如暖通工程中央空调安装需要安装人员、电焊人员、电工等，管理者就必须进行调配，保证形成对应的操作团队，同时进行技术交底，确保安装人员、焊工以及电工各自执行自己的技术标准，同时还能够彼此配合高效的工作。

（二）建立完善的管理制度

制度是保证秩序的关键。在综合体建筑智能化施工管理当中，首先需要建立的制度就是《工程质量管理制度》，对各个工种各个部门进行严格要求，明确原材料和施工技术对工程质量的重要性，从而提升全员质量意识，对每一部分工程质量建立质量责任制，出现责任有人负责。其次是《安全管理制度》，对施工安全进行管制，制定具体的安全细则，确保工人安全操作，避免安全事故的发生。其中可以贯彻全员安全生产责任制，对每个岗位的安全落实到人头。再次，制定《各部门施工管理制度》对隐蔽工程进行明确规定，必须工程监理以及项目经理共同确认下才能产生交接，避免工程漏项。

（三）保证综合体内各方面的施工协调

综合体内各方面施工协调，主要使得是综合体涉及的十几个系统工程的协调，主要涉及的是人和物的调配，要对高空作业、低空作业、电焊、强电、弱电等进行特别关注，防止彼此间互相影响导致施工事故。特别是要与强电、弱电部门积极沟通，确保电梯、电话等安装顺利进行，避免沟通不畅导致的电伤之类的事故。

综合体建筑智能化施工管理因为建筑本身以及智能化特点注定其具有复杂性，实现其高水平管理，首先要认识到具体影响管理水平的因素，比如技术和信息沟通等因素，形成良好的技术交底和管理流程。为了确保工程能够在有效管理下展开，还需要制定一系列制度，发挥其约束作用，避免施工人员擅自改变技术或不听从管理造成施工事故。

第五节　建筑智能化系统工程施工项目管理

建筑智能化系统工程是一种建筑工程项目中的新型专业，具有一般施工项目的共同性。但对施工人员的要求更高，施工工艺更加复杂，需要各个专业的紧密配合，是一种技术密集型、投资大、工期长、建设内容多的建筑工程。该工程的项目管理需要全方面规划、组织和协调控制，具有鲜明的管理目的性，具有全面性、科学性和系统性管理的要求。

一、建筑智能化系统和项目管理

（一）智能建筑和建筑智能化系统

智能化建筑指的是以建筑为平台，将各种工程、建筑设备和服务整合并优化组合，实现建筑设备自动化、办公自动化和通信自动化，不仅可以提高建筑的利用率，而且智能化的建筑也提高建筑本身的安全性能、舒服性，在人性化设计上也有一定的作用。近年来，随着智能化建筑设计和施工的完善和发展，现阶段智能化建筑开始将计算机技术、数字技术、网络技术和通讯技术等和现代施工技术结合起来，实现建筑的信息化、网络化和数字化，从而使建筑内的信息资源得到最大限度的整合利用，为建筑用户提供准确的信息收集和处理服务。此外，智能化建筑和艺术结合，不仅完善建筑的功能，而且使得建筑更加具有美观性和审美价值。

建筑智能化系统是在物联网技术的基础上发展起来的，通过信息技术将建筑内的各种电气设备、门窗、燃气和安全防控系统等连接，然后运用计算机智能系统对整个建筑进行智能化控制。建筑智能化具体表现在：实现建筑内部各种仪表设施的智能化，比如水表、电表和燃气表等；利用计算机智能系统对所有的智能设备进行系统化控制，对建筑安全防控系统，比如视频监控系统、防火防盗系统等进行智能化控制，能够利用计算机中央控制系统实现对这些系统的自动化控制，自动发现火情、自动报警、自动消火处理；对建筑内的各种系统问题还能通过安装在电气设备中的智能联网监测设备及时发现和处理，保证建筑内的安防监控系统顺利的运行。

（二）项目管理概述

项目管理包括对整个工程项目的规划、组织、控制与协调。其特点包括如下：项目管理是全过程、全方位的管理，也就是从建设项目的设计阶段开始一直到竣工、运营维护都包含项目监督管理；项目管理只针对该建设工程的管理，具有明确的管理目标，从系统工程的角度进行整体性的，科学有序的管理。

二、建筑智能化系统工程的项目特点

虽然智能建筑中关于建筑智能化系统工程的投资比重均不相同，主要是和项目的总投资额度和使用功能以及建设的标准有关，但是基本上智能化系统的投资比重都在20%以上，说明智能化系统建设的投资较大。智能化系统工程的施工工期很长，大概占据整个智能建筑建设工期的一半时间。另外，智能化系统施工项目众多，包括各种设备的建设和布线工作，还包括各个子系统的竣工调试和中央控制系统的安装等。

三、建筑智能化系统工程项目管理中存在的问题

（一）建筑智能化系统方面的人才问题

一方面我国建筑智能化系统工程起步比较晚，另一方面该领域的工程施工却发展迅速，由于对智能化建筑需求的增多，使得建筑智能化系统工程项目的数量越来越多，规模越来越大。然而，针对建筑智能化系统方面的人才，无论是在数量上还是在质量上都相当欠缺，存在很大的人才缺口，使得现阶段的人才无法满足建筑智能化系统工程施工管理的要求。同时，部分建筑开发商对建筑智能化系统工程不熟悉，所以并不十分重视这方面人才的培养以及先进设备技术的引进，导致建筑智能化系统领域的专业化人才非常不足。另外，在建筑智能化系统工程施工中有些单位重视建造而忽略管理，所以企业内部缺乏相应的建筑智能化系统领域的专业管理人才，从而无法开展有效的监督管理工作。设计人员设计出的智能化建筑施工图纸并不符合先进科学和人性化的要求，这样就极大地影响了工程的施工，也使得企业的竞争力丢失，不利于企业的可持续发展。

（二）缺乏详实的设计计划

在对建筑智能化系统工程施工设计中，往往存在缺乏详实的设计计划、设计规划不符合实际情况、设计无法有效执行等情况。这主要是因为在开工之前没有对现场开展有效的实地勘察工作，没有从系统建设的角度去制定计划，因此在设计施工图纸上会出现和施工现场不符，计划缺乏系统性和完整性的问题。另外，与设计监管的力度不够有关，如果在设计阶段没有对施工方案和设计图纸进行有效的监督管理，整个设计计划便可能存在不合理因素，从而导致建筑智能化系统设计也只能是停留在设计阶段，建筑智能化施工无法正常开展。

（三）施工中不重视智能化系统的施工

要想真正实现建筑的智能化，在建筑智能化系统施工中除了要加强建筑设备施工，保证建筑设备实行自动化以外，还要使得各项设备能够联系到一起，构建建筑内的系统信息平台，从而才能为用户提供便利的信息处理服务。但是，在现阶段，对智能化系统的施工并没有真正重视起来，也就是在施工中重视硬件设备施工而轻视软件部分。如果软件部分出现问题，智能化系统就无法为建筑设备的联合运行提供服务，也就无法实现真正的建筑智能化。

（四）重建设轻管理

建筑智能化系统工程不论是硬件设备的施工还是系统软件的施工，除了要加强施工建设安全管理与质量控制外，还应该加强对智能化系统的运营维护然而目前在建筑智能化系统建设完成后，对其中系统的相关部件却缺少相应的监督管理，从而无法及时发现建筑设备或软件系统在运行中出现的问题，导致建筑智能化没有发挥其应有的作用，失去了建筑智能化的实际意义，另外，即使是在建筑智能化系统建设的管理上，由于缺乏完善的管理制度和管理措施，加上部分管理人员安全意识薄弱，在工作中责任意识不强，所以还未完全实现对建筑智能化系统的统一管理，建筑内部的消防系统、监控系统等安全防控系统没有形成一个统一的整体。

四、加强建筑智能化系统工程施工管理的措施

（一）加强设计阶段的审核管理

在建筑智能化系统工程的设计阶段，必须要站在宏观的角度对设计施工计划做好严格的审核管理，避免由于计划缺乏完整性和实效性而影响后期的施工与管理。需要监管部门做好智能系统的仿真计算，保证系统可以正常运行，有利于建筑智能化系统的施工；在施工计划制定前要加强现场勘察，做好技术交底工作，对施工计划与施工设计图纸进行审核检查，及时发现其中存在着的和工程实际不相符合的地方；对设计的完整性进行检查，保证设计可以有效落实。

（二）加强建设施工和管理

在施工中要对现场施工的人员、建设物料等进行监督管理，严禁不合格的设备或材料进入施工现场，禁止无关人员进入现场，要求施工人员必须严格按照施工规章制度开展作业。此外，要同时重视后期的管理，一方面应不断完善安全管理制度，为人员施工提供安全保障体系；另一方而要对建筑智能化系统进行全面检查维护，对于出现问题的设备或者线路必须要进行更换或者修改，保证建筑智能化系统可以安全稳定地运行。

（三）提高对软件系统施工的重视程度

在施工中除了要对建筑设备进行建设和管理外，同时也要提高建筑智能化系统软件部分的施工建设和管理力度。通过软件系统的完善，使得建筑内部的各项设备联结起来，实现智能建筑内各个系统的有效整合和优化组合，这样便能通过计算机系统的中央控制系统对建筑智能系统进行集中统一的调控。

（四）吸收、培养建筑智能化领域的高素质专业人才

由于当前我国在建筑智能化领域的专业人才十分缺乏，因此建设单位应该要重视对该领域高素质专业人才的吸收和培养。如可以和学校、培训机构进行合作，开设建筑智能化领域的课程，可以培养一批建筑智能化系统方面的高素质专业人员，极大地缓解我国在这方面的专业人才缺口问题。此外，建设单位自身也应该加强对内部员工的培训管理，比如通过定期的专业培训全方面提升管理人员对于建筑智能化系统施工的管理能力，提高其管理意识和安全防范意识。在施工之前可以组织专业人员对施工图纸进行讨论和完善，从而设计出符合工程实际的图纸，从而提高企业自身的竞争优势，促进企业发展奠定基础，促进整个建筑智能化系统的发展。

随着智能建筑的快速发展，建立高效的建筑智能系统的需求越求越多。为了建立完善的建筑智能化系统，在该工程施工中就需要围绕设计阶段、施工阶段和管理维护阶段展开，对建筑智能化系统的功能进行优化，并与自动化控制技术一起构建舒适的、人性化的、便利的智能化建筑。只有建筑智能化系统施工质量和管理水平得到提升，智能化建筑的功能才会越来越完善，从而为提高人们生活水平，保障建筑安全，促进社会稳定做出贡献。

第六节　建筑装饰装修施工管理智能化

建筑装饰装修施工涉及多方一面问题，比如管道线路走向、预埋等，涵盖了多个专业领域的内容。在实际施工阶段，需要有效应对各个环节的内容，让各个专业相互配合、协调发展，依据相关标准开展施工。智能化施工管理具有诸多优势，但也存在不足之处，作为施工管理的发展趋势，必须予以重视，对建筑装饰装修施工管理智能化进行分析和研究，

一、建筑装饰装修施工管理智能化的优势

（一）实现智能化信息管理

在当今社会经济发展形势下，建筑工程管理策略将更加智能化，逐步发展成为管理架构中的关键部分，有利于增进各部门的交流合作，实现协调配合。为了实现信息管理的相关要求，落实前期制定的信息管理目标，管理人员需利用智能化技术，科学划分和编排相关信息数据，明确信息管理中的不足，妥善储存相关文件资料，并利用

对资料进行编码以及建立电子档案的方式，优化信息管理方式，推进信息管理智能化。

要想实现管理制度智能化，须科学运用各种信息平台及智能化技术，以切实提升建筑工程管理质构建健全完善的智能化管理体系，让各项工作得以有序开展通过智能化管理平台及数据库，建筑工程管理层能够运用管理平台，有效监督管理各个部门的运行情况，确保各项工作严格依据施工方案开展，从而保障整体施工质量及进度。在开展集中管理时，管理层可以为整理和存储有关施工资料设置专门的部门，为开展后续工作提供参考依据。

（三）贯彻智能化施工现场管理

在现场施工管理环节，相关工作人员要基于前期规划制定施工管理制度，以施工制度为基准划分各个职工的职责及权限。建筑工程涉及多个部门，各部门需分工明确，以施工程序为基准，增进各部门的合作。施工人员需注重提升自身专业素养和工作能力，依据施工现场管理的规定，学习各种智能化技术，积极参与到教育培训活动之中，能够在日常工作中熟练操作智能化技术。

二、建筑装饰装修施工管理的智能化应用

在建筑装饰装修施工管理环节，合理运用智能化技术，符合当前社会经济发展形势，能够优化建筑工程体系科学化管理，充分发挥新技术的优势以及价值。

（一）装饰空间结构数字化调解

1. 关于施工资源管理

纵观智能化技术在建筑装饰装修施工管理的实际运用，能够提升施工管理效率及质量，具有诸多优势。在装饰空间结构方面，相关工作人员能够凭借大量数据资源，对装饰空间结构进行数字化调解。而传统建筑装饰装修方式，依据施工区域开展定位界定。依据智能化数据开展定位分析，能够立足于空间装饰，科学调整装饰结构，以区域性规划为基础，进行逆向装饰空间定位工作。施工人员能够根据建筑装饰装修的现实要求，开展装饰施工技术定位，依据施工区域，准确选择相应的施工流程及方式，能够有效降低施工材料损耗，削减空间施工成本，让智能化装饰空间实现综合调配。

2. 关于施工空间管理

建筑装饰装修施工涉及多方面要素，其中最为主要的便是水、电、暖的供应问题，所以，在建筑装饰装修施工环节，施工管理工作必须包含相关要索，让相关问题得到妥善解决，在建筑装饰装修施工管理环节，合理运用智能化技术，能够凭借虚拟智能程序的优势，对建筑装饰装修情况进行模拟演示，将施工设计立体化和形象化，让施

工管理人员能够更为直接的分析和发现施工设计中的不合理区域，从而及时的修改和调整，再指导现场施工，此种智能化施工管理模式运用到了智能化技术，能够依据实际情况，科学调整建筑工程施工环节，将智能化技术运用到建筑空间规划之中，显示了装饰空间结构数字化管理。

（二）装饰要素的科学性关联

在建筑装饰装修施工环节，科学运用智能化技术，能够展现空间装饰要素的科学性关联。

1. 关于动态化施工管理

在建筑装饰装修分析环节，智能化技术在其中的合理运用，能够构建现代化分析模型，基于动态化数据信息制定相关对策。施工管理人员能够依据建筑装饰装修的设计方案，对装饰要素进行分布性定位，将配套适宜的颜色、图样等要素运用到建筑装饰装修之中。例如，若建筑的室内装修风格定位现代简约风，施工管理人员在分析建筑结构时，能够凭借智能化技术手段，结合大量现代简约风的装修效果图，完成室内色系的运用搭配，并为提升空间拓展性提供可行性建议，为实际装修施工提供指导和建议。通过借助智能化数据库资源的优势，相关工作人员能够综合分析室内空间装修要素，优化施工管理方式，在建筑装饰装修环节，让室内空间得到充分利用和合理开发，切实提升建筑装饰装修质量及品质，切合业主的装修要求，对装饰装修结构实现体系性规划

2. 关于区域智能定位管理

智能化技术在建筑装饰装修施工管理的多个环节得到合理运用，如全面整合装修资源结构环节，能够构成体系规划，从而完善装修施工管理环节。在对建筑装饰装修格局开展空间定位工作时，通过采用智能化检测仪器，能够对装饰空间进行检验，并全面分析空间装饰环境的装修情况，从而进行区位性处理，使现代化资源实现科学调整。

（三）优化装饰环节的整合分析

就建筑装饰装修施工管理智能化而言，建筑装饰环节的资源整合便是其中代表。在建筑装饰装修工程中，施工管理人员可借助智能化平台，运用远程监控、数字跟踪记录等手段，开展施工管理。施工监管人员能够利用远程监控平台，随时随地贯彻建筑装饰装修的实际施工状况，并开展跟踪处理，各组操作人员能够基于目前建筑装饰装修施工进度及实际情况，全方位规划建筑装饰装修施工。与此同时，施工管理人员可以将自动化程序合理运用到装修装饰阶段，探究动态化数字管理模式的实际运行情况，从而科学合理的规划数字化结构，实现各方资源合理配置，确保建筑装饰装修的各个环节得以科学有效地整合起来。除此之外，在建筑装饰装修施工管理中合理运用

智能化技术，能够基于智能化素质分析技术，对工程施工质量开展动态监测，一旦发现建筑装饰装修施工环节存在质量问题，智能化监测平台能够将信息及时反馈给施工管理人员，让施工管理人员能够迅速制定可行性对策，有效调解施工结构中的缺陷。

（四）智能化跟踪监管方式的协调运用

在建筑装饰装修施工管理当中，智能化跟踪监管方式的协调运用也是智能化的重要体现。施工人员能够运用智能动态跟踪管理方式和系统结构开展综合处理。施工管理人员既能够核查和检验建筑装饰装修的实际施工成果，还能够通过分析动态跟踪视频记录，评价各个施工人员的施工能力及专业技术运用情况，并能够基于实际施工情况，利用现代化技术手段，对施工人员进行在线指导。

建筑装饰装修施工管理智能化，符合当今社会经济发展形势，是数字化技术在建筑领域的合理运用，能够彰显智能化技术的优势以及作用，能够实现装饰空间结构数字化调整，明确装饰要素的科学性关联，全方位把握建筑装饰装修的各个环节，及合理运用智能化跟踪监测方式进行协调和调解。为此，分析建筑装饰装修施工管理智能化，符合现代建筑施工发展趋势、有利于促进施工技术提升和创新，推动我国建筑行业发展。

第七节　大数据时代智能建筑工程的施工

智能建筑的概念最早起源于20世纪80年代，其不仅给人们提供了更加便捷化的生活居住环境。同时还有效地降低了居住对于能源的消耗，因而成为了建筑行业发展的标杆。但事实上，智能建筑作为一种新型的科技化的建筑模式，无疑在施工过程中会存在很多的问题，而本节就是针对于此进行方案讨论的。

智能建筑是建筑施工在经济和科技的共同作用下的产物，它不仅给人们提供舒适的环境，同时也给使用者带来了较为便利的使用体验。尤其是以办公作为首要用途的智能化建筑工程，它内部涵盖了大量的快捷化的办公设备，能够帮助建筑使用者更加快捷便利的收发各种信息，从而有效改善了传统的工作模式，进而提升了企业运营的经济效益，智能建筑施工建设相对简单，但是如何促进智能化建筑发挥其最大的优势和效用。这就需要引入第三方的检测人员给予智能化建筑对应的认证。并在认证前期对智能建筑设计的技术使用情况进行检测，从而确保其真正能够满足使用性能。但是目前所使用的评判标准和相关技术还存在着一定的缺陷，无法确保智能建筑的正常使用，因而制约了智能建筑的进一步发展。

智能建筑在建设阶段，其所有智能化的设计都需要依托数据信息化的发展水平。它能够有效的确保建筑中水电、供热、照明等设施的正常运转。也可确保建筑内外信息的交流通畅，同时还能够满足信息共享的需求。通过智能化应用，能够用助物业更好地服务于业主。同时也能够建立更好的设备运维服务计划，从而有效的减少了对人力资源的需求。换言之，智能化的建筑不仅确保了业主使用的舒适性和安全性，同时还有效地节省了各项资源。

一、智能化建筑在大数据信息时代的建设中的问题

（一）材料选择问题

数据信息化的建设，需要依托弱电网络的建设，而如果选用了不合格的产品，就会对整个智能化的建设带来巨大的影响，甚至导致整个智能化网络的运行瘫痪。因此，在材料选择和设备购买前需要依据其检测数据和相关说明材料进行甄别，对缺少合格证书或是相关说明资料的材料一律不允许进入到施工工地中。当然在材料选择过程中还应当注意设备的配套问题，如若设备之间不配套，也会导致无法进行组装的情况，这些问题均会给建筑施工带来较大的隐患。

（二）设计图纸的问题

设计图纸，是表现建筑物设计风格以及对内部设备进行合理安排的全面体现。而现阶段智能化建筑施工工程的最大问题就表现在图纸设计上。例如，工程建设与弱电工程设计不一致，导致弱电通道不完善，无法正常的开展弱电网络铺设。同时，还有一些建筑的弱电预留通道与实际的标准设计要求不一致等。举例说明，建筑施工工程在施工过程中如果忽视弱电或是其它设施的安装的考虑，则会导致在设备安装过程中存在偏差，从而无法达到设备所具有的实际作用。另外，智能化的建筑施工图纸还会将火警自动报警、电话等系统进行区分，以便于能够更好地展开智能化的控制。

（三）组织方面的问题

智能化的建筑施工工程相对传统的施工工艺来说更为复杂，因而需要科学、合理的施工安排，对各个环节、项目的施工时间、施工内容进行合理的管控。如果无法满足这些要求，则会严重影响到工程开展的进度和工程质量。同时，如果在施工前期没有对施工中可能存在的问题进行把控，则可能会导致施工方案无法顺利开展或落实。当然，在具体施工过程中，如果项目内容之间分工过于细致，也会导致部门之间无法协调，进而影响到整个工程施工建设的进度，使得各个线路之间的配合出现问题，最终影响工程施工质量。

（四）承包单位资质

智能化施工建设工程除了要求施工单位具备一定的建筑施工资质外还应该具有相关弱电施工的资质内容。如果工程施工单位的资质与其承接项目的资质内容不相符，必然会影响到建筑工程的质量。此外，即便有些单位具备资质，但也缺少智能化的施工建筑技术和工艺，对信息化建筑工程的管理不够全面和完善，导致在施工中出现管理混乱，流程不规范的问题。

二、智能化建筑在大数据时代背景下的施工策略

（一）强化对施工材料的监管和设备的维护

任何一种建筑模式，其最终还是以建筑施工工程作为根本。因而具备建筑施工所具有的一切的要素，包括建筑材料、设备的质量。除了对工程建设施工的材料和设备的检验外，还需要注意在信息化建设施工中所用到的弱电网络化建设的基本材料的型号要求和标准。

确保其所用到的材料都符合设计要求，同时还应该检查各个接口是否合格。检查完毕后还应当出具检测报告并进行保管封存。

（二）强化对设计图纸的审核

为了确保智能化建筑工程施工的顺利开展，保障施工建设的工程质量。在施工前期就需要对施工图纸做好对应的审查工作，除了基本建筑施工的一些要求之外，还需要注意在弱电工程设计中的相关内容和实施方案。结合实际施工情况，就在施工过程中的管道的预留、安装、设备的固定等方面的内容进行针对性的探讨，以确保后期弱电施工过程中能够顺利地进行搭建和贯通。

（三）施工组织

智能化工程建设基本上是分为两个阶段的，第一个阶段就是传统的建筑施工内容，而第二个阶段则是以弱电工程为主要内容的施工。两者相互独立又紧密联系，在前一阶段施工中必须考虑到后期弱电施工的布局安排。而在后一阶段施工时还应当有效地利用建筑的特点结合弱电将建筑的功能更好地提升，因此这是一个相对较为复杂的工程项目，在开展施工的过程中，各个部门、单位之间应该做好有效的配合，确保工程施工在保障安全的情况下顺利地开展，以确保施工进度和施工质量。

大数据时代发展背景下，人们对于数据信息化的需求程度越来越高。而智能建筑的发展也正是为响应这一发展需求而存在的。为更好地确保智能建筑工程的施工质量，

完善各项设备设施的使用。在施工过程中应该加强对施工原料、施工图纸以及施工项目安排、管理之间的协调工作。只有这样，才能够有效地提升智能化施工的施工质量与施工进度。

第九章 现代绿色建筑施工研究

第一节 绿色建筑施工质量监督要点

近年来，伴随着我国建筑行业标准体系的完善，政策法规的出台，绿色建筑开始进入规模化的发展阶段。绿色建筑强调从设计、施工、运营三个方面着手，落实设计要求，保障施工质量。文章首先分析了绿色建筑概述，然后分析了绿色建筑施工管理的意义，最后探讨了绿色建筑施工质量的监督要点。

在我国的经济发展中，建筑行业一直占据重要地位，伴随着施工技术的发展和创新，我国建筑行业的管理方法、施工方法都实现了改进。为响应国家保护环境、节能减排的号召，绿色施工材料和技术涌现，绿色建筑项目增加，规模扩大，使得我国的建筑行业越来越趋向于绿色化、工业化。从实际看，相较于发达国家，我国绿色建筑的管理水平低，施工技术不先进，质量管控机制不健全。因此、积极探讨相关的质量监督要点成为必然，现从以下几点进行简要的分析。

所谓的绿色建筑，多指在建筑行业以保护环境、节约资源为理念，以实现大自然、建筑统一为宗旨，为人们提供健康舒适的生活环境，为大自然提供低影响、低污染共存的建筑方式。绿色建筑作为现代工业发展的重要表现，和工业建筑同样具备施工便捷、节约资源的特点。在工程施工中，通过规范、有效管理机制的使用，提高施工管理效率，减少施工过程的不良影响，削减施工成本、材料的消耗量，同时，绿色建筑还能通过节约材料、保护室外环境、节约水资源等途径，实现环保、低碳的目标。另一方面，绿色建筑还强调施工过程的精细化管理，通过对施工材料、成本、设计、技术等要素的分析，实现成本、质量间的均衡，确保周围环境、建筑工程的和谐相处。施工期间各种施工手段和技术的使用，项目资源、工作人员的合理安排，能确保工程在规定时间内竣工，提高施工质量，确保整体结构的安全性。

一、绿色建筑施工管理的意义

随着城市化建设进程的加快，建筑市场规模扩大，建筑耗材增加，在提高经济发展水平的同时，加剧着环境的污染、资源的浪费。近几年来，传统的管理模式已无法满足发展要求，对此我国开始倡导绿色建筑，节约着施工资源，保障着施工质量，提高着工程的安全性。从绿色建筑的管理上来看，利用各措施加强施工管理，能促进社会发展，实现节能减排的目标。从建筑企业来看，加大对施工过程的监管力度，紧跟时代的发展步伐，不但能减少施工成本，提高经济效益，还能推动自身发展。

二、绿色建筑施工质量监督要点

树立绿色施工理念。要想保障绿色建筑的施工质量。首先要借助合理、有效的培训手段，引导全体员工树立绿色施工的理念。待全体员工树立该理念后，能自主承担工程施工的责任，并为自身行为感到自豪，为施质量监督工作的进行提供保障。现阶段，我国建筑人员学历低，绿色环保意识缺乏。因此，在开展管理工作时，必须积极宣讲和绿色施工相关的知识，具体操作包括：

（1）绿色建筑施工前期，统一组织施工人员参加讲座，向全体员工宣讲绿色施工的重要性。工程正式施工后，以班组为单位开展培训。

（2）借助宣传栏、海报等形式，讲解绿色施工知识和技术，进一步提高施工人员的绿色施工意识。

（3）将绿色施工理念引入员工的考核中，及时通报和处罚浪费施工材料、污染环境的行为。对于工作中表现积极的班组和个人，给予精神或物质上的奖励。

质量监督计划的编制和交底。在质量监督工作开展之前，监督人员需要详细地阅读经审查结构审核通过的文件，并详细查阅相关内容，结合绿色建筑工程的设计特征，工程的靠要程序、关键部分及建设单位的管理能力，制定与之相匹配的监督计划。在对工程参建方进行质疑交底时，需要明确地告知各方质量监督方式、监督内容、监督重点等。同时，还要重点检查绿色建筑所涉及的施工技术、质量监管资料，具体包括：

（1）建筑工程的设计资料，比如设计资料的核查意见、合格证书，经审核机构加盖公章后的图纸；

（2）施工合同、中标通知书等；

（3）设计交底记录、图纸会审记录等相关资料，并检查其是否盖有公章；

（4）和绿色建筑施工相关的内容、施工方案、审批情况；

（5）和工程质量监督相关的内容和审批情况。

主体分部的质量监督，监督人员应依据审查通过的设计文件，对工程参建各方的行为进行重点监督。如实体质量、原材料质量、构配件等，具体包括：

（1）参照审核通过的设计文件，抽查工程实体，重点核查是否随意变更设计要求；

（2）对工程所使用的原材料、构配件质量证明文件进行抽查，比如高强钢筋、预拌砂浆、砌筑砂浆、预拌混凝土等，审核是否符合标准和设计要求；

（3）经由预制保温板，抽检现浇混凝土、墙体材料文件与工程质量的证明文件，确保施工质量满足要求。

围护系统施工质量监督。对于绿色建筑而言，所谓的围护系统包括墙体、地面、幕墙、门窗、屋面多个部分。具体施工中，监督人员需要随时抽查施工过程，具体包括：建设单位是否严格按要求施工，监督工作是否符合要求；抽查工程的关键材料，核查配件的检验证明、复检材料；控制保温材料厚度和各层次间的关系，监督防火隔离带的设置、建设方法等重要程序的质量。

样板施工质量监督。在绿色建筑施工中，加强对样板施工质量的监督，能保证工程按图纸要求和规范进行，满足设计方要求。在施工现场，监督人员向参建方提出样板墙要求，巡查过程中重点审核地面、门窗样板施工是否符合相关要求。若样板间的施工质量符合规范和要求，可让施工单位继续施工。为了保证施工样本的详细性，样板施工过程中需要认真检查这样几部分：①样板墙墙体、地面施工构件、材料的质量检验文件，见证取样送检，检查进入施工现场的材料是否具备检验报告，内容是否健全，复检结果是否符合要求；②检验样板墙墙体、地面作品的拉伸强度和黏度，检验锚固件的抗拔力，并对相关内容的完整性、结果的真实性进行检测；③检验地面、门窗、墙体工程实体质量，检查样板施工作品规格、种类等方面是否符合要求，检查是否出现随意更改设计方案和内容的现象。

设备安装质量监督。绿色建筑中的设备包括电气、给排水、空调、供暖系统等内容，质量监督人员在巡检工程时，必须对设备的生产证明、安装材料的检验资料等进行抽查。对于体现出国家、相关行业的标准，和对绿色建筑设备系统安装时的强制性文件，检验其完整性及落实情况。同时，还要重点监督设备关键的使用功能、质量。对于监督过程中影响设备使用性能、工程安全质量的问题，或者是违反设计要求的问题，应立即整改。

分部工程的监督验收。绿色建筑的分部工程验收，需要在分项工程、各检验批验收合格的情况下，对建筑外墙的节能构造、窗户的气密性、没备性能进行测评，待工程质量满足验收要求后再开展后续工作。监督人员在对分部工程进行监督与验收时，需要监督和检查涉及绿色建筑的验收资料、质量控制、检验资料等，具体包括：①绿色建筑分部工程的设计文件、洽商文件、图纸会审记录等。②建筑工程材料、设备质量证明资料，进场检验报告和复检报告，施工现场的检验报告。其中，绿色建筑外墙外保温系统抗见压及耐候性的检测、外窗保温性能的检测、建筑构件隔音性能的检测、楼板撞击声隔离性能的检测、室内温湿度的检测、室内通风效果的检测、可再生设备的检测以及主要针对施工质量控制、验收要求，监督人员参照设备性能要求监督参建方的工作行为。③绿色建筑的能效测评报告，能耗检测系统报告。④隐蔽工程的验收报告和图像资料。⑤包含原有记录的验收报告，分项工程施工过程及质量的检验报告。

建筑工程的竣工验收和问题处理。申报绿色建筑的竣工验收后，监督人员需要重点审核工程内容的验收条件，包括：①行政主管部门、质量监督机构对工程所提出的整改问题，是否完全整改，并出具整改文件；②分部工程的验收结果，出具验收合格的证明文件，对于验收不合格的工程，不能进行验收；③建设单位是否出具了评估报告，评估建议是否符合相关要求。对于工程巡检、监督验收过程中发现的问题，签发《工程质量监督整改通知书》，责令整改。对于存在的不良行为记录、违反法律制度的单位，及时进行行政处罚。

综上所述，绿色建筑作为推动建筑行业发展的重要组成，在提高资源利用率，减少环境污染上具有重要作用。为了充分发挥绿色建筑的意义，除要明确绿色建筑施工管理的重要性，树立绿色施工理念外，还要合理使用低能耗的材料和设备，加强对设备安装、围护系统、样板施工等工序的质量监督，确保整个工程的施工质量，推动绿色建筑可持续发展。

第二节 绿色建筑施工技术探讨

绿色施工是实现环境保护、工程价值、资源节约目标一体化的建筑项目施工理念，现阶段绿色建筑施工技术取得了重大发展，被广泛地运用到建筑工程中。为此，本节结合某建筑办公楼的实际案例，首先介绍了工程的基本情况，紧接着具体地阐述了绿色建筑施工技术的标准与要求，并基于此提出了绿色建筑施工技术的实施要点。

建筑施工难免会对周围环境产生消极影响，所以，施工单位要根据绿色施工要求尽量降低影响。《绿色施工导则》中对绿色施工做出了如下定义：在工程建设过程中，在保证施工安全与施工质量等基础上，通过运用先进的施工技术与科学的管理办法，最大限度的减少资源浪费，减轻周围环境受到施工活动的负面影响，实现"四节一保"目标。本节结合实际开展的施工项目，分析绿色施工技术应如何使用，希望对于同类施工项目能够产生一定的参考意义。

一、建筑施工中绿色施工技术的应用分析

（一）节约建筑材料

绿色施工技术本身属于一项创新，它对施工技术性和科学性提出了更高的要求。在坚持绿色施工理念的基础上，对施工建材进行进一步的改造，再将新技术和原有技术有效结合在一起，达到节约材料的最终目的。例如，在高层建筑深基坑设计时，可以将新型技术与材料改造有效结合在一起，对地下的建筑空间进行混凝土浇筑，这样

的做法，不仅能够有效降低工程施工对周围环境的破坏，而且能够节约大量的建筑材料。应用绿色施工技术，不但能够达到保护环境的目的，同时还能够节约企业的建筑施工成本，为企业带来更大的经济效益。

（二）水循环利用技术的应用

建筑工程建设施工规模较大，工程建设周期长，在建设过程中对水资源需求量很大。在整个工程建设环节中很容易造成对水资源浪费和污染，这对建筑行业的可持续发展具有不利影响。对此，我们必须要提高节能技术和环境保护的结合，切实加强对水资源利用过程中的管理，实现水资源的循环利用。这样才能有效缓解水资源紧张局面。针对房屋深基坑降水，需要采用先进的设备进行抽水，将抽取的水存储在固定容器中，从而在后续的施工中得到有效利用。雨水回收利用也是房屋建筑施工建设的有效节能措施。

（三）环保技术的应用

在建筑现场施工过程中，会涉及大量建筑材料的使用，环保施工技术在建筑施工过程中的大力推广将会使现场材料做到物尽其用，在最大程度上避免施工材料的浪费。在现场具体施工时，应科学合理的处理土方，现场出入口处设置轮胎清洗器，避免道路被轮胎上泥土污染，减少土方的外运量，在现场设置土方堆放处，基础施工完成后使用堆放处的土方进行回填。在施工过程当中，会产生一定量的建筑垃圾，如塑料、木方、混凝土块和废弃管线等，针对不同垃圾选用不同的处理方式，混凝土块由于强度较高，可作为道路基层垫块使用，对于类似塑料、废木方的不可回收垃圾需在现场设置专门的垃圾场进行分类对方，统一运到填埋场处理。

（四）扬尘与噪声控制技术的应用

在该高层建筑绿色施工中，施工企业要巧用施工扬尘控制技术，借助自动化喷淋除尘系统、雾炮降尘系统、施工现场车辆自动化冲洗系统等，全方位动态监测施工现场扬尘的基础上，对其进行合理化处理。同时，施工企业要借助噪声控制技术，作用到施工中的机械设备要具有较小噪声等，采取针对性技术手段，有效控制施工现场噪音，确保工程项目施工符合当下节能环保标准。

（五）空气方面的污染防治

在进行建筑施工污染工作管理刚刚开始的关键阶段，应因地制宜的进行编制粉尘空气污染携带问题的防治规划，遵循一套科学化的污染工作管理原则。以此比如：在初始开发一块土方之前，应首先开展周围工地区域的车辆洒水管理工作，以此有效预

现代建筑工程管理与施工技术应用

防因为要对土方进行开挖时而出现车辆扬尘的携带问题，预防污染大气环境的车辆粉尘空气污染携带问题。同时我还应根据阶段性的重点开展工地道路车辆清扫管理工作与车辆洒水管理工作，预防工地车辆或者是其他人们日常活动时所诱发的车辆粉尘空气污染携带问题，可在建筑工地以及大门周围区域合理的规划设计车辆防尘管理设备。由此可见，空气方面的污染防治对于整个建筑工程的发展有着极大的阻碍作用，相关技术人员应该以此为研究重点，制定合理的预防对策，才能有效的促进我国建筑行业的发展。

（六）对于资源与能源的节约

增强建筑资源和节水能源的节约使用管理效率，这是当前我国绿色工程施工管理技术产业发展的一个核心战略目标。对于所有建筑工程项目来说，施工管理过程中往往都可能需要大量使用绿色施工管理物料，施工管理设备，能源和节水资源。现如今在我国建筑工程绿色施工进行过程中，切实的充分利用现代绿色工程施工管理技术，能够有效的大大提升建筑资源的节约利用效率，并从而可以真正实现有效节约能源，减少建筑工程施工使用成本的伟大目标。这种节水感应节电型工程生产管理模式，其实质上就是通过借助工程信息化监测系统针对建筑工程施工各个环节及时实施工程动态节能检测，从而更加全面的对工程施工过程及其中的各种水电感应使用管理情况进行加以实时掌握，为工程水电感应能源的节约使用管理计划的正确制定实施提供重要参考。总而言之，过于浪费资源对于自然环境的伤害极大，不管在哪个地方，都应该寻求发展与自然环境的平衡点。

（七）强化节能设计

基于绿色节能建筑设计的实际需要，推进建筑绿色节能建筑工程技术的有效综合应用，对于当前正在我国大力实施推进建筑可持续发展的战略理念下，我国更加注重绿色建筑工程的综合节能设计效果，可以更好地综合利用节约能源，实现二次节能应用、可持续回收经济利用以及节能循环经济利用等，为此，在绿色建筑工程设计施工中，可以通过建筑计算机智能模拟对于我国整体的绿色建筑工程耗能情况做客观上的了解和综合统计，然后综合做好建筑规划设计方案，让可再生利用能源能够得到有效重复利用，比如为了有效强化应该利用太阳能等水资源，可以在绿色建筑设计工程施工中综合应用诸如太阳能燃气热水器、太阳能动力电池等，为有效强化建筑水资源的综合利用率，可以建筑设计应用雨水资源收集处理系统，将节能建筑技术和绿色建筑施工的更加深入性相结合，从更加细致的设计角度上来强化建筑节能设计效果，实现绿色生态建筑物的建设，进而可以保证整个建筑物的最高节能性和环保性。

二、加强建筑工程绿色施工技术有效措施分析

（一）节约材料

传统的建筑往往消耗大量的材料，比如钢筋、木材、水泥以及沙子。这些材料是不可再生资源。因此，在施工中应加强宣传教育，提高施工人员的物质节约和环境保护意识。建筑施工中应不断尝试使用环保建筑材料，使环保建筑材料能充分发挥现代建筑的作用，使建筑施工过程中充分利用这些材料，减少材料损失。在施工过程中，各种木制品和半成品需要减少现场生产，科学合理的材料应用规划，旧材料的二次回收，废料的详细清理。

（二）土地资源保护

建筑工程施工中绿色施工应充分考虑施工对周边地表环境所造成的影响，施工中务必有效防止出现土壤侵蚀及流失等问题。绿色施工中所出现的裸土情况务必及时利用砾石覆盖，或是种植极易生长的草覆盖在裸土上，确保土壤不会被侵蚀以及风化。若是建筑工程绿色施工中存在非常严重的水土流失问题，则应构建良好的地表排水系统，加固土壤斜坡，尽量避免土壤流失现象出现。

（三）固体废物控制

土方开挖以后，应在施工场地内相对空置，以减少运输过程中对周围环境的污染。地下工程施工完毕后，对原土进行回填。对建设项目产生的砖、塑料、装饰碎片、垃圾包装箱和管道进行了科学分类。例如，在混凝土基础垫层中可以使用一些高坍塌的混凝土砌块，多余的浆料可以送入填埋场，有毒有害废物应由专业部门回收，尽量避免土壤污染。达到高效节能减排和环境保护的效果。

（四）废弃物排放控制

建筑工程施工中经常产生扬尘和废弃物。此时，有必要采取有针对性的防尘措施。施工现场使用的水泥、石灰、细砂等材料在运输和放置时容易产生扬尘，不但造成施工材料的浪费，而且污染环境。施工中应及时清理洒水。如果施工现场有锅炉，则应使用节能材料完全控制废弃物排放。施工车辆及各种机械废弃物排放必须符合有关规定，如使用清洁能源燃料、安装尾气净化器等。为了保证其正常运行，施工期间必须对现场车辆及各种机械进行定期检查和保养。

（五）节省场地占用

建筑工程施工前期应对施工场地展开科学合理的规划以及布局，各类机械设备装置装设位置务必适应于实际要求。将极易泄露的装置设备，或者是具备污染性的各类材料安排于某些交通较为便利的地方或是道路边沿位置，便于施工材料运送顺畅。暂时性的建筑应充分考虑其合理性，应避免出现大规模拆迁。

第三节　绿色建筑施工的四项工艺创新

随着社会以及时代的不断发展，相比于从前而言我国的科学技术也开始变得越来越高，在城市化进程以及我国经济水平不断提高的今天，我国生产力相比于从前而言也正在飞速提高，不难发现，生产力的发展为社会整体发展带来了很多的优势，但是同时也存在着一定的劣势，例如我们如今需要面临的十分严峻的挑战，也就是环境污染以及生态被破坏。所以，在这种情况下，为了保证人们能够正常健康并且绿色的生活，我国应该越来越提高对于可持续发展道路的重视程度，将改善环境以及保护环境作为首要任务。而建筑作为保证人们正常生存的一部分，更是受到了越来越多的关注，因此，我们也应该加强对于绿色建筑的重视程度，为可持续发展提供保障。

在社会以及经济不断发展的今天，走可持续道路已经成为我国发展的重要战略，建筑作为保证人们日常生活重要的一部分，一直以来都受到人们的广泛关注，而在可持续发展的这一背景下，如何将建筑工程与环境保护两者更好地结合到一起已经成为我们需要思考的问题，进行绿色建筑工程施工也已经成为我们的一项重要任务。因此，对新技术、新材料以及新设备进行使用已经变得十分重要。本节将简单对绿色建筑施工的四项工艺创新进行分析，希望能够对我国进行绿色建筑施工起到一定的促进作用。

简单来说，我们所以提到的绿色建筑所指的就是一种环境，这种环境能够让人们在其中感觉到健康、舒心，这样能够更好地再这一环境当中进行学习以及工作。这种环境可以通过节约能源或者是有效的对能源进行利用来提高能源的利用率、可以在最大限度上减少施工现场可能产生的影响，保证能够在低环境负荷的情况下让人们的居住能够更加高效，使人与自然之间达到一个共生共荣的状态。我们进行绿色建筑工程的终极目标就是将"绿色建筑"作为整个城市的基础，然后偶不断地对其进行扩张以及规划，将"绿色建筑"变得不仅仅是"绿色建筑"，而是变为"绿色社区"或者是"绿色城市"，以此来将人与自然更加和谐的结合到一起。由此，我们可以看出，如果我们想要进行绿色建筑，只依靠想象或是仅仅纸上谈兵是难以实现的，想要更好地将绿色建筑发展起来离不开的是各种各样不同的创新。而我们所要进行的绿色建筑也并不是可有可无的，是与今后的形式所结合的，更是社会发展的必经之路。因此，想要做好绿色建筑，我们可从以下几点入手，第一，对建筑的发展观进行相应的创新。第二，将可以利用到能源进行创新。第三，对建筑应用得技术进行创新。第四，对建筑开发的相关运行方式进行创新。第五、对绿色建筑的管理方式进行创新。

一、外幕墙选用超薄型石材蜂窝、防水铝板组合的应用技术

一般来说，在进行建筑工程建设的过程当中，同类攻坚面积最大的外幕墙应用超薄型石材蜂窝铝板的工程，整个外围幕墙就使用到了十多种的材料，这也就可以看出，使用这种材料不仅仅使用更加便利，同时还能够将建筑的美观以及程度全面的展现出来，同时能够促进企业的科技水平以及生产水平，还能够为其他的同类工程建设提供一定的指导。因为复合材料自身所具备的独特的优势，所以在进行工程建设的过程当中开始有越来越多的人使用复合材料进行建设，而在这些复合材料当中石材蜂窝铝板因为其特有的轻便、承载力较大、容易安装等等特点更是受到了人们的喜爱。铝蜂窝板是夹层结构的坚硬轻型板复合材料，薄铝板和较厚的轻体铝蜂窝芯材相结合，这样不仅能够保证可靠性，同时还能更好地提高美观程度。虽然说铝蜂窝板自身的质量以及性能都有着很强的优势。但是如果将其使用在北方地区，由于北方地区的温度变化较大，所以会受到温度的影响出现变形的情况，为了避免这种问题的出现，所以需要使用超薄型石材蜂窝板的施工工艺来进行施工。

二、阳光追逐镜系统的施工技术

我们所提到的阳光追逐系统简单来说就是通过发射、散射等等物理方面的原理，对自然光进行使用，这种自动化的控制系统可以有效的节约需要用到的成本，对太阳光进行自动探测，同时还会捕捉太阳光，根据太阳的角度自动调整转向，使太阳光能够到指定的位置。一般情况下来说，阳光追逐镜系统是由追光镜、反光镜、控制箱以及散光片四个方面所组成的，在使用的时候我们应该首先对追光镜以及反光镜进行安装，并且使用电缆将空纸箱与追光镜连接到一起，然后使用控制箱进行调节，这样能够将自然光最大的程度利用上，建筑内部的采光会变得更好。

三、单晶体太阳能光伏发电幕墙施工技术

光电幕墙是一种较为新型的环保型材料，我们在进行建设的过程当中使用这一技术主要有三个优点，以下我们将简单对这三方面的优点进行分析。第一、光电幕墙是一种新型的环保型材料，主要用在建筑外壳当中，用这种材料进行建设建筑的外形较为美观，同时对于抵御恶劣天气也有着很好的作用，除此以外，使用这种材料可以有

效地对建筑进行消音。第二、光电幕墙能够对自然资源进行一定的保护，因为使用这种施工技术进行施工不会产生噪声或者环境方面的污染，所以适用范围十分广泛。第三、第三点也就是光电幕墙最为重要的一个优点，就是不需要使用燃料来进行建设，同时也不会产生污染环境的工业垃圾，除此以外，还可以用来进行发电，是一种可以产生经济效益并且绿色环保的新型产品。

四、真空管式太阳能热水系统的施工技术

就现阶段能源实际情况来看，不管是我国还是世界的能源都处在一种紧缺的情况下，各国人民都开始投入大量的人力、物力以及财力对新能源进行相应的开发，而在这些能源当中，太阳能作为一种清洁能源，人们对其重视程度相比于其他能源而言又高得多，所以各国人民都开始广泛的开发及利用太阳能。真空管式太阳能热水系统则是使用了真空夹层，这种真空夹层能够消除气体对流与传导热损，利用选择性吸收涂层，降低了真空集热管的辐射热损其核心的原件就是玻璃的真空太阳集热管，这样可以时太阳能更加充分地进行利用，住户在建筑当中可以直接使用到热水。我们用一套真空管式太阳能热水系统作为例子来进行分析可以发现，如果我们将其使用年限定为20年，每天使用10小时，那么就可以计算出每个小时可以制造出30KW的热水，那么我们就可以节约大概175万的电费，由此可见，真空管式太阳能热水系统的使用对于我们有效的节约资金是有着十分重要的作用的。我们应该加强对于这一系统的重视力度并且将其更多的应用到建筑施工当中，这样一来不仅能够有效的减少工程可能带来的环境污染，同时还能够更好地节省所需要消耗的经济，不管是对于个人还是社会而言都有着很大的好处。

在我国城市化进程不断加快的今天，人们的生活水平相比于从前而言提高速度开始变得越来越快，而在这种背景之下，城市建筑的"绿色"就成为了我们在进行工程建设的过程当中需要重视的事情。因此、人们对于新型的环保产品关注程度开始变得越来越高，人们也开始越来越认识到环保的重要性。想要保证建筑工程的环保性，离不开的就是一些可再生能源以及新型能源的使用，这样可以有效地节约一些不可再生能源，并且减少不可再生能源使用所产生的污染。由此可见，在新形势下，使用可再生能源进行绿色建筑施工已成为一种趋势，这一趋势更加符合我国发展的实际情况，发展前景也是十分可观的。

第十章 现代建筑智能技术实践应用研究

第一节 建筑智能化中 BIM 技术的应用

BIM 是指建筑信息模型，利用信息化的手段围绕建筑工程构建结构模型，缓解建筑结构的设计压力，现阶段建筑智能化的发展中，BIM 技术得到了充分的应用，BIM 技术向智能建筑提供了优质的建筑信息模型，优化了建筑工程的智能化建设。所以，本节主要分析 BIM 技术在建筑智能化中的相关应用。

我国建筑工程朝向智能化的方向发展，智能建筑成为建筑行业的主流趋势，为了提高建筑智能化的水平，在智能建筑施工中引入了 BIM 技术，专门利用 BIM 技术的信息化，完善建筑智能化的施工环境。BIM 技术可根据建筑智能化的要求实行信息化模型的控制，在模型中调整建筑智能化的建设方法，促使建筑智能化施工方案能够符合实际情况的需求。

一、建筑智能化中 BIM 技术特征

分析建筑智能化中 BIM 技术的特征表现，如：

（1）可视化特征，BIM 构成的建筑信息模型在建筑智能化中具有可视化的表现，围绕建筑模拟了三维立体图形，使工作人员在可视化的条件下能够处理智能建筑中的各项操作，强化建筑施工的控制；

（2）协调性特征，智能建筑中涉及很多模块，比如土建、装修等，在智能建筑中采用 BIM 技术，实现各项模块之间的协调性，以免建筑工程中出现不协调的情况，同时还能预防建筑施工进度上出现问题；

（3）优化性特征，智能建筑中的 BIM 具有优化性的特征，BIM 模型中提供了完整的建筑信息，优化了智能建筑的设计、施工，简化智能建筑的施工操作。

二、建筑智能化中 BIM 技术应用

结合建筑智能化的发展，分析 BIM 技术的应用，主要从以下几个方面分析 BIM 在智能建筑工程中的应用。

（一）设计应用

BIM 技术在智能建筑的设计阶段，首先构建了 BIM 平台，在 BIM 平台中具备智能建筑设计时可用的数据库，由设计人员到智能建筑的施工现场实行勘察，收集与智能建筑相关的数值，之后把数据输入到 BIM 平台的数据库内，此时安排 BIM 建模工作，利用 BIM 的建模功能，根据现场勘察的真实数据，在设计阶段构建出符合建筑实况的立体模型，设计人员在模型中完成各项智能建筑的设计工作，并且模型中可以评估设计方案是否符合智能建筑的实际情况。BIM 平台数据库的应用，在智能建筑设计阶段提供了信息传递的途径，拉近了不同模块设计人员的距离，避免出现信息交流不畅的情况，以便实现设计人员之间的协同作业。例如：智能建筑中涉及弱电系统、强电系统等，建筑中安装的智能设备较多，此时就可以通过 BIM 平台展示设计模型，数据库内写入与该方案相关的数据信息，直接在 BIM 中调整模型弱电、强度以及智能设备的设计方式，促使智能建筑的各项系统功能均可达到规范的标准。

（二）施工应用

建筑智能化的施工过程中，工程本身会受到多种因素的干扰，增加了建筑施工的压力。现阶段建筑智能化的发展过程中，建筑体系表现出大规模、复杂化的特征，在智能建筑施工中引起效率偏低的情况，再加上智能建筑的多功能要求，更是增加了建筑施工的困难度。智能建筑施工时采用了 BIM 技术，其可改变传统施工建设的方法，更加注重施工现场的资源配置。以某高层智能办公楼为例，分析 BIM 技术在施工阶段中的应用，该高层智能办公楼集成了娱乐、餐饮、办公、商务等多种功能，共计 32 层楼，属于典型的智能建筑，该建筑施工时采用 BIM 技术，根据智能建筑的实际情况规划好资源的配置，合理分配施工中材料、设备、人力等资源的分配，而且 BIM 技术还能根据天气状况调整建筑的施工工艺，该案例施工中期有强降水，为了避免影响混凝土的浇筑，利用 BIM 模型调整了混凝土的浇筑工期，BIM 技术在该案例中非常注重施工时间的安排，在时间节点匹配好施工工艺，案例中 BIM 模型专门为建筑施工提供了可视化的操作，也就是利用可视化技术营造可视化的条件，提前观察智能办公楼的施工效果，看观反馈出施工的状态，进而在此基础上规划好智能办公楼施工中的工艺、工序，合理分配施工内容，BIM 在该案例中提供实时监控的条件，在智能办公楼的整个工期内安排全方位的监控，避免建筑施工时出现技术的问题。

（三）运营应用

BIM 技术在建筑智能化的运营阶段也起到关键的作用，智能建筑竣工后会进入运营阶段，分析 BIM 在智能建筑运营阶段中的应用，维护智能建筑运营的稳定性。本节主要以智能建筑中的弱电系统为例，分析 BIM 技术在建筑运营中的应用，弱电系统竣工后，运营单位会把弱电系统的后期维护工作交由施工单位，此时弱电系统的运营单位无法准确的了解具体的运行，导致大量的维护资料丢失，运营中采用 BIM 技术实现了参数信息的互通，即使施工人员维护弱电系统的后期运行，运营人员也能在 BIM 平台中了解参数信息，同时 BIM 中专门建立了弱电系统的运营模型，采用立体化的模型直观显示运维数据，匹配好弱电系统的数据与资料，辅助提高后期运维的水平。

三、建筑智能化中 BIM 技术发展

BIM 技术在建筑智能化中的发展，应该积极引入信息化技术，实现 BIM 技术与信息化技术的相互融合，确保 BIM 技术能够应用到智能建筑的各个方面。现阶段 BIM 技术已经得到了充分的应用，在智能化建筑的应用中需要做好 BIM 技术的发展工作，深化 BIM 技术的实践应用，满足建筑智能化的需求。信息化技术为 BIM 的基础支持，在未来发展中规划好信息化技术，推进 BIM 在建筑智能化中的发展。

建筑智能化中 B1M 技术特征明显，规划好 BIM 技术在建筑智能化中的应用，同时推进 BIM 技术的发展，促使 BIM 技术能够满足建筑工程智能化的发展。BIM 技术在建筑智能化中具有重要的作用，推进了建筑智能化的发展，最重要的是 BIM 技术辅助建筑工程实现了智能化，加强现代智能化建筑施工控制。

第二节 绿色建筑体系中建筑智能化的应用

由于我国社会经济的持续增长，绿色建筑体系逐渐走进人们视野，在绿色建筑体系当中，通过合理应用建筑智能化，不仅能够保证建筑体系结构完整，其各项功能能得到充分发挥，为居民提供一个更加优美、舒适的生活空间。鉴于此，本节主要分析建筑智能化在绿色建筑体系当中的具体应用。

一、绿色建筑体系中科学应用建筑智能化的重要性

建筑智能化并无一个明确的定义，美国研究学者指出，所谓建筑智能化，主要指

的是在满足建筑结构要求的前提之下，对于建筑体系内部结构进行科学优化，为居民提供一个更加便利、宽松的生活环境。而欧盟则认为智能化建筑是对建筑内部资源的高效管理，在不断降低建筑体系施工与维护成本的基础之上，用户能够更好的享受服务。国际智能工程学会则认为：建筑智能化能够满足用户安全、舒适的居住需求，与普通建筑工程相比，各类建筑的灵活性较强。我国研究人员对建筑智能化的定位是施工设备的智能化，将施工设备管理与施工管理进行有效结合，真正实现以人为本的目标。

由于我国居民生活水平的不断提升，绿色建筑得到了大规模的发展，在绿色建筑体系当中，通过妥善应用建筑智能化技术，能够有效提升绿色建筑体系的安全性能与舒适性能，真正达到节约资源的目标，对建筑周围的生态环境起到良好改善作用。结合《绿色建筑评价标准》（GB/T50328—2014）中的有关规定能够得知，通过大力发展绿色建筑体系，能够使居民与自然环境和谐相处，保证建筑的使用空间得到更好利用。

二、绿色建筑体系的特点

（一）节能性

与普通建筑相比，绿色建筑体系的节能性更加明显，能够保证建筑工程中的各项能源真正实现循环利用。比如，在某大型绿色建筑工程当中，设计人员通过将垃圾进行分类处理，能够保证生活废物得到高效处理，减少生活污染物的排放量。由于绿色建筑结构比较简单，居民的活动空间变得越来越大，建筑可利用空间的不断加大，有效提升了人们的居住质量。

（二）经济性

绿色建筑体系具有经济性特点，由于绿色建筑内部的各项设施比较完善，能够全面满足居民的生活、娱乐需求，促进居民之间的和谐沟通。为了保证太阳能的合理利用，有关设计人员结合绿色建筑体系特点，制定了合理的节水、节能应急预案，并结合绿色建筑体系运行过程中时常出现的问题，制定了相应的解决对策，在提升绿色建筑体系可靠性的同时，充分发挥该类建筑工程的各项功能，使得绿色建筑体系的经济性能得到更好体现。

三、绿色建筑体系中建筑智能化的具体应用

（一）工程概况

某项目地上 34 层为住宅楼，地下两层为停车室，总建筑面积为 12 365.95m^2 占地

面积为 $1685.321m^2$。在该建筑工程当中，通过合理应用建筑智能化理念，能够有效提高建筑内部空间的使用效果，进一步满足人们的居住需求。绿色建筑工程设计人员在实际工作中，要运用"绿色"理念，"智能"手段，对绿色建筑体系进行合理规划，并认真遵守《绿色建筑技术导则》中的有关规定，不断提高绿色建筑的安全性能与可靠性能。

（二）设计阶段建筑智能化的应用

在绿色建筑设计阶段，设计人员要明确绿色建筑体系的设计要求，对室内环境与室外环境进行合理优化，节约大量的水资源、材料资源，进一步提升绿色建筑室内环境质量。在设计室外环境的过程当中，可以栽种适应力较强、生长速度快的树木，并采用无公害病虫害防治技术，不断规范杀虫剂与除草剂的使用量，防止杀虫剂与除草剂对土壤与地下水环境产生严重危害。为了进一步提升绿色建筑体系结构的完整性，社区物业部门需要建立相应的化学药品管理责任制度，并且准确记录下树木病虫害防治药品的使用情况，定期引进生物制剂与仿生制剂等先进的无公害防治技术。

除此之外，设计人员还要根据该地区的地形地貌，对原有的工程设计方案进行优化，并不断减小工程施工对周围环境产生的影响，特别是水体与植被的影响等。设计人员还要考虑工程施工对周围地形地貌、水体与植被的影响，并在工程施工结束之后，及时采用生态复原措施，保证原场地环境更加完整。设计人员还要结合该地区的土壤条件，对其进行生态化处理，针对施工现场中可能出现的污染水体，采取先进的净化措施进行处理，在提升污染水体净化效果的同时，真正实现了水资源的循环利用。

（三）施工阶段建筑智能化的应用

在绿色建筑工程施工阶段，通过应用建筑智能化技术，能够有效降低生态环境负荷，对该地区的水文环境起到良好地保护作用，真正实现提升各项能源利用效率、减少水资源浪费的目标。建筑智能化技术的应用，主要体现在工程管理方面，施工管理人员通过利用信息技术，将工程中的各项信息进行收集与汇总，在这个过程当中，如果出现错误的施工信息，软件能够准确识别错误信息，更好的减轻了施工管理人员的工作负担。

在该绿色建筑工程项目当中，施工人员进行海绵城市建设，其建筑规模如下：①在小区当中的停车位位置铺装透水材料，主要包括非机动车位与机动车位，防止地表雨水的流失。②合理设置下凹式绿地，该下凹式绿地占地面地下室顶板绿地的90%，具有较好的调节储蓄功能，③该工程项目设置屋顶绿化 $698.25m^2$，剩余的屋面则布置太阳能设备，通过在屋顶布设合理的绿化，能够有效减少热岛效应的出现，不断减少雨水的地表径流址，对绿色建筑工程项目的使用环境起到了良好的美化作用。

（四）运行阶段建筑智能化的应用

在绿色建筑工程项目运行和维护阶段，建筑智能化技术的合理应用，能够保证项目中的网络管理系统更加稳定运行，真正实现资源、消耗品与绿色的高效管理。所谓网络管理系统，能够对工程项目中的各项能耗与环境质量进行全面监管，保证小区物业管理水平与效率得到全面提升。在该绿色建筑工程项目当中，施工人员最好不采用电直接加热设备作为供暖控台系统，要对原有的采暖与空调系统冷热源进行科学改进，并结合该地区的气候特点、建筑项目的负荷特性，选择相应的热源形式。该绿色建筑工程项目中采用集中空调供暖设备，拟采用 2 台螺杆式水冷冷水机组，机组制冷量为1160kW 左右，

综上所述，通过详细介绍建筑智能化技术在绿色建筑体系设计阶段、施工阶段、运行阶段的应用要点，能够帮助有关人员更好的了解建筑智能化技术的应用流程，对绿色建筑体系的稳定发展起到良好推动作用。对于绿色建筑工程项目中的设计人员而言，要主动学习先进的建筑智能化技术，不断提高自身的智能化管理能力，保证建筑智能化在绿色建筑体系中得到更好运用。

第三节　建筑电气与智能化建筑的发展和应用

智能化建筑在当前建筑行业中越来越常见，对于智能化建筑的构建和运营而言，建筑电气系统需要引起高度关注，只有确保所有建筑电气系统能够稳定有序运行，进而才能可更好保障智能化建筑应有功能的表达。基于此，针对建筑电气与智能化建筑的应用予以深入探究，成为未来智能化建筑发展的重要方向，本节就首先介绍了现阶段建筑电气和智能化建筑的发展状况，然后又具体探讨了建筑电气智能化系统的应用，以供参考。

现阶段智能化建筑的发展越来越受重视，为了进一步凸显智能化建筑的应用效益，提升智能化建筑的功能价值，必然需要重点围绕着智能化建筑的电气系统进行优化布置，以求形成更为协调有序的整体运行效果。在建筑电气和智能化建筑的发展中，当前受重视程度越来越高，尤其是伴随着各类先进技术手段的创新应用，建筑智能化电气系统的运行同样也越来越高效。但是针对建筑电气和智能化建筑的具体应用方式和要点依然有待于进一步探究。

一、建筑电气和智能化建筑的发展

当前建筑行业的发展速度越来越快，不仅表现在施工技术的创新优化上，往往还和建筑工程项目中引入的大量先进技术和设备有关，尤其是对于智能化建筑的构建，更是在实际应用中表现出了较强的作用价值。对于智能化建筑的构建和实际应用而言，其往往表现出多方面优势，比如可以更大程度上满足用户的需求，体现更强的人性化理念，在节能环保以及安全保障方面同样也具备更强作用，成为未来建筑行业发展的重要方向。在智能化建筑施工构建中，各类电气设备的应用成为重中之重，只有确保所有电气设备能够稳定有序运行，进而才能够满足应有功能。基于此，建筑电气和智能化建筑的协同发展应该引起高度关注，以求促使智能化建筑可以表现出更强的应用价值。

在建筑电气和智能化建筑的协同发展中，智能化建筑电气理念成为关键的发展点，也是未来我国住宅优化发展的方向，有助于确保所有住宅内电气设备的稳定可靠运行。当然，伴随着建筑物内部电气设备的不断增多，相应智能化建筑电气系统的构建难度同样也比较大，对于设计以及施工布线等都提出了更高要求。同时，对于智能化建筑电气系统中涉及的所有电气设备以及管线材料也应该加大关注力度，以求更好维系整个智能化建筑电气系统的稳定运行，这也是未来发展与优化的重要关注点。

从现阶段建筑电气和智能化建筑的发展需求上来看，首先应该关注以人为本的理念，要求相应智能化建筑电气系统的运行可以较好符合人们提出的多方面要求，尤其是需要注重为建筑物居住者营造较为舒适的室内环境，可以更好提升建筑物居住质量；其次，在智能化建筑电气系统的构建和运行中还需要充分考虑到节能需求，这也是开发该系统的重要目标，需要促使其能够充分节约以往建筑电气系统运行中不必要的能源消耗，在更为节能的前提下提升建筑物运行价值；最后，建筑电气和智能化建筑的优化发展还需要充分关注于建筑物的安全性，能够切实围绕着相应系统的安全防护功能F以优化，确保安全监管更为全面，同时能够借助于自动控制手段形成全方位保护，进一步提升智能化建筑的应用价值。

二、建筑电气与智能化建筑的应用

（一）智能化电气照明系统

在智能化建筑构建中，电气照明系统作为必不可少的重要组成部分，应予以高度关注，确保电气照明系统的运用能够体现出较强的智能化特点，可以在照明系统能耗损失控制以及照明效果优化等方面发挥积极作用。电气照明系统虽然在长期运行下并不会需要大量的电能，但是同样也会出现明显的能耗损失、以往照明系统中往往有15%左右的电力能源被浪费，这也就成为建筑电气和智能化建筑优化应用的重要着眼点。针对整个电气照明系统进行智能化处理需要首先考虑到照明系统的调节和控制，在选定高质量灯源的前提下，借助恰当灵活的调控系统，实现照明强度的实时控制，如此也就可以更好满足居住者的照明需求，同时还有助于规避不必要的电力能源损耗。虽然电气照明系统的智能化控制相对简单，但是同样也涉及了较多的控制单元和功能需求，比如时间控制、亮度记忆控制、调光控制以及软启动控制等，都需要灵活运用到建筑电气照明系统中，同时借助于集中控制和现场控制，实现对于智能化电气照明系统的优化管控，以便更好的提升其运行效果。

（二）BAS线路

建筑电气和智能化建筑的具体应用还需要重点考虑到BAS线路的合理布设，确保整个BAS运行更为顺畅高效，避免在任何环节中出现严重隐患问题。在BAS线路布设中，首先应该考虑到各类不同线路的选用需求，例如通信线路、流量计线路以及各类传感器线路，都需要选用屏蔽线进行布设，甚至需要采取相应产品制造商提供的专门导线，以避免在后续运行中出现运行不畅现象。在BAS线路布设中还需要充分考虑到弱电系统相关联的各类线路连接需求，确保这些线路的布设更为合理，尤其是对于大量电子设备的协调运行要求，更是应该借助于恰当的线路布设广以满足。另外，为了更好确保弱电系统以及相关设备的安全稳定运行，往往还需要切实围绕着接地线路进行严格把关，确保各方面的接地处理都可以得到规范执行，除了传统的保护接地，还需要关注于弱电系统提出的屏蔽接地以及信号接地等高要求，对于该方面线路电阻进行准确把关，避免出现接地功能受损问题。

（三）弱电系统和强电系统的协调配合

在建筑电气与智能化建筑构建应用中，弱电系统和强电系统之间的协调配合同样也应该引起高度重视，避免因为两者间存在的明显不一致问题，影响到后续各类电气设备的运行状态。在智能化建筑中做好弱电系统和强电系统的协调配合往往还需要首先分析两者间的相互作用机制，对于强电系统中涉及的各类电气设备进行充分研究，探讨如何借助于弱电系统予以调控管理，以促使其可以发挥出理想的作用价值，比如在智能化建筑中进行空调系统的构建，就需要重点关注于空调设备和相关监控系统的协调配合，促使空调系统不仅仅可以稳定运行，还能够有效借助于温度传感器以及湿度传感器进行实时调控，以便空调设备可以更好服务于室内环境，确保智能化建筑的应用价值得到进一步的提升。

（四）系统集成

对于建筑电气与智能化建筑的应用而言，因为其弱电系统相对较为复杂，往往包含多个子系统，如此也就必然需要重点围绕着这些弱电项目子系统进行有效集成，确保智能化建筑运行更为高效稳定。基于此，为了更好促使智能化建筑中涉及的所有信息都能够得到有效共享，应该首先关注于各个弱电子系统之间的协调性，尽量避免相互之间存在明显冲突。当前智能楼宇集成水平越来越高，但是同样也存在着一些缺陷，有待于进一步优化完善。

在当前建筑电气与智能化建筑的发展中，为更好提升其应用价值，往往需要重点围绕着智能化建筑电气系统的各个组成部分进行全方位分析，以求形成更为完整协调的运行机制，切实优化智能化建筑应用价值。

第四节　建筑智能化系统集成设计与应用

随着社会不断进步，建筑的使用功能获得极大丰富，从开始单纯为人们遮风挡雨，到现在协助人们完成各项生活、生产活动，其数字化水平、信息化程度和安全系数受到了人们的广泛关注。

由此可以看出，建筑智能化必将成为时代发展的趋势和方向。现如今，集成系统在建筑的智能化建设中得到了广泛的应用，引起了建筑质的变化。

一、现代建筑智能化发展现状

科学技术的进步推动了建筑行业的改革与发展。近年来，我国的智能化建筑领域呈现出良好的发展态势，并且其在设计、结构、使用等方面与传统建筑相互有着明显的差别，因此备受人们的关注。

如今，我们已经进入了网络时代，建筑建设也逐渐向集成化和科学化方向发展，智能建筑全部采用现代技术，并将一系列信息化设备应用到建筑设计和实际施工中，使智能建筑具有强大的实用性功能，进而为人们的生产生活提供更为优质的服务。

现阶段，各个国家对智能建筑均持不同的意见与看法，我国针对智能建筑也颁布了一系列的政策与标准。总地来说，智能建筑发展必须以信息集成技术为支撑，而如何实现系统集成技术在智能建筑中的良好应用，提高用户的使用体验就成了建筑行业亟须研究的问题。

二、建筑智能化系统集成目标

建筑智能化系统的建立，首先需要确定集成目标，然而目标是否科学合理，对建筑智能化系统的建立具有决定性意义。在具体施工中，经常会出现目标评价标准不统一，或是目标不明确的情况，进而导致承包方和业主出现严重的分歧，甚至出现工程返工的情况，这造成了施工时间与资源的大量浪费，给承包方造成了大量的经济损失，同时业主的居住体验和系统性能价格比也会直线下降，并且业主的投资也未能得到相应的回报。

建筑智能化系统集成目标要充分体现操作性、方向性和及物性的特点。其中，操作性是决策活动中提出的控制策略，能够影响与目标相关的事件，促使其向目标方向靠拢，方向性是目标对相关事件的未来活动进行引导，实现策略的合理选择。及物性是指与目标相关或是目标能直接涉及的一些事件，并且为决策提供依据。

三、建筑智能化系统集成的设计与实现

（一）硬接点方式

如今，智能建筑中包含许多的系统方式，简单的就是在某一系统设备中通过增加该系统的输入接点、输出接点和传感器，再将其接入另外一个系统的输入接点和输出接点来进行集成，向人们传递简单的开关信号。该方式得到了人们的广泛应用，尤其在需要传输紧急、简单的信号系统中最为常用，比如报警信号等。硬接点方式不仅能够有效降低施工成本，而且为系统的可靠性和稳定性提供保障，

（二）串行通信方式

串行通信方式是一种通过硬件来进行各子系统连接的方式，是目前较为常用的手段之一，其较硬接点方式来说成本更低，且大多数建设者也能够依靠自身技能来实现该方式的应用。通过应用串行通信的方式，可以对现有设备进行改进和升级，并使其具备集成功能该方式是在现场控制器上增加串行通信接口，通过串行通信接口与其他系统进行通信，但该方式需要根据使用者的具体需求来展开研发，针对性很强。同时其需要通过串行通信协议转换的方式来进行信息的采集，通信速率较低。

（三）计算机网络

计算机是实现建筑智能化系统集成的重要媒介。近几年来，计算机技术得到了迅猛的发展与进步，给人们的生产生活带来了极大的便利。建筑智能化系统生产厂商要将计算机技术充分利用起来，设计满足客户需求的智能化集成系统，例如保安监控系统、消防报警、楼宇自控等，将其通过网络技术进行连接，达到系统间互相传递信息的作用，通过应用计算机技术和网络技术，减少了相关设备的大量使用，并实现了资源共享，充分体现了现代系统集成的发展与进步，并且在信息速度和信息量上均体现出了显著的优势。

（四）OPC技术

OPC 技术是一种新型的具有开放性的技术集成方式，若说计算机网络系统集成是系统的内部联系，那么 OPC 技术是更大范围的外部联系。通过应用计算机技术，能够促进各个商家间的联系，而通过构建开放式系统，比如围绕楼宇控制系统，能够促使各个商家、建筑的子系统按照统一的发展方式和标准，通过网络管理、协议的方式为集成系统提供相应的数据，时刻做到标准化管理。同时，通过应用 OPC 技术，还能将不同供应商所提供的应用程序、服务程序和驱动程序做集成处理，使供应商、用户均能在 OPC 技术中感受到其带来的便捷。另外，OPC 技术还能作为不同服务器与客户的连接桥梁，为两者建立一种即插即用的链接关系，并显示出其简单性和规范性的特点。在此过程中，开发商无需投入大量的资金与精力来开发各硬件系统，只需开发一个科学完善的 OPC 服务器，即可实现标准化服务。由此可见，基于标准化网络，将楼宇自控系统作为核心的集成模式，具有性能优良、经济实用的特点，值得广为推荐。

四、建筑智能化系统集成的具体应用

（一）设备自动化系统的应用

实现建筑设备的自动化、智能化发展，给建筑智能化提供了强大的发展动力。所谓的设备自动化就是指实现建筑对内部安保设备、消防设备和机电设备等的自动化管理，如照明、排水、电梯和消防等相关的大型机电设备。相关管理人员必须要对这些设备进行定期检查和保养，保障其正常运行实现设备系统的自动化，大大提高了建筑设备的使用性能，并保障了设备的可靠性和安全性，对提升建筑的使用功能和安全性能起到了关键的作用

（二）办公自动化系统的应用

通过办公自动化系统的有效应用，能够大大提高办公质量与效率，并极大地改善办公环境，避免出现人工失误，进而及时、高效地完成相应的工作任务。办公自动化系统通过借助先进的办公技术和设备，对信息进行加工、处理、储存和传输，较纸质档案来说更为牢靠和安全，并大大节省了办公的空间，降低了成本投入同时，对于数据处理问题，通过应用先进的办公技术，使信息加工更为准确和快捷。

（三）现场控制总线网络的应用

现场控制总线网络是一种标准的开放的控制系统，能够对各子系统数据库中的监控模块进行信息、数据的采集，并且对各监控子系统进行联动控制，主要通过 OPC 技术、

COM/DCOM 技术等标准的通信协议来实现。建筑的监控系统管理人员可利用各子系统来进行工作站的控制，监视和控制各子系统的设备运行情况与监控点报警情况，并实时查询历史数据信息，同时进行历史数据信息的储存和打印，再设定和修改监控点的属性、时间和事件的相应程序，并干预控制设备的手动操作。此外，对各系统的现场控制总线网络与各智能化子系统的以太网还应设置相关的管理机制，保证系统操作和网络的安全管理。

综上所述，建筑智能化系统集成是一项重要的科技创新，极大地满足了人们对智能建筑的需求，让人们充分体会到了智能化所带来的便捷与安全。同时，建筑智能化也对社会经济的发展起到了一定的促进作用。现如今，智能化已经体现在生产生活的各个方面，并成为未来的重要发展趋势，对此，国家应大力推动建筑智能化系统集成的发展，为人们营造良好的生活与工作环境，促进社会和谐与稳定。

第五节　智能楼宇建筑中楼宇智能化技术的应用

经济城市化水平的急剧发展带动了建筑业的迅猛发展，在高度信息化、智能化的社会背景下，建筑业与智能化的结合已成为当前经济发展的主要趋势，在现代建筑体系中，已经融入了大量的智能化产物，这种有机结合建筑，增添了楼宇的便捷服务功能，给用户带来了全新的体验。本节就智能化系统在楼宇建筑中的高效应用进行研究，根据智能化楼宇的需求，研制更加成熟的应用技术，改进楼宇智能化功能，为人们提供更加便捷、科技化的享受。

楼宇智能化技术作为新世纪高新技术与建筑的结合产物，其技术设计多个领域，不仅需要有专业的建筑技术人员，更需要懂科技、懂信息等科技人才相互协作才能确保楼宇智能化的实现。楼宇智能化设计中，对智能化建设工程的安全性、质量和通信标准要求极高。只有全面的掌握楼宇建筑详细资料，选取适合楼宇智能化的技术，才可建造出多功能、大规模、高效能的建筑体系，从而为人们创建更加舒适的住房环境和办公条件。

一、智能化楼宇建设技术的现状概述

在建筑行业中使用智能化技术，是集结了先进科学智能化控制技术和自动通信系统，是人们不断改造利用现代化技术，逐渐优化楼宇建筑功能，提升建筑物服务的一种技术手段。20 世纪 80 年代，第一栋拥有智能化建设的楼宇在美国诞生，自此之后，楼宇智能化技术在全世界各地进行推广。我国作为国际上具有实力潜力的大国，针对智能化在建筑物中的应用进行了细致的研究和深入的探讨，最终制定了符合中国标准的智能化建筑技术，并做出相关规定和科学准则。在国家经济的全力支撑下，智能化楼宇如春笋般，遍地开花。国家相关部分进行综合决策，制定了多套符合中国智能化建设的法律法规，使智能化楼宇在审批中、建筑中、验收的各个环节都能有标准的法律法规，这对于智能化建筑在未来的发展中给予了重大帮助与政策支撑。

二、楼宇智能化技术在建筑中的有效用应用

（一）机电一体化自控系统

机电设备为建筑中重要的系统，主要包括楼房的供暖系统、空调制冷系统、楼宇供排水体系、自动化供电系统等。

楼房供暖与制冷系统调控系统：借助于楼宇内的自动化调控系统，能够根据室内环境的温度，开展一系列的技术措施，对其进行功能化、标准化的操控和监督管理同时系统能后通过自感设备对外界温湿度进行精准检测，并自动调节，进而改善整个楼宇内部的温湿条件，为人们提供更高效、更适宜的服务体验。当楼宇供暖和制冷系统出现故障时，自控系统能够寻找到故障发生根源，并及时进行汇报，同时也可实现自身对问题的调控，将问题降到最低范围。

供排水自控系统：楼宇建设中供排水系统为最重要的工程项目，为了使供排水系统能够更好的为用户服务，可以借助于自控较高系统对水泵的系统进行 24 小时的监控，当出现问题障碍时，能够及时报警。同时，其监控系统，能够根据污水的排放管道的堵塞情况、处理过程等方面实施全天候的监控与管理。此外，自控制系统能够实时监测系统供排水系统的压力符合，压力过大时能够及时减压处理，保障水系统的供排在一定的掌控范围中。最大程度的减少供排水系统的障碍出现的频率。

电力供配自控系统：智能化楼宇建设中最大的动力来源就是"电"，因此，合理的控制电力的供给和分配是电力实现智能化建筑楼宇的重中之重。在电力供配系统中增添控制系统，实现全天候的检测，能够准确把握各个环节，确保整个系统能够正常的运行。当某个环节出现问题时，自控系统能够及时地检测出，并自动生成程序解决供电故障，或发出警报信号，提醒检修人员进行维修。能够实现对电力供配系统的监控主要依赖于传感系统发出的数据信息与预报指令。根据系统做出的指令，能够及时切断故障的电源，控制该区域的网络运行，从而保障电力系统的其他领域的安全工作。

（二）防火报警自动化控制系统

搭建防火报警系统是现代楼宇建设中最重要的安全保障系统，对于智能化楼宇建筑而言，该系统的建设具有建大意义，由于智能化建筑中需要大功率的电子设备，来支撑楼宇各个系统的正常运转，在保障楼宇安全的前提下，消防系统的作用至关重要。

当某一个系统中出现短路或电子设备发生异常时，就会出现跑电漏电等现象，若不能及时对其进行控制，很容易引发火灾防火报警系统能够及时地检测出排布在各个楼宇系统中的电力运行状态，并实施远程监控和操作。一旦发生火灾时，便可以自动做出消防措施，同时发出报警信号。

（三）安全防护自控系统

现代楼宇建设中，设计了多项安全防护系统，其中包括：楼宇内外监控系统、室内外防盗监控系统、闭路电视监控。楼宇内外监控系统，是对进出楼宇的人员和车辆进行自动化辨别，确保楼宇内部安全的第一道防线，这一监测系统包括门禁卡辨别装置、红外遥控操作器、对讲电话设备等，进出人员刷门禁卡时，监控系统能够及时地辨别出人员的信息，并保存与计算机系统中，待计算机对其数据进行辨别后传出进出指令。室内外防盗监控系统主要通过红外检测系统劝其进行辨别，发现异常行为后能够自动发出警报并报警。闭路电视监控系统是现代智能化楼宇中常用的监测系统，通过室外监控进行人物呈像、并进行记录与保存。

（四）网络通信自控系统

网络通信自控系统，是采用PBX系统对建筑物中声音、图形等进行收集、加工、合成、传输的一种现代通信技术，它主要以语音收集为核心，同时也连接了计算机数据处理中心设备，是一种集电话、网络为一体的高智能网络通信系统，通过卫星通信、网络的连接和广域网的使用，将收集到的语音资料通过多媒体等信息技术传递给用户，实现更高效便捷的通信与交流。

在信息技术发展迅猛的今天，智能化技术必将广泛应用于楼宇的建筑中，这项将人工智能与建筑业的有机结合技术是现代建筑的产物，在这种建筑模式高速发展的背景下，传统的楼宇建筑技术必将被取代。这不仅仅是时代向前发展的决定，同时也是人们的未来住房功能和服务的要求，在未来的建筑业发展中，实现全面的智能化为建筑业提供发展的方向。此外，随着建筑业智能化水平的日渐提升，为各大院校的从业人员也提供了坚实的就业保障和就业方向。

第六节　建筑智能化系统的智慧化平台应用

在物联网、大数据技术的快速发展的大背景下，有效推动了建筑智能化系统的发展，通过打造智慧化平台，使得系统智能化功能更加丰富，极大提升了人们的居住体验，降低了建筑能耗，更加方便对建筑运行进行统一管理，对于推动智能建筑实现可持续发展具有重要的意义。

一、建筑智能化系统概述

建筑智能化系统，最早兴起于西方，早在 1984 年，美国的一家联合科技 UTBS 公司通过将一座金融大厦进行改造并命名为"CityPlace"，具体改造过程即是在大厦原有的结构基础之上，通过增添一些信息化设备，并应用一些信息技术，例如计算机设备、程序交换机、数据通信线路等，使得大厦整体功能发生了质的改变，住在其中的用户因此能够享受到文字处理、通信、电子信函等多种信息化服务，与此同时，大厦的空调、给排水、供电设备也可以由计算机进行控制，从而使得大厦整体实现了信息化、自动化，为住户提供了更为舒适的服务与居住环境，自此以后，智能建筑走上了高速发展的道路

现如今随着物联网技术的飞速发展，使得建筑智能化系统中的功能更加丰富，并衍生了一种新的智慧化平台，该平台依托于物联网，不仅融入了常规的信息通信技术，还应用了云计算技术、GPS&IS、大数据技术等，使得建筑智能化系统的智能性得到更为显著的体现，在建筑节能、安防等方面发挥着非常质要的作用

二、智慧平台的五大作用

通过传统的建筑智能化衍生为系统智能化，将局域的智能化通过通信技术进行了升级和加强，再通过平台集成把原行智能化各个系统统一为一个操作界面，使智能化管理更加便捷和智能。以下有五大优点

（一）实施对设施设备运维管理

针对建筑设施设备使用期限，实现自动化管理，建筑智能化系统设备一般开始使用后，在系统之中，会自动设定预计使用年限，在设备将要达到使用年限之后，可以向用户发出更换提醒、设施设备维护自动提醒，以提前设置好的设备的维护周期内容为依据，并结合设备上次维护时间，系统能够自动生成下一次设备维护内容清单，并能够自动提醒。并针对系统维护、维修状况，能够实现自动关联，并根据相关设备，实现详细内容查询，一直到设备报废或者从建筑中撤除。能够对系统设备近期维护状况进行实时检查，能够提前了解基本情况，并来到现场对设备运行状态加以确认、了解详细情况，并将故障信息实施上传，更加方便管理层进行决策，及时制定对合理的应对方案。例如借助云平台，收集建筑运行信息，并能够对这些信息进行集中分析，例如通过统计设备故障率，获得不同设备使用寿命参照数据，并通过可视化技术以图表形式现实出来，更加有助于实现事前合理预测，提前做好预防措施，有效提升系统设备的管理质量水平。

（二）有效的降低能耗，提高日常管理

将建筑内涉及能源采集、计量、监测、分析、控制等的设备与子系统集中在一起，实现能源的全方位监控，通过各能源设备的数据交互和先进的计算机技术实现主动节能的同时，还可通过对能源的使用数据进行横向、纵向的对比分析，找到能源消耗与楼宇经营管理活动中不匹配的地方，抓住关键因素，在保证正常的生产经营活动不受影响及健康舒适工作环境的前提下，实现持续的降低能耗，同时该系统通过 I/O、监听等专有服务，将建筑内的所有供能设备及耗能设备进行统一集成，然后利用数据采集器、串口服务器，实现各类智能水表、电表、燃气表、冷热能量表的能耗数据的获取，并通过数据采集器、串口服务器或者各种接口协议转换，对建筑各种能耗装置设备进行实时监控和设备管理。针对收集的能耗数据，通过利用大规模并行处理和列存储数据库等手段，将信息进行半结构化和非结构化重构，用于进行更高级别的数据分析，同时系统嵌入建筑的 2D/3D 电子地图导航，把各类能耗的监测点标注在实际位置上，使得布局明晰并方便查找。在 2D/3D 效果图上选择建筑的任何用能区域，可以实时监测能耗设备的实时监测参数及能耗情况，让管理人员和使用者能够随时了解建筑的能耗情况，提高节能意识。在此基础上，还能够完成不同建筑能源的分时一分段计费、多角度能耗对比分析、用能终端控制等功能。

（三）应急指挥

将智能化的各个子系统通过软件对接的方式平台管理，通过智能分析及大数据分析，有效提高管理人员的管理水平。

其中网络设备系统、无线 WiFi 系统、高清视频监控系统、人脸识别系统、信息发布系统、智能广播系统、智能停车场系统等各个独立的智能化系统有机的结合实现：

1. 危险预防能力

通过具有人脸识别、智能视频分析、热力分析等功能、在一些危险区域、事态进行提前预判，有针对性的管理。

全天时工作，自动分析视频并报警，误报率低，降低因为管理人员人为失误引起的高误差。将传统的"被动"视频监控化转变为"主动"监控，在报警发生的同时实时监视和记录事件过程。

热力图分析的本质——点数据分析。一般来说，点模式分析可以用来描述任何类型的事件数据，我们通过分析，可以使点数据变为点信息，可以更好地理解空间点过程，可以准确地发现隐藏在空间点背后的规律，让管理人员得到有效的数据支持，及时规避与疏导。

2. 应急指挥

应急指挥基于先进信息技术、网络技术、GIS 技术、通信技术和应急信息资源基

础已实现紧急事件报警的统一接人与交换，根据突发公共事件突发性、区域性、持续性等特点，以及应急组织指挥机构及其职责、工作流程、应急响应、处置方案等应急业务的集成。

同过音视频系统、会议系统、通信系统、后期保障系统等实现应急指挥功能，

3. 事后分析总结能力

通过事件的流程与发生的原因，进行数据分析，为事后总结分析提供数据支持，避免类此事件再次发生提供保障。

（四）用户的体验舒适

1. 客户提醒

通过广播和 LED 通过数字化连接，通过平台统一发放，能做到分区播放，不同区域不同提示，让体验度提高。

让客户在陌生的环境下能在第一时间通过广播系统和显，示系统得到信息，摆脱困扰，

2. 信用体系

在平台数据提取的帮助之下，建立各类信用体系，也对管理者提供了改进与针对性投入，从而规范市场规则。

（五）营销广告作用

通过各类数据提供，能提取有效的资源供给建设方或管理方，有针对性的进行宣传和营销，提高推广渠道。

不断关注营销渠道反馈的信息，能改进营销手段，有方向投入，提高销售效率，在线上线下发挥重要作用。

三、智慧平台行业广泛应用

依托互联网、无线网、物联网、GIS 服务等信息技术，将城市间运行的各个核心系统整合起来，实现物、事、人及城市功能系统之间无缝连接与协同联动，为智慧城的"感""传""智""用"提供了基础支撑，从而对城市管理、公众服务等多种需求做出智能的响应，形成基于海量信息与智能过滤处理的新的社会管理模式，是早期数字城市平台的进一步发展，是信息技术应用的升级和深化。

在平台的帮助下，各个建设方和管理方能有依有据，能做到精准投入，高效回报，提高管理水平，提高服务水平。

综上所述，当下随着建筑智能化系统的智慧化平台的应用发展，有效提升了建筑智能化运行管理水平，为人们的日常生活带来了非常大的便利。可以需要科技工作者与行业人员进一步加强建筑智能化系统的智慧化平台的应用研究，从而打造出更实用、更强大的智慧化应用平台，充分利用现代信息科技推动建筑行业实现更加平稳顺利的发展。

第七节　建筑智能化技术与节能应用

近些年来，伴随着我国经济科技的快速发展，人民生活水平的不断提高，对建筑方面的要求也变得越来越高。它已经不仅仅是局限于外部设计和内部结构构造，更重要的是建筑质量方面的智能化和节能应用方面。在这样的情况下，我国的建筑智能化技术得到了快速发展并且普遍应用于我们的生活之中，给我们的生活产生的很大的变化和影响，得到了社会相关专业人员的认可以及国家的高度重视。在本节中，作者会详细对建筑智能化的技术与节能应用方面进行分析。

随着信息时代的到来，我国的生活各个方面基本上已经进入了信息化时代，就是我们俗称的新时代。建筑行业作为科学技术的代表之一，也基本上实现了智能化，建筑智能化技术得到了广泛的应用，并且随着我国环境压力的增大，可持续发展理论的深入，人们对建筑的节能要求也变得越来越高。建筑行业不仅要求智能化技术的应用，在建筑节能方面的应用也是一个巨大的挑战。但是有挑战就有发展空间，在接下来的时间里，建筑智能化技术和节能应用会得到快速发展并且达到一个新的高度

一、智能建筑的内涵

相比较于传统建筑而言，智能建筑所涉及的范围更加宽广和全面。传统建筑工作人员可能只需要学习与建筑方面的相关专业知识并且能够把它应用到建筑物之中便可以了，而智能建筑工作人员仅仅是有丰富的理论素养是远远不够的。智能建筑是一个将建筑行业与信息技术融为一体的一个新型行业，因为这些年来的快速发展收到了国际上的高度重视。简单来说：智能建筑就是说它所有的性能能够满足客户的多样的要求。客户想要的是一个安全系数高、舒服、具有环保意识、结构系统完备的一个整体性功能齐全，能够满足目前信息化时代人民快生活需要的一个建筑物。从我国智能建筑设计方面来定义智能建筑是说：建筑作为我们生活的一个必需品，是目前现代社会人民需要的必要环境，它的主要功能是为人民办公、通信等等提供一个具有服务态度高、管理能力强、自动化程度高、人民工作效率高心情舒服的一个智能的建筑场所。

由上面的相关分析可以得知，快速发展的智能建筑作为一项建筑工程来说，不仅仅是传统建筑的设计理念和构造了。其还需要信息科学技术的投入，主要的科学技术包括了计算机技术和网络计算，其中更重要的是符合智能建筑名称的自动化控制技术，通过设计人员的专业工作和严密的规划，对智能建筑的外部和内部结构设计、市场调查、客户对建筑物的需要、建筑物的服务水平、建筑物施工完成后的管理等等这几个主要的方面。这几个方面之间有着直接或者间接的关系作为系统的组合，最终实现为客户供应一个安全指数高、服务能力强、环保意识高节能效果好、自动化程度高的环境。

二、应用智能化技术实现建筑节能化

　　在目前供人工作与生活的建筑中，造成能源消耗的主要有冬天的供暖设备和夏天的供冷消耗，还有一年四季在黑夜中提供光明的光照设施，其中消耗比较大的大型的家用电器和办公设备。比如说，电视机、洗衣机、电脑、打印机等等，另外在大型的建筑物中，最消耗能量的主要是一年都不能停运的电梯、排污等等。如果这些设备停运或者不能够工作，那么就会给人民的生活和工作带来非常不利的影响，由此可见，要想实现节能目标，就必须有效的控制和管理好相关设备的应用。正好随着建筑的智能化的到来，能够有效的减少能源的消耗，不仅能使得建筑物中一些消耗能源高的设备达到高效率的运营，而且能实现节能化。

（一）合理设置室内环境参数达到节能效果

　　在夏天或者冬天，当人民从室外进入建筑物内部的时候，温度会有很大的落差。人民为了尽快保暖或者降温就会大幅度的调高或者调低室内的温度，因而造成了大量能源的消耗。因此，根据人民的这个建筑智能化系统就要做出反应，应根据人民的需求及时做出反应，根据室内室外的温度湿度等等进行调整最终实现节能的效果。

　　由于我国一些地方的季节变化明显，导致温度相差也很大，就拿北方来说，冬季阳光照射少，并且随常伴有大风等等，导致温度过低，也就有了北方特有的暖气的存在。因为室外温度特别低，从外面走了一趟回来就特别暖和，这时候人民就会调高室内的温度，增大供暖，长时间的大量供暖不仅仅造成了环境污染并且消耗了大量的能源。根据相关数据可得，如果在室内有供暖的存在，温度能够减少一度，那么我们的能源消耗就能降低百分之十到百分之十五。这样推算下来，一家人减少百分之十到百分之十五的能源消耗，一百户人家能减少的能源消耗会是一个大大的数字，其中还不包括了大量的工作建筑物；夏天也是有相同的问题存在，室内温度调的过低造成能源消耗量过大，可能我们人体对于一度的温度没有太大的感受程度，可是如果温度能升高一度，那么能源消耗就能减少百分之八到百分之十中间。由此可推算，全国的建筑物加在一起，只要室内温度都升高一度，那么我们就能降低一个很大数字的能源消耗，因此，需要建筑智能化需要能够合理的设置室内环境参数已达到节能的作用。

除了我们普遍的居民住楼建筑和工作场所建筑之外，还有一些特殊的建筑物的存在。比如说：剧院、图书馆等等。要根据人流和国家的规定对室内温度进行严密的控制和管理，不能够过高也不能够过低，从而导致能源消耗量过大，切实起到节能作用。

（二）限制风机盘管温度面板的设定范

一些客户可能会因为自身对温度的感受能力原因在冬天过高的提高温度面板，在夏天里过低的降低温从而超出了标准限度，造成了能源的大量消耗，所以，为了达到节能，要对风机管的温度面板进行严格的限制，这时候就要运用到建筑的智能化应用了，采用自动化控制风机管温度面板，严格按照国家标准来执行。

（三）充分利用新风自然冷源

在信息快速发展的新时代里，要做到物用其尽，智能建筑要充分利用到自然资源来减少能源消耗，起到节能的目的。比如说可以充分利用新风自然冷源，不但可以降低我们的能源消耗，而且效率高，节能又环保。

在夏季的时候，早晨是比较凉快温度较低，并且新风量大，这个时候就可以关掉空调，打开室内的门窗，保持气流的换通，这样不但能够使室内保持新鲜的空气而且能减少空调的使用，给人民的生活带来舒适的同时义进行了节能，在傍晚的时分也可以进行相同的操作。另外在一些人流量比较大的建筑物内比如说商场、交通休息站等等地方，可能会因为人流过多，产生的的二氧化碳浓度较高，这时候为了减少能源消耗，可以打开排风机，利用风流进行空气交换，达到一举两得的效果，最后，在一些办公建筑中，人民为了得到更加舒适的室内环境，会提前打开空调让室友进行提前降温，在下班之后一段时间再关掉。据相关数据可得，因为这样的情况造成了全天20% ~ 30% 的能源消耗。因此，为了节能减少能源消耗，一些办公建筑内的空调设备的打开和关闭时间要进行严格的管理和控制。

伴随着社会的发展，智能建筑不但融入了大量科学技术的应用。并且更加重视节能方面的应用，尽量的减少能源消耗，起到环境保护的作用，增加我国资源储备，智能建筑的发展要增加可持续发展理念实现为。打造一个安全性数高，舒服、自动化能力强的环境。

第八节　智能化城市发展中智能建筑的建设与应用

随着社会经济的发展和科学技术的进步，城市的建设已不再局限于传统意义上的建筑，而是根据人们的需求塑造多功能性、高效性、便捷性、环保性的具有可持续发展的智能化城市。在智能化城市的建设与发展过程中，智能建筑是其根本基础。智能建筑充分将现代科学技术与传统建筑相结合，其发展前景十分广阔。

在当今的信息化时代，智能化是城市发展的典型特征，智能建筑这种新型的建筑理念随之产生并得到应用。其不仅将先进的科学技术在建筑物上淋漓尽致地发挥出来，使人们的生活和工作环境更加安全舒适，生活和工作方式更加高效，也在一定程度上满足了现代建筑的发展理念，实现智能建筑的绿色环保以及可持续的发展理念。

智能建筑最早起源于美国，其次是日本，随之许多国家对智能建筑产生兴趣并进行高度关注。我国对智能建筑的应用最早是北京发展大厦，随后的天津今晚大厦，是国内智能建筑的典型，被称为中国化的准智能建筑。虽然我国对智能建筑的研究相对较晚，但也已经形成一套适应我国国情发展的智能建筑建设理论体系。

智能建筑是传统建筑与当代信息化技术相结合的产物。其是以建筑物为实体平台，采用系统集成的方法，对建筑的环境结构、应用系统、服务需求以及物业管理等多方面进行优化设计，使整个建筑的建设安全经济合理，更重要的是它可以为人们提供一个安全、舒适、高效、快捷的工作与生活环境。

一、智能建筑的智能化系统

智能建筑的智能化系统总体上被称为5A系统，主要包括设备自动化系统（BAS）、通信自动化系统（CAS）、办公自动化系统（OAS）、消防自动化系统（FAS）和安防自动化系统（SAS），这些系统又通过计算机技术、通信技术、控制技术以及4c技术进行一体化的系统集成，利用综合布线系统将以上的自动化管理系统相连接汇总到一个综合的管理平台上，形成智能建筑综合管理系统。

（一）BAS系统

BAS系统实际上是一套综合监控系统，具有集中操作管理和分散控制的特点。建筑物内监控现场总会分布不同形式的设备设施，像空调、照明、电梯、给排水、变配电以及消防等，BAS系统就是利用计算机系统的网络将各个子系统连接起来，实现对建筑设备的全面监控和管理，保证建筑物内的设备能够高效化的在最佳状态运行。像用电负荷不同、其供电设备的工作方式也不相同，一级负荷采用双电源供电，二级负荷采用双回路供电，三级负荷采用单回路供电，BAS系统根据建筑内部用电情况进行综合分析。

（二）FAS消防系统

FAS系统主要由火灾探测器、报警器、灭火设施和通信装置组成；每当有火灾发生的时候，通过检测现场的烟雾、气体和温度等特征量，并且将其转化为电信号传递给火灾报警器发出声光报警，自动启动灭火系统，同时联动其他相关设备，进行紧急广播、事故照明、电梯、消防给水以及排烟系统等，实现了监测、报警、灭火的自动化。智能化建筑大部分为高层建筑，一旦发生火灾，其人员的疏散以及救灾工作十分困堆，而且建筑内部的电气设备相对较多，大大增加了火灾发生的概率，这就要求对于智能建筑的火灾自动报警系统和消防系统的设计和功能需要十分严格和完善。在我国，根据相关部门规定，火灾报警与消防联动控制系统是独立运行的，以保证火灾救援工作的高效运行。

（三）SAS安防系统

SAS 系统主要由入侵报警系统、电视监控系统、出入口控制系统、巡更系统和停车库管理系统组成，其根本目的是为了维护公共安全。SAS 系统的典型特点是必须 24 小时连续工作，以保证安防工作时效性。一旦建筑物内发生危险，则立即报警采取相应的措施进行防范，以保障建筑物内的人身财产安全。

（四）CAS通信系统

CAS 系统是用来传递和运载各种信息，它既需要保证建筑物内部语音、数据和图像等信息的传输，也需要与外部公共通信网络相连，以便为建筑物内部提供实时有效的外部信息。其主要包括电话通信系统、计算机网络系统、卫星通信系统、公共广播系统等。

（五）OAS办公系统

OAS 办公系统是以计算机网络和数据库为技术支撑，提供形式多样的办公手段，形成人机信息系统，实现信息库资源共享与高效的业务处理，OAS 办公系统的强型应用就是物业管理系统。

二、智能建筑的发展方向

（一）以人为本

智能建筑的本质就是为了给人们提供一个舒适、安全、高效、便捷的生活和工作环境，因此，智能建筑的建设要以人为本。以人为本的建筑理念，从一定程度上是为了明确智能建筑的设计意义，明确其对象是以人为核心的。无论智能建筑的形式如何，也不管智能建筑的开发商是哪家，都需遵循以人为本的建设理念，才会将智能建筑的本质意义最大程度地发挥出来。

日本东京的麻布地区有一座新型的现代化房屋，此建筑根据大自然对房屋进行人性化设计，充分体现了以人为本的特性。建筑物内有一个半露天的庭院，庭院内的感应装置能够实时监测外界天气的温度、湿度、风力等情况，并将这些数据实时传送至综合管理系统进行分析，并发出指令控制房间门窗的开关以及空调的运行，使房间总是处于让人觉得舒服的状态。同时，如若住户在看电视的时候有电话打进来，电视的音量会自动被调小以方便人们先通电话且不受外界影响，计算机综合管理系统智慧房屋内各种意义互相配合，协调运转，为住户提供了一个非常舒适与安全的生活环境。

（二）绿色节能

智能建筑利用智能技术能够为人类提供更好的生活方式和工作环境，但是人类的生存必然与建筑紧密相关，其建筑行业是整个社会产生能耗的重要原因。因此，我国提倡可持续发展的战略思想，而绿色节能的建筑理念正好与可持续发展理念相契合。智能建筑作为建筑行业新兴产业的领头军，更应该与低碳、节能、环保紧密结合，以促进行业的可持续发展。智能建筑在利用智能技术为人类创造安全舒适的建筑空间的同时，更重要的是要实现人、自然与建筑的和谐统一，利用智能技术来最大程度地实现建筑的节能减排，促使建筑的可持续发展，这样才可长久地服务于人类，实现真正意义上的绿色与节能。

北京奥运会馆水立方的建设，充分利用了独特的膜结构技术，利用自然光在封闭的场馆中进行照明，其时间可以达到 9.9 个小时，将自然光的利用发挥到极致，这样大大节省了电力资源。同时，水立方的屋顶达能够将雨水进行 100% 的收集，其收集的雨水量相当于 100 户居民一年的用水量，非常适用北京这种雨水量较少的北方城市。水立方的建设，充分体现了节能环保的绿色建筑理念，在满足人们工作需求的同时，也满足了人们对于绿色生活和节能的全新要求。

智能化城市的发展离不开智能建筑的建设。智能建筑的建设应该充分利用现代化高科技技术来丰富完善建筑物的结构功能，将建筑、设备与信息技术完美结合，形成具有强大使用功能的综合性的建筑体，最大程度地满足人们的生活需求与工作需求。但智能建筑可持续发展的前提是要满足时代发展的要求，这就要求智能建筑在保证建筑功能完善的同时也要响应绿色节能环保的社会要求，以实现建筑、人、自然长期协调的发展。

参考文献

伊庆刚，范继涛，邓蕾 . 智能建筑工程及应用研究 [M]. 北京：现代出版社，2019.01.

张怡，隋良 . 建筑产业现代化概论 [M]. 天津：天津大学出版社，2019.09.

赵伟，孙建军 . BIM 技术在建筑施工项目管理中的应用 [M]. 成都：电子科技大学出版社，2019.03.

项勇，卢立宇，徐姣姣 . 现代工程项目管理 [M]. 北京：机械工业出版社，2020.08.

潘智敏，曹雅娴，白香鸽 . 建筑工程设计与项目管理 [M]. 长春：吉林科学技术出版社，2019.05.

章峰，卢浩亮 . 基于绿色视角的建筑施工与成本管理 [M]. 北京：北京工业大学出版社，2019.10.

夏书强 . 建筑施工与工程管理技术 [M]. 长春：北方妇女儿童出版社，2020.05.

毛同雷，孟庆华，郭宏杰 . 建筑工程绿色施工技术与安全管理 [M]. 长春：吉林科学技术出版社，2019.12.

刘玉 . 建筑工程施工技术与项目管理研究 [M]. 咸阳：西北农林科技大学出版社，2019.07.

刘臣光 . 建筑施工安全技术与管理研究 [M]. 北京：新华出版社，2021.03.

杜涛 . 绿色建筑技术与施工管理研究 [M]. 西安：西北工业大学出版社，2021.04.

王晓玲，高喜玲，张刚 . 安装工程施工组织与管理 [M]. 镇江：江苏大学出版社，2021.05.

姚亚锋，张蓓 . 建筑工程项目管理 [M]. 北京：北京理工大学出版社，2020.12.

钟汉华，董伟 . 建筑工程施工工艺 [M]. 重庆：重庆大学出版社，2020.07.

陈思杰，易书林 . 建筑施工技术与建筑设计研究 [M]. 青岛：中国海洋大学出版社，2020.05.

袁志广，袁国清 . 建筑工程项目管理 [M]. 成都：电子科学技术大学出版社，2020.08.

刘智敏 . 建筑信息模型（BIM）技术与应用 [M]. 北京：北京交通大学出版社，2020.04.

张英杰 . 建筑装饰施工技术 [M]. 北京：中国轻工业出版社，2018.06.

李志兴 . 建筑工程施工项目风险管理 [M]. 北京：北京工业大学出版社，2018.06.

王建玉 . 建筑智能化工程 施工组织与管理 [M]. 北京：机械工业出版社，2018.06.

刘先春 . 建筑工程项目管理 [M]. 武汉：华中科技大学出版社，2018.02.

沈艳忱，梅宇靖 . 绿色建筑施工管理与应用 [M]. 长春：吉林科学技术出版社，2018.12.

姜杰 . 智能建筑节能技术研究 [M]. 北京：北京工业大学出版社，2020.09.

韩文 . 建筑陶瓷智能制造与绿色制造 [M]. 北京：中国建材工业出版社，2020.01.

李一新 . 工程施工管理手册 [M]. 南昌：江西科学技术出版社，2018.07.